보건인을 위한

핵심 일반화학

박상남 · 김주성 · 서수정 · 이미숙 · 김애련 · 선상욱 공저

의학교육

머리말

화학(chemistry)은 물질의 조성과 성질을 연구하는 학문이다. 오래전부터 우리가 접하는 다양한 물질의 성질을 이해하고 이를 이용하기 위해 수많은 화학자가 많은 실험과 이론을 제시해왔다. 물질의 가장 작은 단위인 원자와 전자 수준에서 어떤 상호작용이 일어나고, 어떻게 결합하며, 어떤 특정한 형태와 성질을 나타내는지를 찾아내면서 화학은 크게 발전했고, 이에 따라 화학과 관련된 의약 및 여러 산업 분야에서도 대단히 중요한 역할을 하고 있다.

화학에는 화합물의 종류, 연구방법과 목적 등에 따라 물리화학, 무기화학, 유기화학, 분석화학, 고분자화학, 생화학 등 많은 세부 분야가 있지만, 이 책은 화학 전공자들뿐만 아니라 공학, 생명, 의학, 환경과학 분야를 공부하는 학생들도 개념과 의미를 충분히 이해할 수 있도록 화학의 기본적인 사항을 담은 입문서이다.

화학적 기초지식이 없는 학생들도 어려움 없이 학습할 수 있도록 구성하여 전반적인 지식을 통합하는 데 도움이 되고자 하였다. 각 챕터 끝에는 연습문제를 제공함으로써 학생들이 앞에서 학습한 이론들을 정리하고 확인할 수 있게 하였고, 본문 곳곳에 흥미로운 주제로 칼럼을 실어 재미를 더하였다. 화학이란 항상 끊임없이 연구하고 도전해야 하는 학문이다. 이 책을 접하는 독자들도 열심을 다한다면 화학적 기초지식을 충분히 쌓을 수 있을 것이다.

마지막으로 이 책의 집필에 많은 도움을 주신 의학교육 출판사 관계자와 이 책의 출판에 부단한 노력을 기울여주신 모든 분들께 감사의 말씀을 드린다.

저자 일동

목차

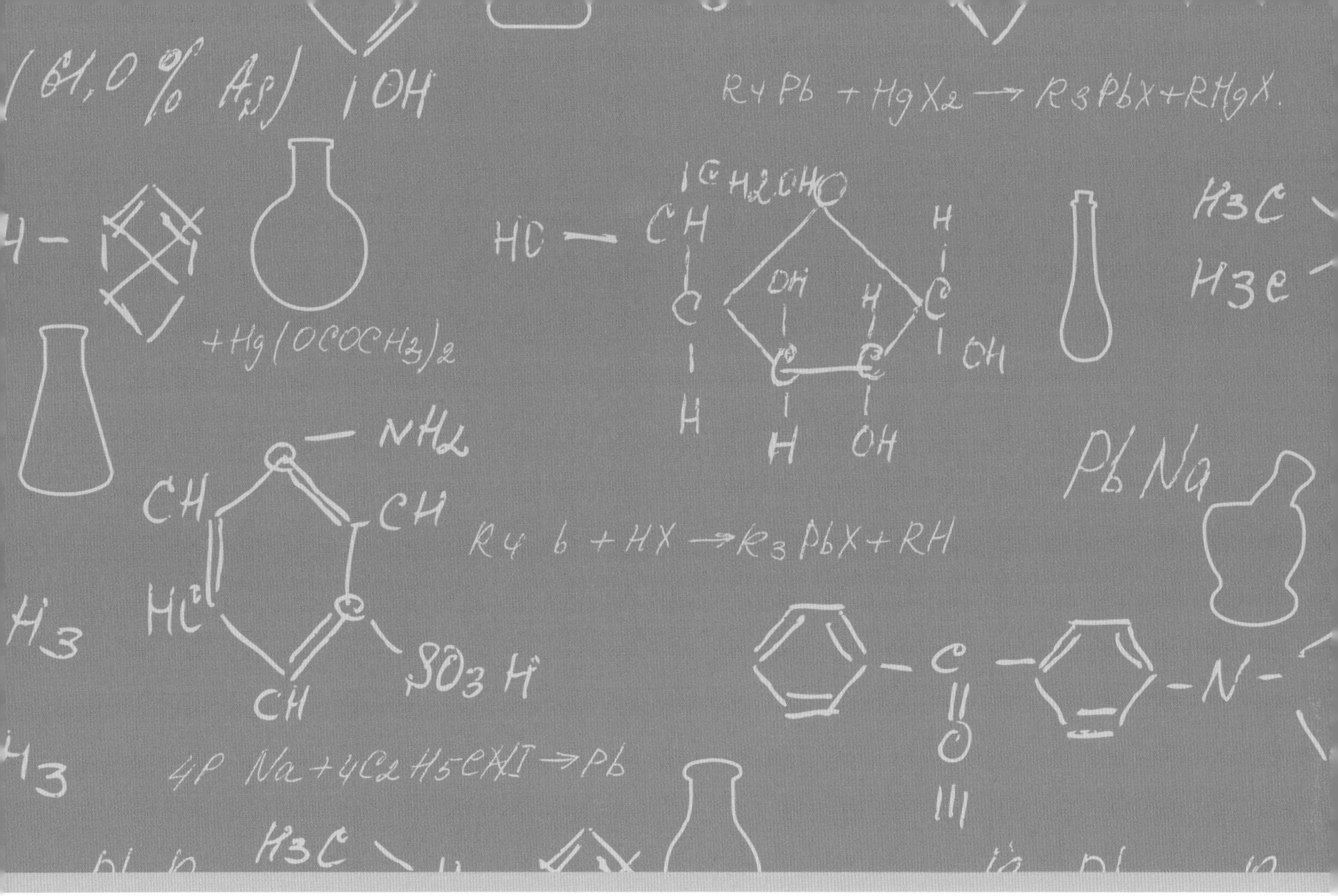

제1장

과학과 화학

핵심용어해설

- **가설**(hypothesis) : 어떤 사실을 설명하거나 어떤 이론을 이끌어내기 위해 설정한 가정으로, 이론적으로 도출한 결과를 관찰이나 실험을 통해 검증하면 가설에서 벗어나 일정한 한계 안에서 사실이 된다.
- **관측**(observation) : 육안이나 기계로 실험이나 특정 현상에 대한 상태, 변화, 추이 등을 관찰하여 측정하는 일을 말한다.
- **국제단위계**(system of international units, SI) : 미터법을 기준으로 1960년 제11회 국제도량형총회에서 국제표준으로 확립한 단위 체계를 말한다. 시간(s), 길이(m), 질량(kg), 전류(A), 온도(K), 물질량(mol), 광도(cd)가 포함된다.
- **오사오입**(round-to-nearest-even) : 5를 기준으로 하여 5 단위 미만일 경우 버리고, 5 단위를 초과할 경우 올리는 방법이다. 오차를 방지하기 위한 반올림 기법이며, 공학과 자연과학, 통계 등의 분야에서 사용한다.
- **유효숫자**(significant figure) : 측정값이나 계산값에서 오차를 고려해도 신뢰할 수 있는 숫자를 말한다. 유효숫자는 측정 시 정해지는데 눈금을 통해 측정하는 경우 최소눈금의 10분의 1 자릿수까지 읽어 유효숫자로 사용한다.
- **이론**(theory) : 사물에 관한 지식을 논리적인 연관에 의해 하나의 체계로 이루어놓은 것을 말한다.
- **정밀도**(precision) : 동일한 조건에서 여러 번 반복 측정하는 경우 그 측정한 수치가 서로 얼마나 가깝게 나오는지에 대한 척도로, 측정의 재현성(reproducibility)을 나타낸다.
- **정확도**(accuracy) : 측정하거나 계산된 수치가 실제 수치와 얼마만큼 가까운지를 나타내는 자료의 신뢰도를 말한다.
- **측정**(measurement) : 특정 대상을 수치화(quantification)하는 과정으로 길이, 넓이, 부피, 들이, 무게, 시간, 온도 등의 양을 재는 것을 말한다. 측정에는 기준 또는 단위가 필요하다.
- **화학**(chemistry) : 물질의 정체와 성질을 원자와 분자 수준에서 설명하고, 새로운 화합물을 합성하는 화학반응의 특성을 연구하는 학문이다.
- **SI 유도단위**(SI derived unit) : 국제단위계로 직접 나타낼 수 없는 다양한 물리량을 7가지 SI 단위를 조합하여 만든 단위를 말한다.

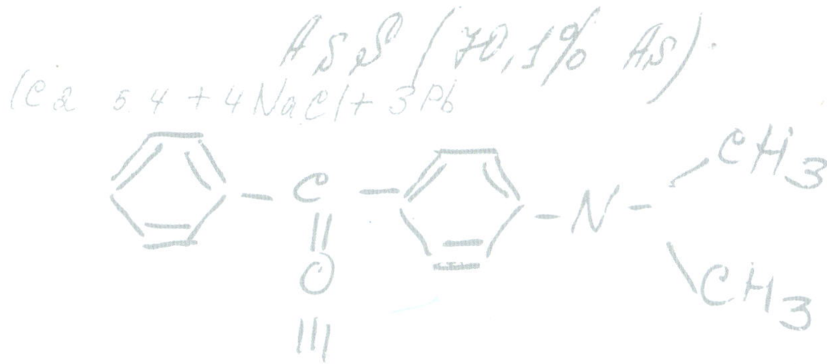

1 화학

1. 화학의 정의

우리 주변에는 다양한 물질이 존재한다. **화학**(chemistry)은 이러한 물질들이 어떤 구성을 가지며 어떤 특성으로 어떻게 변하는지를 탐구하는 학문이다. 예를 들어 '사람'을 화학적으로 분석해보면 물, 단백질, 지방, 탄수화물 등의 분자로 구성되고, 이 분자들은 다시 수소, 탄소, 산소, 질소 등의 원자로 구성된다.

또한, 사람은 많은 양의 물을 함유하는데, 물은 많은 성분을 녹일 수 있고 여러 화학반응에 관여한다. 이러한 이유로 인체 내부에서는 다양한 화학반응이 일어난다. 호흡을 통해 에너지를 얻거나 성장 및 대사물질의 합성을 통해 얻은 에너지를 이용하여 다른 물질을 만들어내기도 한다.

2. 과학적 방법

화학을 공부하기 위해서는 **과학적 방법**(scientific method)에 대한 이해가 필요하다. 과학 연구에 있어 기초적인 사고방식이자 절차라고 할 수 있는 과학적 방법에는 크게 **관측**(observation), **가설**(hypothesis), **실험**(experiment), **이론**(theory)의 4가지 요소가 있다. 관측은 실험이나 특정 현상에 대한 측정이나 평가를 말하며 이를 설명하기 위하여 가설이 설정된다. 가설은 실험을 통해 입증되어야 하며, 실험에서 관측한 결과가 가설을 입증하는 경우 이론으로서 인정된다.

2 측정과 단위

1. 측정

과학적 방법의 4가지 요소는 모두 중요하지만, 이 중에서도 관측은 가설의 기반이면서 동시에 실험의 결론을 확인하는 과정이기 때문에 특히 중요하다. 이 관측에 신빙성을 높이기 위해 측정을 실시한다. **측정**(measurement)이란 특정 대상을 **수치화**(quantification)하는 과정을 말하며, 여기에는 기준 또는 단위가 필요하다. 과거에는 이 측정 기준이 문화에 따라 큰 차이를 보였고, 기준이 모호한 경우 측정자나 측정 시각에 따라 달라지기도 하였다. 예를 들어 동아시아에서는 길이의 단위로서 척(尺)을 사용하고, 서양에서는 피트(feet)를 사용하였다. 척은 사용하는 국가와 시기에 따라 현재 단위로 환산할 경우 20 cm에서 40 cm에 이르기까지 2배 가까이 차이가 나기도 한다. 이에 따라 과학 연구뿐만 아니라 상업적으로도 많은 문제가 발생하여 1960년 제11차 국제도량형 총회에서 **국제단위계**(system of international units, **SI**)를 결정하게 되었다.

2. 단위

국제단위계에는 전류, 온도, 시간, 길이, 질량, 광도, 물질량의 7가지 물리량에 대한 기본단위가 정해져 있으며 이를 일반적으로 **SI 단위**라고 한다(표 1–1). 또한, 이들을 기반으로 하는 수치가 커질 경우 이를 표기하기 쉽도록 **SI 접두사**가 지정되었다(표 1–2). 그 예로 수소 원자의 무게는 0.00000000000000000000000167 g이지만, 이를 접두사를 이용하여 표현하면 1.67 yg에 해당한다. 또 태양과 지구의 거리는 149,597,870,000 m이지만 이를 접두사를 이용하여 표현하면 149,597,870 km이며 더욱 간략히 하면 150 Gm으로 표기할 수 있다.

표 1-1 SI 단위

물리량	이름	기호
질량	kilogram	kg
길이	meter	m
온도	kelvin	K
물질량	mole	mol
시간	second	s
전류	ampere	A
광도	candela	cd

표 1-2 SI 접두사

수	이름	기호
1,000,000,000,000,000,000,000,000 = 10^{24}	yotta	Y
1,000,000,000,000,000,000,000 = 10^{21}	zetta	Z
1,000,000,000,000,000,000 = 10^{18}	exa	E
1,000,000,000,000,000 = 10^{15}	peta	P
1,000,000,000,000 = 10^{12}	tera	T
1,000,000,000 = 10^{9}	giga	G
1,000,000 = 10^{6}	mega	M
1,000 = 10^{3}	kilo	k
100 = 10^{2}	hecto	h
10 = 10^{1}	deka	da
0.1 = 10^{-1}	deci	d
0.01 = 10^{-2}	centi	c
0.001 = 10^{-3}	milli	m
0.000001 = 10^{-6}	micro	μ
0.000000001 = 10^{-9}	nano	n
0.000000000001 = 10^{-12}	pico	p
0.000000000000001 = 10^{-15}	femto	f
0.000000000000000001 = 10^{-18}	atto	a
0.000000000000000000001 = 10^{-21}	zepto	z
0.000000000000000000000001 = 10^{-24}	yocto	y

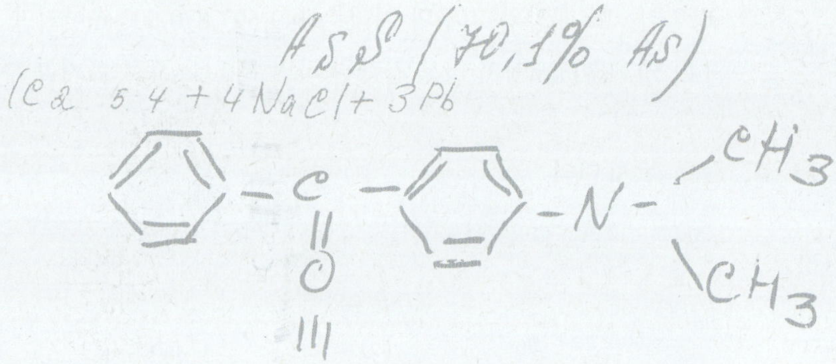

3 유도단위와 단위변환

1. 유도단위

국제단위계는 7가지 물리량과 그 물리량에 대한 단위를 정의하고 있지만, 실제로는 7가지보다 더 다양한 물리량이 존재한다. 예를 들어 속력을 표현하고자 때 속력을 직접 나타내는 SI 단위는 없다. 하지만 일반적으로 속도는 이동한 길이를 시간으로 나누어 측정하며, 이를 단위에 접목하면 m/s로 나타낼 수 있다. 또한 가속도의 경우 증가한 속력을 시간으로 나누어 측정하며, 이를 단위에 접목하면 m/s^2로 나타낼 수 있다. 이처럼 SI 단위로 직접 나타낼 수 없는 다양한 물리량을 SI 단위의 조합으로 나타낼 수 있다. 이러한 조합은 물리량을 계산하는 공식과도 관련이 깊다.

운동에너지 E_k의 경우

$$E_k = \frac{1}{2}mv^2 \tag{1}$$

의 식으로 계산이 가능하다. 이때 m은 질량으로 g^1 단위를 가지며, v는 속력으로 v^1s^{-1} 단위를 가진다. 따라서 운동에너지는 $g^1m^2s^{-2}$의 단위를 가진다. 이렇게 SI 단위를 조합하여 만든 단위를 **SI 유도단위**라고 하며, 이를 통해 다양한 물리량을 표현할 수 있다(표 1–3).

표 1-3 SI 유도단위

유도량	이름	기호	SI 단위로 나타낸 값
주파수	헤르츠(hertz)	Hz	s^{-1}
힘	뉴턴(newton)	N	$kg \cdot m \cdot s^{-2}$
압력	파스칼(pascal)	Pa	$N \cdot m^{-2} = kg \cdot m^{-1} \cdot s^{-2}$
에너지	줄(joule)	J	$N \cdot m = kg \cdot m^2 \cdot s^{-2}$
일률	와트(watt)	W	$J \cdot s^{-1} = kg \cdot m^2 \cdot s^{-3}$
전하량	쿨롱(coulomb)	C	$A \cdot s$
전압	볼트(volt)	V	$kg \cdot m^2 \cdot s^{-3} \cdot A^{-1}$

2. 단위변환

그 밖에도 SI 단위가 아닌 다른 단위를 사용하는 경우가 있다. 그 예로 온도 단위로서 예전부터 **섭씨온도**(celsius temperature, ℃)가 사용되어 왔다. 이는 대기압(1 atm)에서 물의 어는점을 0℃, 물의 끓는점을 100℃로 하는 단위이다. 하지만 SI 단위로는 **열역학적 온도**(thermodynamic temperature, K)를 사용한다(표 1-1 참조). 열역학적 온도에서의 0 K는 열역학으로 정의되는 온도로 절대온도와 일치한다. 또한, 절대온도는 섭씨온도(℃)와 눈금의 간격은 같고, 수치만 273.15만큼 크다. 즉, 0℃가 273.15 K, 100℃가 373.15 K에 대응한다.

각각의 온도를 변환하기 위해 열역학적 온도를 T, 섭씨온도를 t라고 하면 이 둘은 수치상으로 273.15만큼 벗어나 있으므로

$$\frac{T}{K} = \frac{t}{℃} + 273.15 \qquad (2)$$

가 된다.

한편, 영미권에서 주로 사용되는 온도 단위 중 하나로 화씨온도(fahrenheit temperature, ℉)가 있다.

이는 물의 어는점을 32℉, 물의 끓는점을 212℉로 하는 단위이다. 섭씨온도의 경우 물의 어는점과 끓는점을 100으로 나누었으나 화씨온도는 180으로 나누었다.

각각의 온도를 변환하기 위해서 화씨온도를 f, 섭씨온도를 t라고 하면

$$\left(\frac{f}{°F} - 32\right) \times \frac{5}{9} = \frac{t}{℃} \tag{3}$$

가 된다.

다른 예로 cm와 inch가 있다. 1 inch는 2.54 cm에 해당하므로

$$1\ inch = 2.54\ cm \tag{4}$$

이며

$$1 = \frac{1\ inch}{2.54\ cm} = \frac{2.54\ cm}{1\ inch} \tag{5}$$

가 된다. 이 식을 이용하여 inch를 cm으로 변환할 수 있다. 예를 들어 14 inch의 경우

$$14\ inch = 14\ inch \times \frac{2.54\ cm}{1\ inch} = 14 \times 2.54\ cm = 35.36\ cm \tag{6}$$

이 된다.

SI 접두사는 10의 정수승배를 나타내며 이들 역시 단위를 변환할 수 있다. 예를 들어 kg/m^3을 g/dm^3으로 변환하는 경우

$$\frac{kg}{m^3} = \frac{10^3 \cdot g}{(10 \cdot dm)^3} = \frac{10^3 \cdot g}{10^3 \cdot dm^3} = \frac{g}{dm^3} \tag{7}$$

으로 두 단위가 같은 단위임을 알 수 있다.

4 유효숫자

1. 유효숫자의 정의

길이, 질량, 부피, 온도 등을 측정할 때 일반적으로 사용하는 측정 장비는 측정 대상을 정확히 관측할 수 없다. 예를 들어 자를 이용하여 대상의 길이를 측정하는 경우 자의 눈금을 읽어 대상의 길이와 유사한 길이를 측정할 수는 있지만, 눈금보다 더 작은 차이는 측정에서 무시된다. 따라서 최소눈금이 cm 단위인 자와 mm 단위인 자의 측정 결과는 다르며, 비교적 작은 단위의 자로 잰 측정결과가 실제 대상의 길이와 유사하다.

이때 측정 결과가 실제와 얼마나 같은지를 나타내기 위해 정확도와 정밀도를 이용한다. **정밀도**(precision)는 반복실험에서 각각의 측정 수치가 가까운 정도를 의미하며, **정확도**(accuracy)는 측정 수치가 실제 수치와 가까운 정도를 의미한다.

정확도의 경우 측정 장비에 따라 달라질 수 있으며, 이를 표현하기 위해 **유효숫자**(significant figure)를 사용한다. 유효숫자는 측정 시에 정해지는데 눈금을 통해 측정하는 경우 최소눈금의 10분의 1 자릿수까지 읽어 유효숫자로 사용한다. 예를 들어 0.1 cm가 최소눈금일 경우 0.01 cm까지 어림으로 측정하여 유효숫자로 사용한다.

2. 유효숫자의 표기법

유효숫자가 표기되어 있는 경우 유효숫자의 개수를 아는 것이 중요하다. 유효숫자의 개수는 일정한 규칙으로 알아낼 수 있다. 가장 기초적인 규칙은 0이 아닌 숫자를 모두 유효숫자로 추정하는 것이다. 이때 유효숫자 사이의 0은 유효숫자로 처리한다. 0보다 작은 수인 경우 소수점부터 유효숫자가 들어있는 가장 큰 자리까지의 0은 유효숫자가 아니다.

또한, 유효숫자 다음의 0들은 유효숫자에 해당한다. 0.00012030을 예로 들면 소수점 3번째까지의 0은 유효숫자가 아니며 1, 2, 0, 3, 0 총 5개가 유효숫자이다. 120300을 예로 들면 1, 2, 0, 3까지는 확실한 유효숫자지만, 그 이하 자릿수의 0, 0은 유효숫자가 아닐 가능성이 있다. 이러한 이유에서 일반적으로 유효숫자를 확실히 하기 위해 1.203×10^5와 같이 나타내며 이 경우 유효숫자의 개수는 4개임을 쉽게 파악할 수 있다.

3. 유효숫자의 계산

유효숫자를 계산하는 경우 덧셈과 뺄셈, 곱셈과 나눗셈으로 나누어 생각할 수 있다. 덧셈과 뺄셈의 경우 측정 수치 중 가장 정밀도가 떨어지는 수, 즉 최소단위가 가장 큰 수의 가장 작은 단위를 기준으로 다른 측정 결과의 유효숫자의 자리수를 맞춘다. 곱셈과 나눗셈의 경우 여러 수치 중 가장 유효숫자의 개수가 작은 수치를 기준으로 계산 결과를 반올림한다. 반올림에서 5 미만의 숫자는 버림하며 5 초과의 숫자는 올림한다. 5의 경우에는 5의 앞자리가 홀수일 경우 올림을 하고 짝수일 경우 버림을 한다. 이를 **오사오입**(round-to-nearest-even)이라고 하며, 오사오입을 이용하여 반올림한 결과의 마지막 자리 숫자는 짝수가 된다. 마지막으로 3개 이상의 숫자를 연속적으로 계산할 때 중간의 연산 결과는 최종 유효숫자 개수보다 한 개 더 많도록 조절하여 계산한다.

column

유효숫자

길이, 질량, 부피, 온도 등을 측정할 때 보통 측정에 이용하는 기구의 눈금 1/10까지를 눈대중으로 읽는다. 그 방법으로 예를 들어 최소눈금 1 mm의 자로 길이를 측정하여 12.3 mm라는 측정치를 얻었다고 하자. 이때 끝자리 숫자인 소수 첫째자리가 3인 수치까지는 측정치로서 신뢰할 수 있는 숫자이며 이를 **유효숫자**(significant figure)라고 한다. 이 측정치는 실제 수치 x가 $12.25 \leq x < 12.35$임을 의미한다. 이때 소수점에 관계없이 숫자만 헤아려서 12.3의 유효숫자는 3자리라고 한다.

만일 같은 방법으로 길이를 측정했을 때 12.0 mm라는 측정치를 얻었다고 하면 실제 수치 x는 $11.95 \leq x < 12.05$이다. 이를 12 mm로 표현하면 실제 수치 x는 $11.5 \leq x < 12.5$가 되어 그 의미가 달라진다.

또 최소눈금 0.1 m의 자로 길이를 측정하여 0.12 m라는 측정치를 얻었을 때는 실제 수치 x는 $0.115 \leq x < 0.125$이며, 유효숫자는 2자리이다.

연습문제

1. 다음의 각 물질을 혼합물과 순물질로 분류하시오.
   - 석유, 철, 우유, 계란, 드라이아이스, 식염수

2. 다음의 각 물질을 혼합물, 홑원소물질, 화합물로 분류하시오.
   - 공기, 식염수, 구리, 헬륨, 이산화탄소, 염화마그네슘, 수소, 화강암

3. 다음 중 국제단위계(SI)에 따른 기본단위가 아닌 것을 모두 고르시오.
   - 질량(g), 길이(m), 시간(s), 온도(℃)

4. 질량 5 kg의 물체에 작용하는 중력의 크기를 구시오.
   단, 중력 가속도 $g = 9.81\ m \cdot s^{-2}$이다.

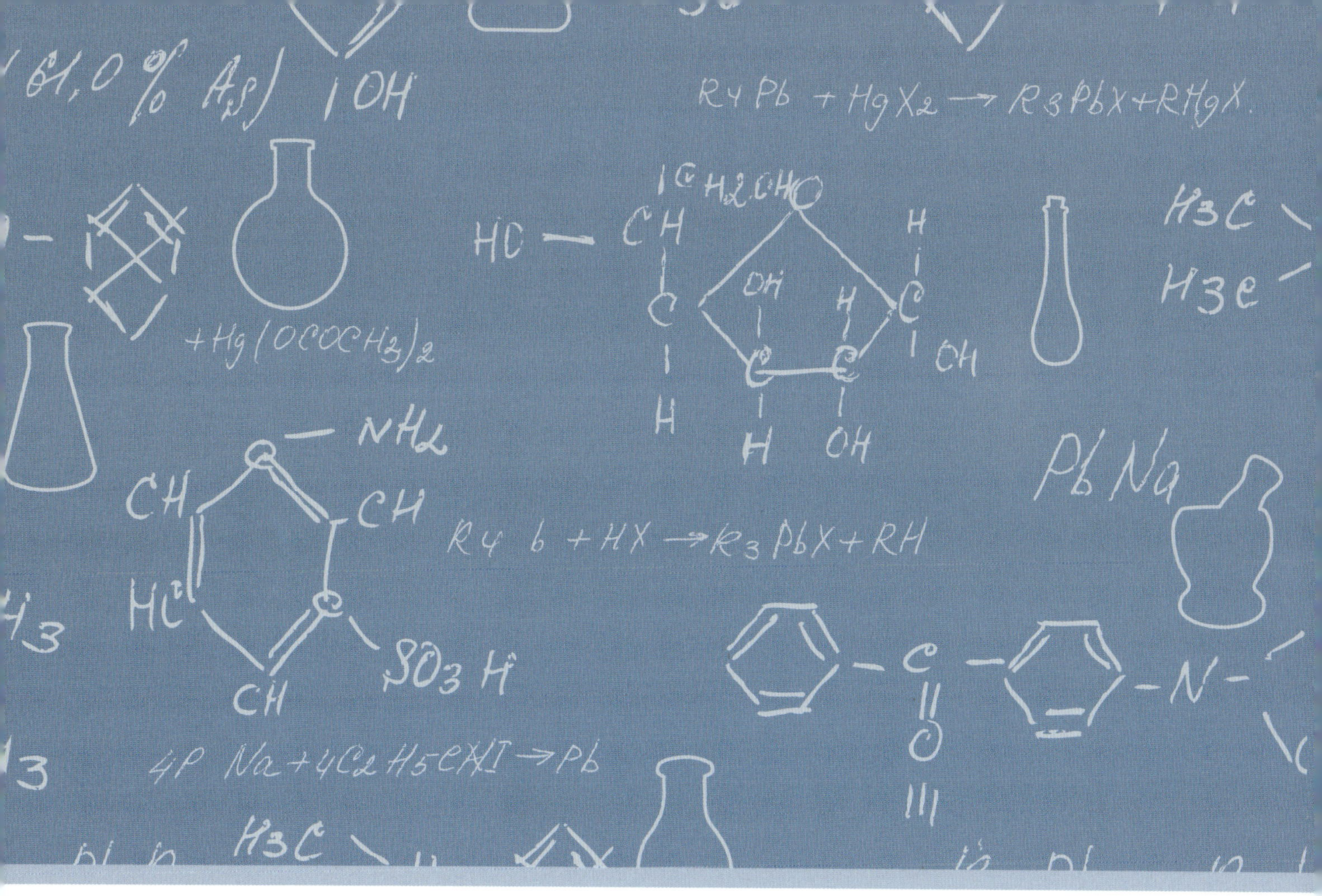

제2장

원자

핵심용어해설

▶ **동위원소**(isotope) : 원자핵을 구성하는 중성자의 수는 다르지만, 양성자의 수는 같아서 원자번호가 같고 화학적 성질도 같은 원소를 부르는 말이다. 주기율표에서 같은 위치에 있는 원소라는 뜻이다.

▶ **양성자**(proton) : 중성자와 함께 원자핵을 구성하는 입자로 양의 전하를 가진다. 양성자의 'proto'는 그리스어에서 유래하며, '첫 번째'라는 뜻을 가진다. 직역하면 '으뜸입자'인데, 이 용어가 처음 만들어졌을 때 '핵을 이루는 기본입자'임을 강조하기 위해 붙여졌다고 한다.

▶ **오비탈**(orbital) : 원자핵 주위에서 전자가 발견될 확률을 나타내는 함수로, 현대 원자 모형에서 전자가 존재하는 위치를 나타내준다. 오비탈에는 s오비탈과 p오비탈이 있다. s오비탈은 공 모양이며 방향성이 없고 전자가 2개까지 들어갈 수 있다. p오비탈은 아령 모양으로 같은 전자껍질에 에너지준위가 같은 3개의 p오비탈이 세 방향으로 분포하며, 각각 2개씩 전자가 들어갈 수 있다. 그 밖에도 d오비탈, *f*오비탈 등이 있다.

▶ **원소**(element) : 물질을 이루는 기본 성분으로, 화학적인 방법으로 더 이상 다른 물질로 분해되지 않는 성분을 말한다.

▶ **원자**(atom) : 물질을 구성하는 기본단위로, 하나의 핵(atomic nuclei)과 이를 둘러싼 여러 개의 전자(electron)로 구성된다. 한 개 또는 여러 개가 모여 분자를 이룬다.

▶ **유기물**(organic matter) : 생체를 구성하거나 생체가 만들어내는 화합물을 일컫는다. 유기물에는 탄소 성분이 들어 있어 불로 태우면 연기를 내며 검게 탄다. 주요 영양소인 탄수화물, 단백질, 지방, 비타민이 유기물에 속한다.

▶ **이온화에너지**(ionization energy) : 바닥상태에 있는 원자 또는 분자에서 1개의 전자를 꺼내어 1개의 양이온과 자유전자로 완전히 분리하는 데 필요한 에너지를 말한다.

▶ **전기음성도**(electronegativity) : 원자들이 공유결합을 할 때 원자가 공유전자쌍을 잡아당기는 힘의 크기를 말한다. 주기율표에서 같은 주기의 원자들은 원자번호가 증가할수록, 같은 족의 원자들은 원자번호가 작을수록 전기음성도가 증가한다.

▶ **전자껍질**(electron shell) : 전자가 취하는 에너지 상태를 간단히 구별하기 위해 원자핵을 중심으로 한 전자가 이루는 여러 층의 껍질을 말하며 전자각이라고도 한다. 원자 내의 전자는 에너지가 낮은 껍질부터 차례로 들어가 주기율이 성립된다.

▶ **전자배치**(electron configuration) : 원자 또는 분자의 각종 전자 오비탈에 몇 개의 전자가 어떻게 분포해 있는지를 나타내는 배치 상태를 말한다.

▶ **전자친화도**(electron affinity) : 기체상태의 원자 1 mol이 전자 1 mol을 얻어 기체상태의 음이온이 될 때 방출하는 에너지를 말한다. 전자를 얻어 형성된 음이온이 원자보다 안정할수록 그 값이 커진다. 주기율표에서 같은 주기의 원자들은 원자번호가 증가할수록, 같은 족의 원자들은 원자번호가 감소할수록 전기친화도가 커진다.

▶ **중성자**(neutron) : 양성자와 함께 원자핵을 구성하는 입자로 전하를 띠지 않는다.

▶ **화학식**(chemical formula) : 원소 기호 등의 약속된 기호를 이용하여 물질을 이루는 분자나 이온 등을 표현하는 식을 말한다. 화학식에는 그 표현방법에 따라 구조식, 분자식, 시성식, 실험식 등이 있다.

1 원자

일반적으로 화학에서 다루는 가장 작은 물질은 **원자**(atom)이다. 하지만 원자 역시 더 작은 단위의 물질의 집합으로 이루어지며, 그 구조에 따라 원자의 화학적 특성이 변화한다.

1. 원자의 구조

원자의 모양을 표현할 때 흔히 공 모양의 구름 같은 물질이라고 한다. 원자는 **전자**(electron; 기호 e 또는 e^-)와 **원자핵**(atomic nuclei)으로 구성되며, 원자핵은 다시 **양성자**(proton; 기호 p)와 **중성자**(neutron; 기호 n)로 구성된다. 원자에서 가장 바깥쪽에 존재하는 것은 전자이며, 전자의 경우 확률적으로 존재하여 그 움직임을 완벽하게 파악할 수 없다. 관측 결과가 마치 구름처럼 무작위로 분산되어 있어 이를 **전자구름**(electron cloud)이라고 한다(그림 2-1).

수소 원자 이외의 물질은 여러 개의 전자로 이루어진다. 전자구름의 중심에는 1개의 원자핵이 존재한다. 원자의 크기는 다양하지만 지름은 대략 10^{-10} m(= 0.1 nm = 1 Å)이며, 원자핵의 지름은 10^{-15}~10^{-14} m 정도이다. 따라서 원자의 부피 중 대부분은 전자구름이 차지한다. 한편 수소 원자의 질량은 1.6736×10^{-24} g인 데 비해 전자의 질량은 9.1093×10^{-27} g으로 대부분의 질량은 원자핵이 차지한다.

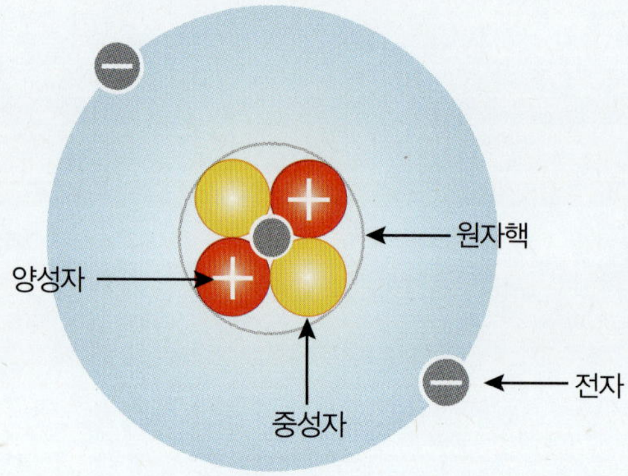

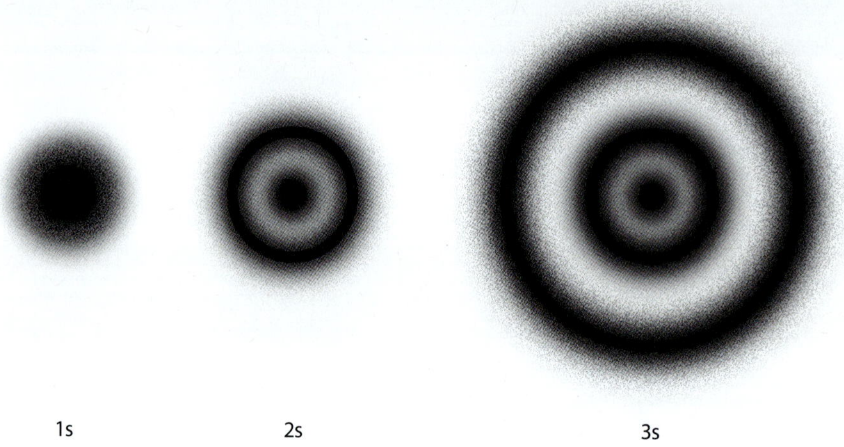

그림 2-1 **원자의 구조**

1) 전자(electron)

전자는 전자구름 형태로 존재하지만, 1개, 2개처럼 셀 수 있는 입자이며 질량을 가진다. 또 전자는 전하를 띠며 이를 −1로 표시한다. 전자의 위치는 완벽하게 측정할 수 없는데, 이것은 양자역학의 근본원리인 **하이젠베르크**(Werner Karl Heisenberg)**의 불확정성 원리**에 의한 것으로, 입자의 위치와 운동량은 일정 수준의 정확도 이상으로는 동시에 측정되지 않는다. 다만, 파동함수를 통해 전자의 존재확률을 나타낼 수 있다(그림 2-2). 전자는 원자핵 주위에서 확률적으로 존재하며 이 확률이 가장 높은 부분에서 가장 두꺼운 전자구름이 형성된다.

표 2-1에서 알 수 있듯이 거의 모든 원자의 질량은 원자핵에 있다. 즉, 전자구름은 부피에서는 원자의 대부분을 차지하지만, 질량에서는 거의 무시할 수 있을 정도이다. 하지만 화학반응을 지배하는 것은 전적으로 전자구름의 움직임이며, 보통의 화학반응에서 원자핵이 맡은 역할은 제로

에 가깝다. 그런 의미에서 화학이라는 학문은 전자구름의 움직임을 밝히는 것, 즉 '전자의 과학'이라고 해도 과언이 아니다.

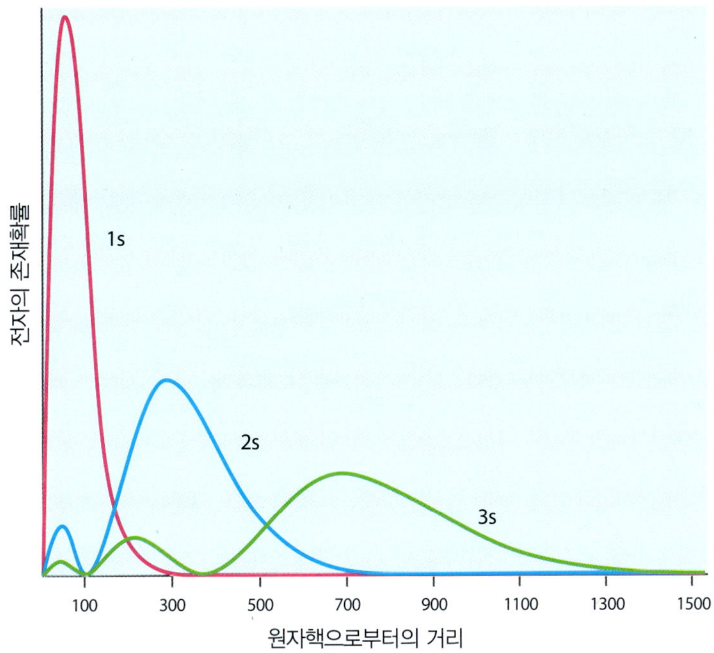

그림 2–2 전자의 존재확률

표 2–1 원자를 구성하는 입자와 그 질량

명칭			기호	전하	질량(kg)
원자	전자		e	−1	9.1093×10^{-31} kg
	원자핵	양성자	p	+1	1.6726×10^{-27} kg
		중성자	n	0	1.6749×10^{-27} kg

2) 원자핵자(atomic nuclei)

원자핵은 **양성자**(proton; 기호 p)와 **중성자**(neutron; 기호 n)로 구성된다. 양성자와 중성자의 질량은 거의 같으며, 이를 질량수 1로 표시한다. 양성자는 양의 전하를 가지며 +1로 표시한다. 중성자는 전하를 가지지 않는다.

원자핵을 구성하는 양성자의 개수를 **원자번호**(atomic number)라고 하며 기호 Z로 표시한다. 따라서 원자번호 Z 원자의 원자핵은 +Z로 하전되어 있다. 현재 가장 큰 원자번호는 118이며 118개의 원자가 있다고 할 수 있다. 한편, 양성자와 중성자 개수의 합을 **질량수**(mass number)라고 하고, 기호 A로 표시한다. 원자번호, 질량수는 각각 원소기호의 왼쪽 아래와 위에 첨자로 표기한다.

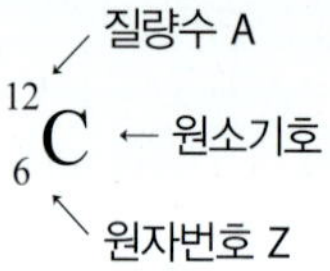

원자는 원자번호와 같은 개수의 전자를 가진다. 전자 1개의 전하는 −1이다. 따라서 원자에서는 전자(구름)의 전하 −Z와 원자핵의 전하 +Z가 상쇄되므로 원자는 전기적으로 중성이 된다.

원자번호, 즉 양성자수가 동일한 원자라도 중성자수가 다른 경우가 있다. 이러한 원자를 **동위원소**(isotope)라고 한다. 예를 들어 수소에서는 중성자를 갖지 않는 수소(^{1}H, 경수소라고도 함), 중성자를 1개 가진 중수소(^{2}H, D로 표시하기도 함), 중성자를 2개 가진 삼중수소(^{3}H, T로 표시하기도 함)가 존재한다. 하지만 그 존재비율(동위원소 존재비)은 상당히 다르며, 거의 모든 수소가 ^{1}H이다.

원자의 반응성, 화학적 성질은 전자에 의해 결정된다. 원자번호가 같은 원자는 같은 개수의 전자를 가지며 화학적 성질을 가진다. 따라서 동위원소는 서로 화학적 성질이 같기 때문에 동위원소를 화학적 방법으로 분리할 수는 없다.

2. 주기율표

원자번호가 동일한 원자의 집합을 **원소**(element)라고 한다. 이러한 원소들을 원자번호와 전자적 특징에 따라 정리한 것을 **주기율표**(periodic table)라고 한다(그림 2-3). 주기율표에는 족과 주기가 있다.

주기율표의 왼쪽 끝에는 1~7까지 숫자가 매겨져 있으며, 이를 주기번호라고 한다. 주기율표 상부에는 1~18까지 숫자가 매겨져 있으며, 이를 족번호라고 한다. 족번호는 원자의 최외각에 존재하는 전자의 개수를 반영한다. 일반적으로 같은 족에 속하는 원소는 서로 비슷한 성질을 보인다. 따라서 특정 족에는 고유 명칭이 붙어 있다.

1, 2족 및 13~18족을 **전형원소**(typical element), 그 이외의 것을 **전이원소**(transition element)라고 한다. 전형원소에서는 족마다 성질 차이가 뚜렷하여 같은 족에 속하는 원소는 같은 성질과 반응성을 가진다. 전이원소에서는 족마다 성질 차이가 뚜렷하지 않고, 같은 주기의 여러 개의 원소 성질이 비슷한 경우가 있다. 따라서 철(Fe), 코발트(Co), 니켈(Ni)의 3원소를 철족이라고 하고, 루테늄(Ru), 로듐(Rh), 파라듐(Pd), 오스뮴(Os), 이리듐(Ir), 백금(Pt)의 6원소를 백금족이라고도 한다. 3족의 란타노이드(lanthanoid), 악티노이드(actinoid)는 **내부전이원소**(inner transition element)라고 한다.

한편, 전이원소는 족에 따라 전자 배치가 유사하기 때문에 화학적 특징도 유사하다. 따라서 1(1A), 2(2A), 17(7A), 18(8A)족은 그 특징을 반영한 이름을 지닌다. 1(1A)족의 경우 수소를 제외한 원소를 **알칼리금속**(alkali metal)이라고 하며 비교적 부드럽고 은색 빛을 띠는 특징을 지닌다. 또 물과 반응하여 급격한 반응을 일으키고, 수소가스를 생성하는 동시에 물을 염기성으로 만들기 때문에 알칼리금속이라고 부른다. 2(2A)족의 경우 **알칼리토금속**(alkali earth metal)이라고 하며 알칼리금속과 유사한 특징을 가지지만 비교적 그 반응성이 낮다. 17(7A)족의 경우 **할로겐 기체**(halogen gas)라고 하며 공통적인 색상을 띠며 강한 산화작용을 나타낸다. 18(8A)족의 경우 **불활성 기체**(noble gas)라고 하며 모두 투명하며 다른 물질과 거의 반응하지 않는다.

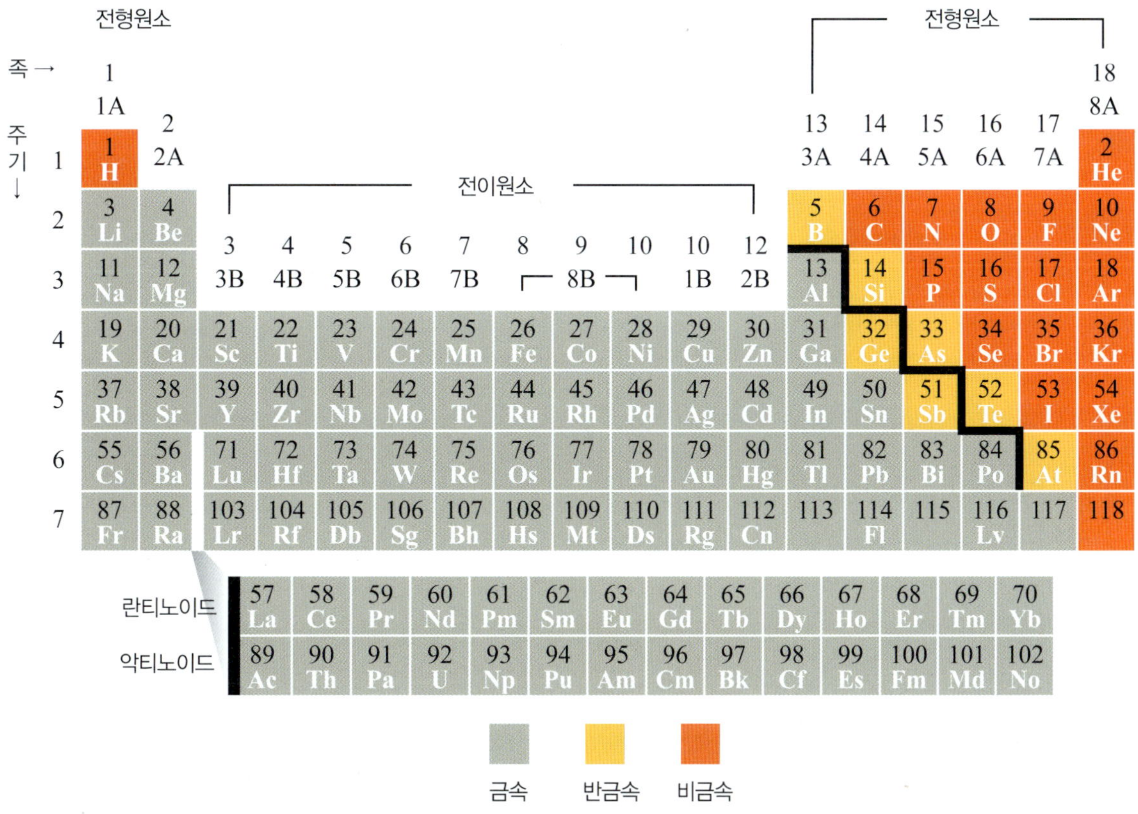

그림 2-3 주기율표

원소는 **금속원소**(metal element)와 **비금속원소**(nonmetal element), 그리고 그 중간적 성질을 나타내는 **반금속원소**(semimetal element)로 나뉜다. 금속은 일반적으로 광택을 띠며, 외부에서 힘을 받으면 휘어지거나 넓게 펴지며 열과 전기를 잘 전달한다. 비금속은 금속과 반대로 외부에서 힘을 받으면 부러지며 열과 전기를 전달하지 않는다. 한편, 생체를 구성하는 주요 물질은 주로 비금속원소로 이루어지는데, 이러한 물질을 분자라고 한다. 그중 탄소를 포함한 화합물 중 이산화탄소(CO_2)처럼 간단한 것을 제외한 분자를 **유기물**(organic matter)이라고 한다. 반금속원소는 전기를 잘 전달하지 않지만, 조건에 따라 전류를 흐르게 할 수 있어 반도체의 원료로서 사용된다.

연습문제 ①

1. 다음 원소의 원자번호, 질량수, 전자수, 양성자수, 중성자수는 각각 몇인지 답하시오.
   − $^{A}_{Z}X$

2. 위의 원자가 A : α붕괴, B : β붕괴, C : γ붕괴한 경우의 생성핵의 원자번호, 질량수는 각각 몇인지 서술하시오.

3. 원자와 원소의 차이에 대해 서술하시오.

4. 다음 원소의 전자배치를 나타내시오. C, N, O, Na, P, S, Cl

5. 왜 2족 원소는 +2가, 16족 원소는 −2가 이온이 되기 쉬운지 그 이유를 설명하시오.

6. 중성 원자에 비해 양이온은 작고 음이온은 큰 이유는 무엇 때문인지 그 이유를 설명하시오.

7. 다음 원자를 전기음성도의 순서대로 부등호 또는 등호를 써서 나열하시오.
   − H, C, N, O, F, S, P, Cl

8. 이온화에너지를 나타내는 꺾은 선 그래프에서 N~O, P~S 간에 높이 차이가 존재하는 것은 왜인지 그 이유를 설명하시오.

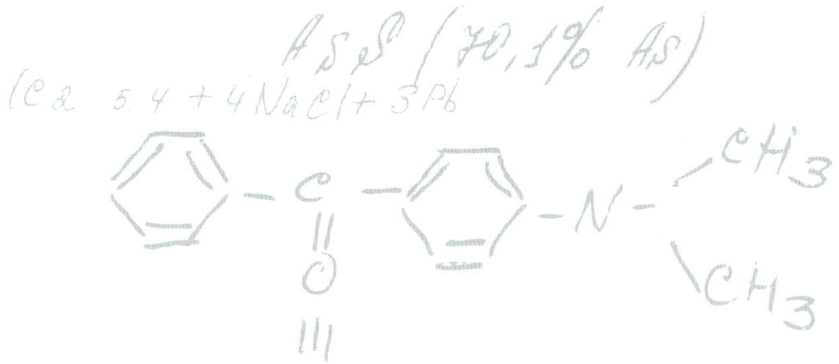

2 원자량 · 분자량

1. 원자량

원자 1개의 질량은 질량수 12인 탄소 원자 ^{12}C의 질량을 12 u 또는 12 Da로 하고 이를 기준으로 각 원자의 상대질량을 구하도록 국제적으로 규정되었다. 이를 **상대원자질량**(relative atomic mass)이라고 한다. 예를 들어 ^{1}H와 ^{12}C의 질량은 각각 1.67353×10^{-27} kg과 19.92647×10^{-27} kg이기 때문에

$$^{1}\text{H의 상대질량} = 12 \times \frac{1.67353 \times 10^{-27}\ \text{kg}}{19.92647 \times 10^{-27}\ \text{kg}} = 1.00782\ \text{u}$$

가 된다.

천연물질 중의 원소에는 대부분 동위체(isotope)가 존재한다. 동위체의 존재비는 거의 일정하다. 원소 중 동위체의 상대질량과 존재비에서 구한 평균 상대원자질량을 **원자량**(atomic weight)이라고 한다. 그 예로 탄소의 원자량을 구하면 다음과 같다.

$$\begin{aligned}\text{탄소의 원자량} &= (^{12}\text{C의 상대원자질량})(^{12}\text{C의 존재비}) + (^{13}\text{C의 상대원자질량})(^{13}\text{C의 존재비}) \\ &= (12)(0.9889) + (13.0034)(0.0111) = 11.867 + 0.144 = 12.011\end{aligned}$$

2. 분자량 · 화학식량

분자나 염과 같이 다양한 원소의 화합물을 표기할 때는 포함되어 있는 원소의 숫자를 표기해야 한다. 이렇게 표기한 것을 **화학식**(chemical formula)이라고 하며, 그중에서도 분자에 대한 화학식을 **분자식**(molecularr formula)이라고 한다.

화학식의 표기에서는 해당하는 원자의 수를 원소기호 오른쪽 아래에 표기하는 것이 규칙이다. 그러나 원자의 수가 1개만 존재할 경우 이를 생략한다. 예를 들어 메탄의 경우 CH_4라고 표기하며 탄소 1개와 수소 4개의 조합으로 이루어진 분자임을 나타낸다.

한편, 특정 구조를 보여주기 위해서는 **구조식**(structural formula)이나 이를 단순화한 **시성식**(rational formula)으로 표기한다. 특히 시성식에서는 특정 분자 구조가 반복되는 경우 괄호를 이용하기도 한다. 예를 들어 $Al(OH)_3$의 경우 해당 물질에 하이드록시이온이 3개 존재하기 때문에 괄호를 이용해 나타낼 수 있다.

원자량과 같은 기준으로 구한 분자의 상대질량을 **분자량**(molecular weight)이라고 한다. 분자량은 분자를 구성하는 원자의 원자량 합으로 구할 수 있다. 예를 들어 물과 메탄의 분자량은 다음과 같다.

H_2O의 분자량 = 1.008 × 2 + 15.999 = 18.015

CH_4의 분자량 = 12.011 + 1.008 × 4 = 16.043

한편, 분자를 단위로 하지 않는 물질의 경우 화학식 중 원자량의 총합을 **화학식량**(식량, formula weight)이라고 하며, 원자량이나 분자량은 화학식량에 포함된다. 이온에서는 이온을 구성하는 원자의 합에서, 이온결합 물질은 조성식에서 화학식량이 구해진다. 예를 들어 탄산이온과 염화소듐의 화학식량은 다음과 같다.

CO_3^{2-}의 화학식량 = 12.011 + 15.999 × 3 = 60.008

NaCl의 화학식량 = 22.990 + 33.453 = 58.443

금속의 홑원소물질(단체)에서는 원자량이 그대로 화학식량이 된다.

3 물질량

물질 중에 포함되는 원자, 분자, 이온 등의 수는 방대하기 때문에 그것을 보통의 단위로 나타내기에는 불편하다. 그래서 '탄소 원자 ^{12}C의 12 g 중에 포함되는 ^{12}C 원자의 수를 아보가드로수(Avogadro number)로 하고, 아보가드로수개의 입자 집단을 1 mol(몰)이라 한다'고 국제적으로 규정되었다.

^{12}C 1개의 질량은 19.92647×10^{-27} kg이므로

$$\text{아보가드로수} = \frac{12\ \text{g}}{19.92647 \times 10^{-24}\ \text{g}} = 6.02214 \times 10^{23}$$

이다. 예를 들어 6.02214×10^{23}개의 물 분자 집단이 물 1 mol이다.

일반적으로 원자량이나 분자량에 단위 g을 붙인 질량 중에는 아보가드로수개의 원자나 분자가 포함된다. 몰단위로 표시한 물질의 양 n을 **물질량**(amount of substance)이라고 한다. 또 1 mol당 입자수를 아보가드로정수라고 하며 기호 N_A로 나타낸다. 즉, $N_A = 6.02214 \times 10^{23}\ \text{mol}^{-1}$이다. 입자수를 N이라 하고 [ ] 내에 단위를 기록하면 물질량은 다음과 같아진다.

$$n[\text{mol}] = \frac{N}{N_A[\text{mol}^{-1}]} \tag{1}$$

물질 1 mol당 질량 M을 **몰질량**(molar mass)이라고 한다. 질량의 단위를 g이라고 하면 몰질량의 단위는 $g \cdot mol^{-1}$이다. 예를 들어 물의 분자량은 18.015, 물 1 mol은 18.015 g이기 때문에 물의 몰질량은 M = 18.015 $g \cdot mol^{-1}$이다. 일반적으로 원자량, 분자량의 값에 $g \cdot mol^{-1}$을 붙이면 몰질량의 값을 얻을 수 있다. 물질의 질량을 ω라고 하면 물질량은 다음의 식으로 나타낼 수 있다.

$$n[mol] = \frac{\omega[g]}{M[g \cdot mol^{-1}]} \qquad (2)$$

연습문제 ②

1. 다음 물질의 화학식량 또는 분자량을 구하시오. 단, 원자량은 H = 1, C = 12, O = 16, N = 14, Na = 23, S = 32이다.
   (1) 황산이온 SO_4^{2-} (2) 질산나트륨 $NaNO_3$ (3) 글루코오스 $C_6H_{12}O_6$

2. 물 분자 1개의 질량은 2.9915×10^{-23} g이다. 물 1 mol의 질량을 구하시오.

3. 메탄 CH_4에 대해 다음의 물음에 답하시오. 원자량은 H = 1, C = 12, 아보가드로정수는 $N_A = 6 \times 10^{23}\ mol^{-1}$이다.
   (1) 메탄 240 g의 물질량은 몇 mol인가?
   (2) 메탄 240 g 중에 존재하는 메탄 입자의 수 및 원자의 총수를 구하시오.
   (3) 메탄 분자 1개의 질량을 구하시오.

4. 탄소와 산소로 이루어진 기체 분자의 밀도를 표준상태에서 측정한 결과 1.25 gL^{-1}이었다. 이 기체의 분자량을 구하고 분자식을 추정하시오. 단, 원자량은 C = 12, O = 16이다.

5. 다음의 화학변화를 화학반응식으로 나타내시오.
   (1) 질소 N_2와 수소 H_2가 반응하면 암모니아 NH_3이 생성된다.
   (2) 에탄 C_2H_6이 완전 연소하면 이산화탄소와 물이 생성된다.
   (3) 암모니아와 산소가 반응하면 일산화질소 NO와 물이 생성된다.

6. 묽은 염산(염화수소 HCl의 옅은 수용액)에 아연 Zn을 첨가하면 다음의 반응에서 수소가 발생한다.

   $$2HCl + Zn \rightarrow ZnCl_2 + H_2 \uparrow$$ (↑는 기체가 발생을 의미한다.)

   HCl과 $ZnCl_2$은 모두 수용액 중에서 이온으로 나뉘어 있다. 이온식을 나타내시오.

7. 메탄 CH_4 4.0 g을 완전연소시키려면 몇 mol의 산소가 필요한가? 또 그때 발생하는 이산화탄소의 표준상태에서의 부피와 물의 질량을 구하시오. 단, 원자량은 H = 1, C = 12, O = 16 이다.

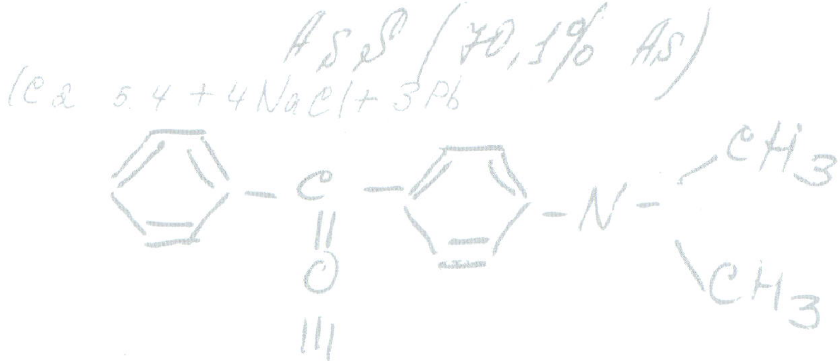

4 전자껍질과 오비탈

원자의 물성이나 반응성은 전자에 의해 결정되는데, 이는 원자에서 전자(구름)가 어떤 상태에 있는지는가 중요하다는 말이다.

1. 전자껍질의 전자 수

원자에 속하는 전자는 확률적으로 존재한다. 그중에서도 특히 확률이 높은 구역이 존재하며 이를 **전자껍질**(electron shell)이라고 한다. 전자껍질은 원자핵 주위에 둥근 껍질 모양으로 존재하며, 원자핵에 가까운 것부터 순서대로 K껍질, L껍질, M껍질 등 K부터 시작하는 알파벳 순서로 이름 붙여진다. 각 전자껍질에 들어갈 수 있는 전자의 개수(정원)는 정해져 있으며 K껍질 2개, L껍질 8개, M껍질 18개 등이다. 이 정원은 n을 상수로 하면 $2n^2$이고, n은 K껍질(1), L껍질(2), M껍질(3)이다.

전자는 원자핵 간의 정전기적 인력을 비롯해 각종 에너지를 가진다. 특정 전자껍질에 들어간 전자가 갖는 에너지를 그 전자껍질의 에너지라고 한다. 전자껍질 에너지는 반경 무한대의 에너지(원자를 벗어난 자유전자의 에너지)를 0으로 하고, 마이너스 측에서 측정하도록 정해져 있다. 따라서 에너지 범위 하부에 있는 것일수록 에너지의 절대치는 커진다. 화학에서는 이 범위의 하부에 있는 것일수록 저에너지이고 안정적이다. 이러한 개념은 중력에 기초한 위치에너지와 동일하다.

2. 오비탈

전자껍질은 여러 **오비탈**(orbital)이 모여 만들어진다. 오비탈에는 s오비탈, p오비탈, d오비탈 등이 있으며, 각 오비탈의 형태(그 오비탈로 들어간 전자가 취하는 전자구름의 모양)는 그림 2-4와 같다. 각 오비탈에는 2개의 전자가 들어갈 수 있다.

각 오비탈에서 전자가 가지는 에너지는 그림 2-5와 같다. 예를 들어 s오비탈은 모든 전자껍질에 존재하지만, 각각을 구별하기 위해 속해 있는 전자껍질의 주양자수를 붙여 1s오비탈(K껍질), 2s오비탈(L껍질) 등으로 부른다. 같은 전자껍질에 속한 오비탈의 에너지는 s < p < d … 순서로 높아진다. p오비탈은 3개 있지만 그 에너지는 모두 같다. 이처럼 에너지가 동일한 오비탈을 **축중**(degeneracy; **축퇴**라고도 함)오비탈이라고 한다. 3개의 오비탈에너지가 같은 p오비탈은 삼중축중이고, 마찬가지로 d오비탈은 오중축중이다.

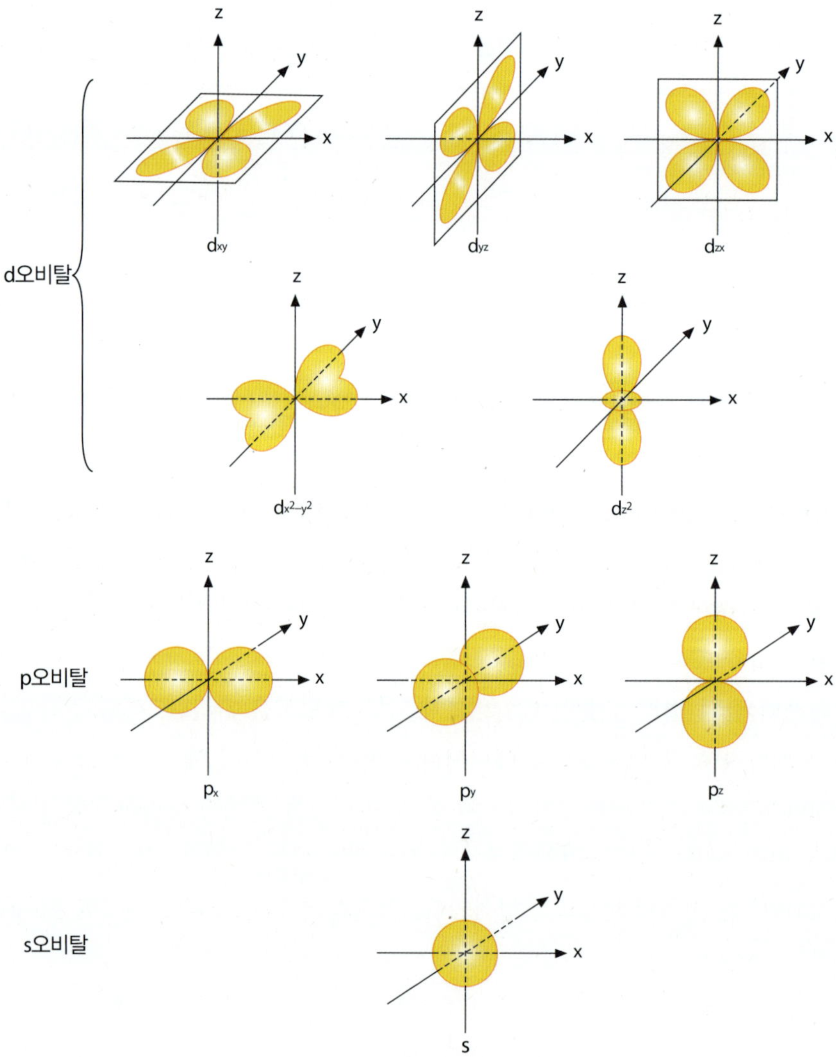

그림 2-4 오비탈의 형태

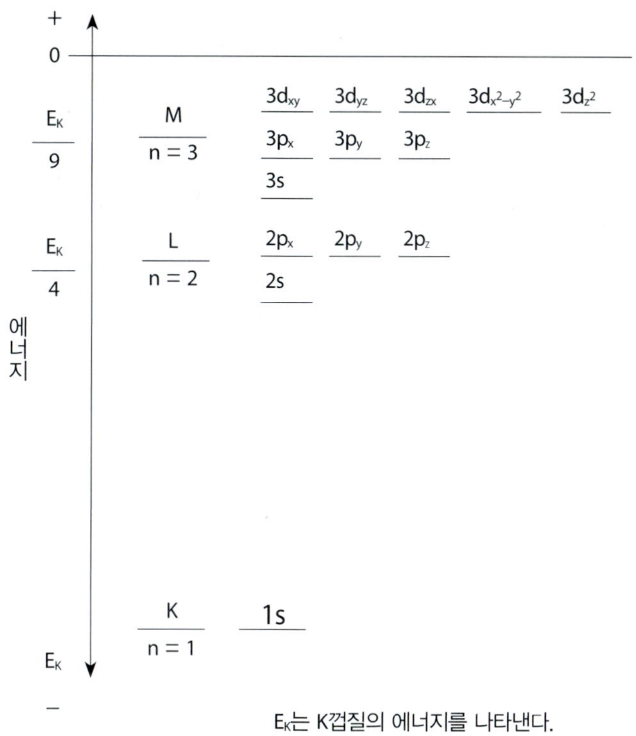

그림 2-5 오비탈과 에너지준위

3. 전자배치의 규칙

전자는 자전(spin)을 한다. 그 회전방향은 우회전과 좌회전의 2종류가 있는데, 화학에서는 각각 상하 방향의 화살표로 구별한다. 원자에 속하는 전자는 오비탈로 들어가는데, 어느 오비탈에 어떤 상태로 들어가는지를 표시한 것이 **전자배치**(electron configuration)이다. 이때 전자가 오비탈에 들어가려면 준수해야 할 규칙이 있다. 이것을 훈트의 규칙(Hund's rule)과 파울리의 원리(Pauli's principle)라고 하며, 이 둘을 종합하면 다음과 같이 요약할 수 있다.

① 전자는 에너지가 낮은 오비탈부터 순서대로 들어간다.

② 1개의 오비탈에는 최대 2개의 전자가 들어갈 수 있다.

③ 1개의 오비탈에 2개의 전자가 들어갈 때는 전자는 서로 자전방향을 반대(반평행이라고 함)로 해야 한다.

④ 전체 전자가 가지는 에너지 가운데 오비탈에너지를 바탕으로 한 양이 같은 때에는 자전(spin)을 동일한 방향(평행)으로 하는 것이 안정적이다.

그림 2-6은 전형원소에 해당하는 원자번호 20까지의 원자에 규칙에 따라 전자를 넣은 것이다. 또한, 그림 2-7은 각 오비탈에서 전자가 가지는 에너지를 나타낸다. 다만, 수소의 경우 동일한 전자껍질의 오비탈끼리는 에너지의 차이가 없으나, 수소를 제외한 다른 원자의 경우 각 오비탈에 따라 에너지가 달라진다. 이는 오비탈에 전자가 채워지는 순서에 영향을 끼친다. 이에 따라 바뀐 에너지준위에 의한 순서를 나타내면 그림 2-8과 같다. 주기율표의 형태와 순서는 오비탈에 의한 전자배치와 깊은 관계가 있다. 예를 들어 3s와 3p오비탈이 채워진 뒤 수소의 오비탈에서는 3d가 채워져야 하지만 실제로는 4s오비탈에 전자가 들어간다.

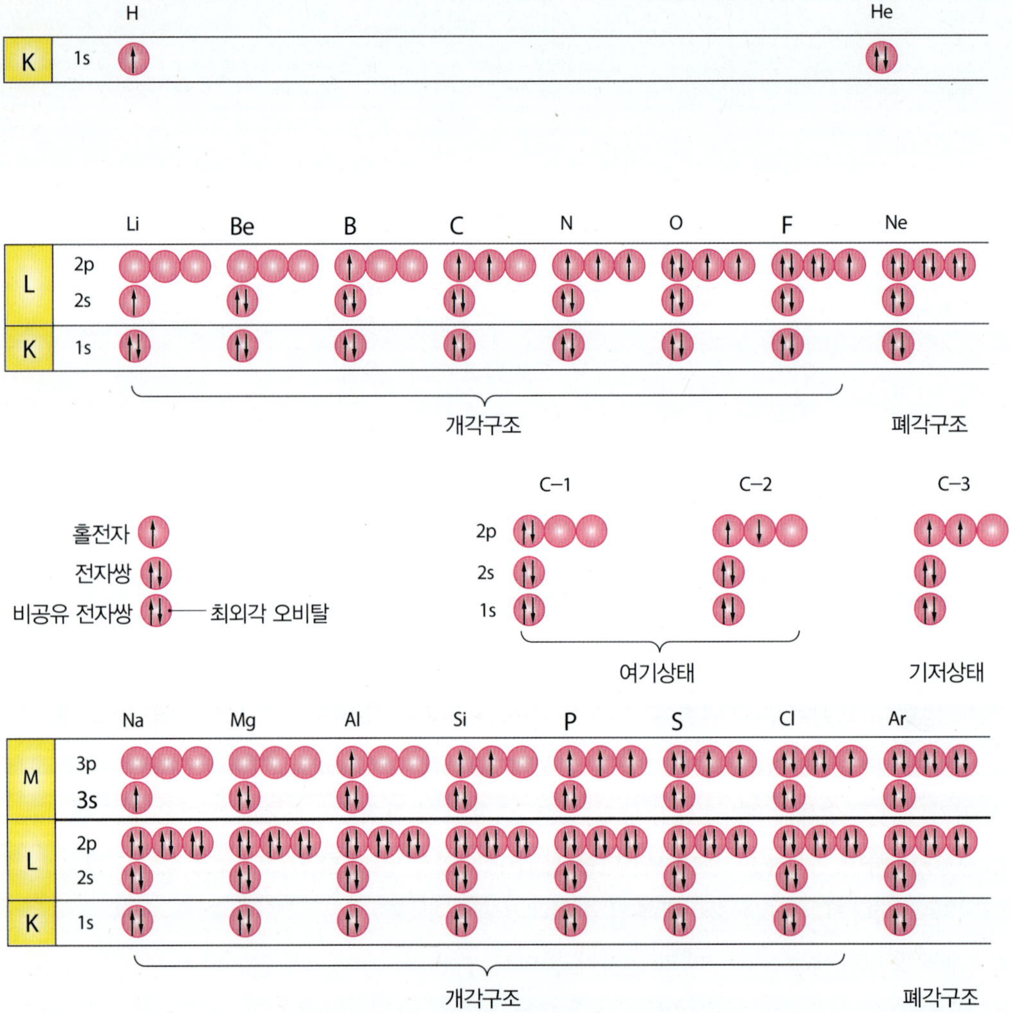

그림 2-6 K껍질~M껍질의 전자도형

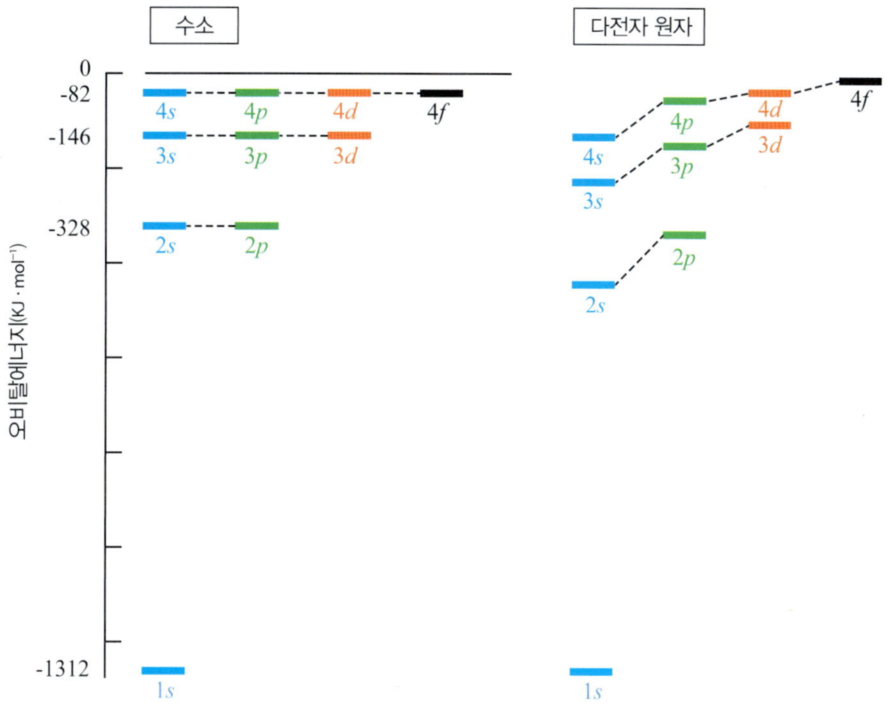

그림 2-7 오비탈과 에너지준위

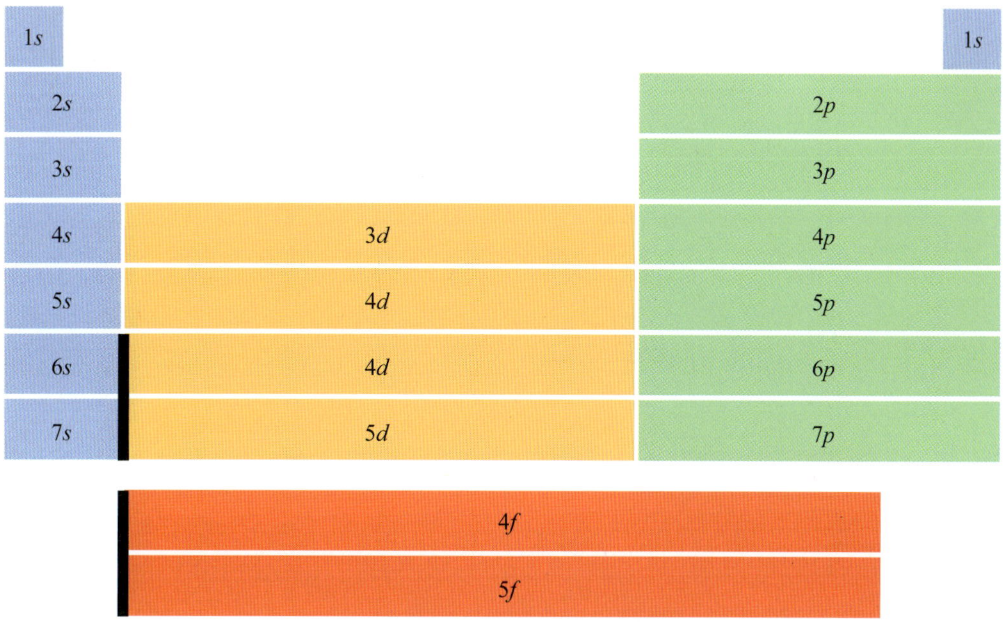

그림 2-8 에너지준위에 따른 주기율표의 형태와 순서

4. 전자배치의 상태

불활성 기체처럼 전자껍질에 정원 가득 전자가 들어간 상태를 **폐각**(closed shell)**구조**라고 한다. 폐각구조는 특별한 안정성을 갖기 때문에 원자는 전자를 증감시켜 폐각구조가 되려는 경향이 있다. 폐각구조 이외의 전자배치를 **개각**(open shell)**구조**라고 한다.

전자가 들어가 있는 전자껍질 중 가장 바깥쪽에 있는 것을 최외각이라고 하고, 그곳으로 들어간 전자를 **최외각전자**(peripheral electron)라고 한다. 최외각전자는 원자의 성질이나 반응성을 결정하는 것으로 **원자가전자**(valence electron)라고도 불린다.

또한, 1개의 오비탈에 2개의 전자가 들어 있는 것을 **전자쌍**(electron pair)이라고 하고, 1개의 오비탈에 1개의 전자만 들어 있는 것을 **홀전자**(unpaired electron)라고 한다. 특히 최외각으로 들어간 전자쌍을 **비공유 전자쌍**(unshared electron pair; 고립전자쌍이라고도 함)이라고 한다.

5 원소의 주기성

원소의 성질 중에는 주기율표의 순서에 따라 변화하는 것이 있다. 이러한 성질을 **주기성**(periodicity)이라고 한다. 주기성에서 가장 큰 역할을 하는 것 중 하나가 **유효 핵전하**(effective nuclear charge)이다. 유효 핵전하란 전자가 실질적으로 원자핵의 양성자에 의해 느끼는 인력을 의미한다. 전자껍질에 따른 원자핵과의 거리, 다른 껍질에 의한 가리움 효과, 같은 껍질의 전자 간 반발력 등에 의해 핵전하가 감소되는 것을 바탕으로 계산된다.

1. 원자반지름

원자의 반지름을 **원자반지름**(atomic radius)이라고 한다. 그림 2-9는 이론원자반지름을 주기율표의 순서로 나열한 것이다. 주기율표 아래쪽으로 갈수록 커지고 오른쪽으로 갈수록 작아진다. 아래쪽에서 커지는 이유는 최외각이 커지기 때문이다. 또 같은 주기에서 오른쪽으로 갈수록 작아지는 이유는 원자핵의 양전하가 늘어나기 때문이다. 그 결과 원자핵과 전자 사이의 정전기적 인력이 증가하고 전자구름이 원자핵에 흡수되어 수축한다. 즉, 주기가 클수록, 그리고 유효 핵전하가 작을수록 원자반지름은 커진다.

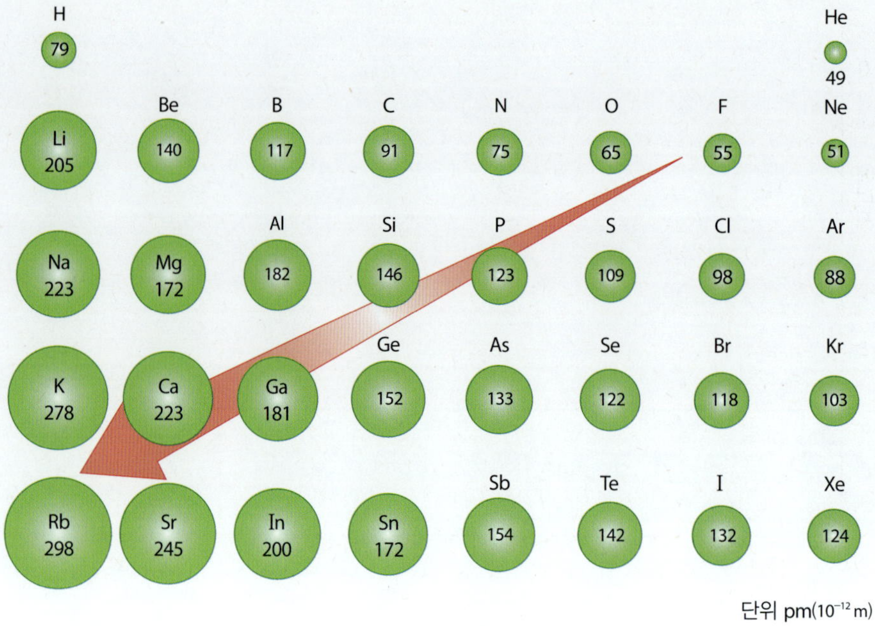

그림 2-9 이론원자반지름

2. 이온화에너지

원자에서 전자를 제거하면 원자는 양(+)으로 하전된 양이온이 된다. 이때 필요한 에너지를 **이온화에너지**(ionization energy, I_p)라고 한다. 그림 2-10은 오비탈에너지의 준위와 전자를 나타낸다. 최고 에너지 오비탈로 들어간 전자에 외부에서 적당한 에너지를 가하면 전자는 더 높은 에너지의 오비탈로 이동(전이)한다. 만일 오비탈에너지 ΔE에 상당하는 에너지를 가하면 전자는 $E = 0$의 자유전자가 된다. 이것은 전자가 원자핵의 속박에서 벗어나 자유전자가 되고 원자가 양이온이 됨을 의미한다. 이 ΔE가 이온화에너지가 되는 것이다. 한편, 자유전자가 최고 에너지 오비탈로 들어갔다고 하면 원자는 전자를 획득해서 음이온이 되고 그때 여분의 에너지 ΔE를 방출한다. 이것을 **전자친화도**(electron affinity, A)라고 한다.

그림 2-11은 원자의 이온화에너지를 원자번호 순서대로 나열한 것이다. 이 역시 유효 핵전하에 의한 변화와 유사한 경향을 보인다. 이는 전자가 유효 핵전하만큼의 인력에서 벗어나기 위한 에너지가 이온화에너지이기 때문이다. 다만 Be에서 B, N에서 O로 넘어갈 때 이온화에너지가 유효 핵전하의 경향과 다른 이유는 Be는 2s오비탈을 완벽하게 채운 후 B로 넘어가며 2p오비탈이 채워지기 시작하기 때문에 불안정한 전자가 존재하기 때문이며, N은 2p오비탈 3개에 한 방향의 스핀을 가진 전자가 하나씩 들어 있는 상태에서 반대 스핀을 가진 전자가 채워지기 시작하기 때문에 불안정한 전자가 존재하기 때문이다.

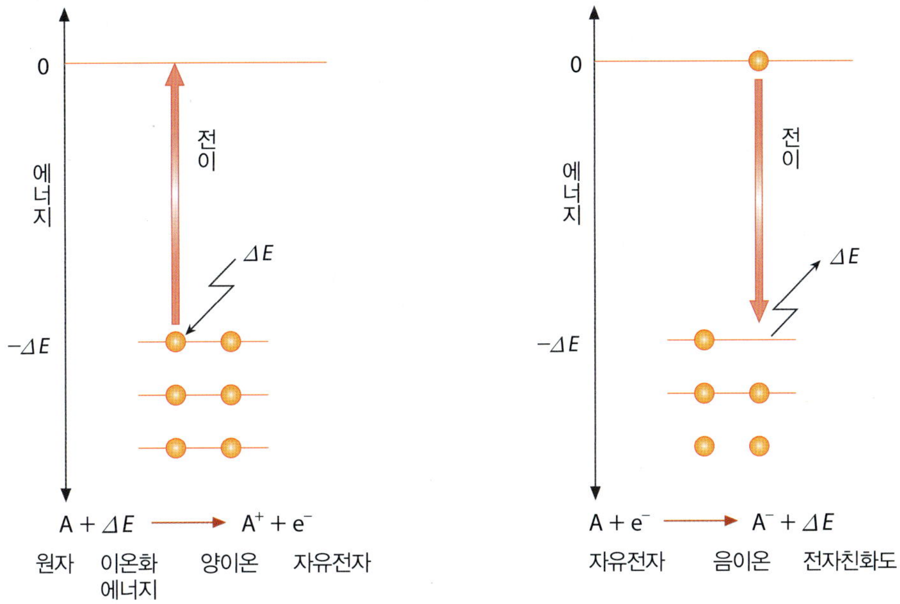

그림 2-10 이온화에너지와 오비탈에너지

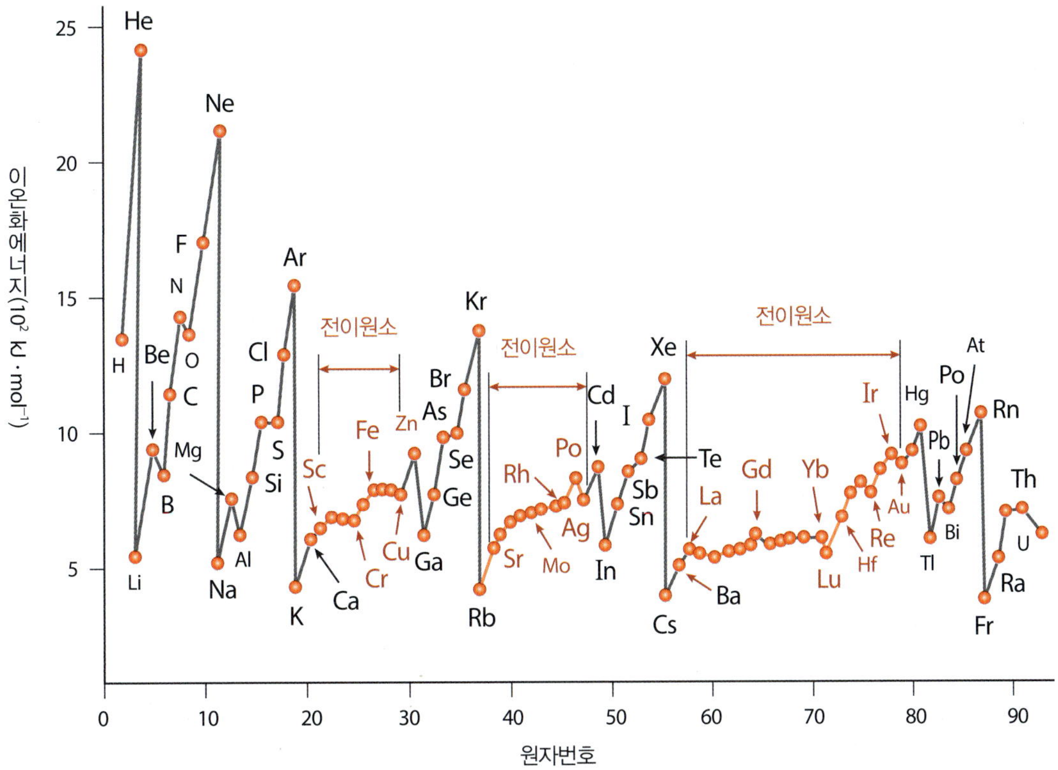

그림 2-11 이온화에너지의 주기성

3. 전기음성도

이온화에너지가 큰 것은 양이온이 되기 어렵다. 바꾸어 말하면 음이온이 되기 쉽다고 할 수 있다. 반대로 전자친화도가 큰 것은 음이온이 되기 쉽다. 이러한 점에서 I_P와 A는 원자가 전자를 끌어당기는 크기를 나타내는 것으로 볼 수 있다. 따라서 I_P와 A의 절대치 평균값을 기초로 한 **전기음성도**(electronegativity)라는 수치가 정의되었다. 전기음성도가 큰 원자일수록 전자를 끌어당기는 정도가 크다고 생각할 수 있다. 단, 전기음성도의 수치는 측정치가 아니라 인위적으로 정한 수치이기 때문에 이 수치를 정량적 해석에 이용할 수는 없다.

그림 2-12는 전기음성도를 주기율표에 따라 나타낸 것이다. 전기음성도는 유효 핵전하의 경향과 유사하게 오른쪽 상단으로 갈수록 커지는 것을 알 수 있다.

H							He
2.1							
Li	Be	B	C	N	O	F	Ne
1.0	1.5	2.0	2.5	3.0	3.5	4.0	
Na	Mg	Al	Si	P	S	Cl	Ar
0.9	1.2	1.5	1.8	2.1	2.5	3.0	
K	Ca	Ga	Ge	As	Se	Br	Kr
0.8	1.0	1.3	1.8	2.0	2.4	2.8	

$$전기음성도 \approx \frac{|I_P| + |A|}{2}$$

그림 2-12 **전기음성도**

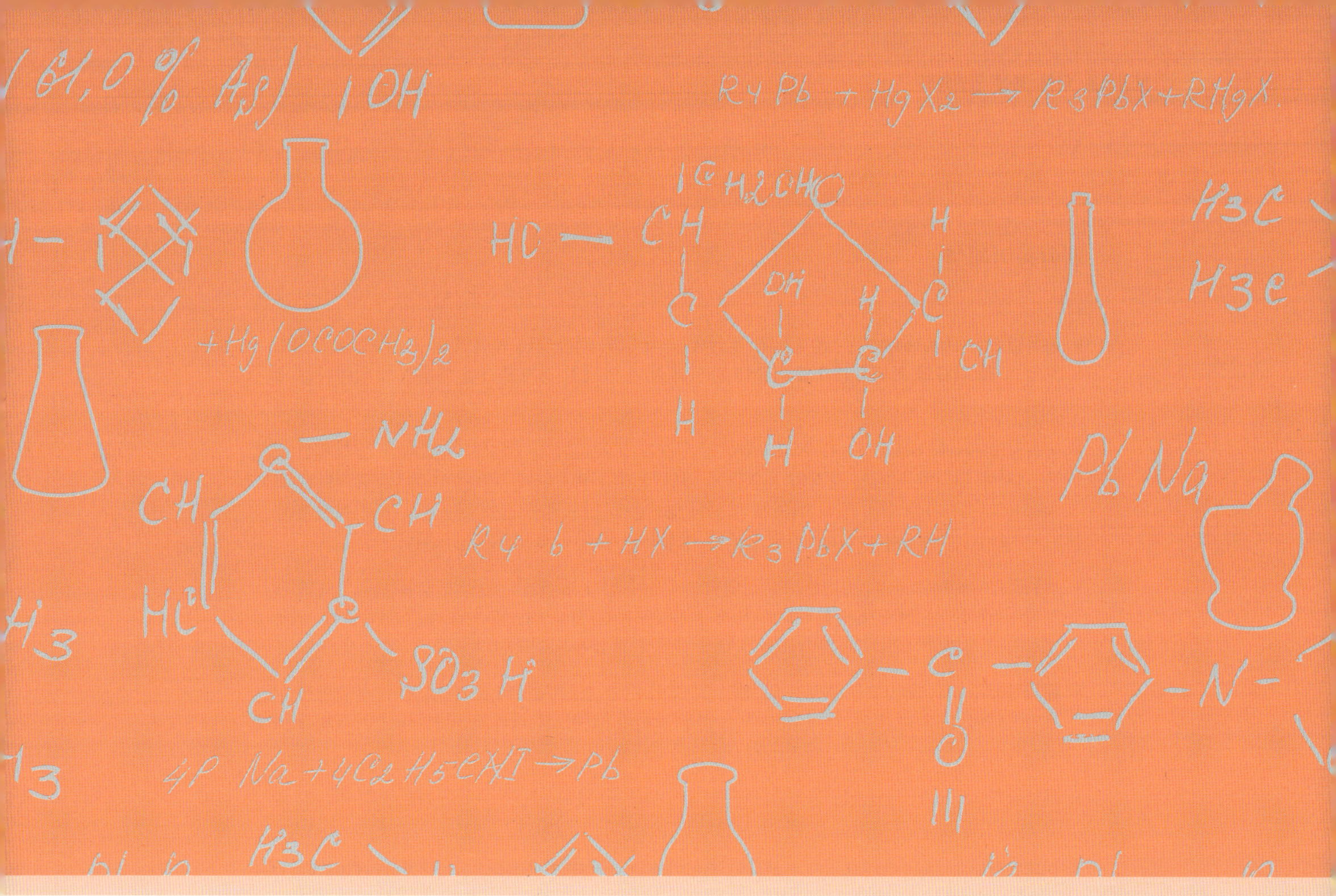

제3장

이온결합과 금속결합

핵심용어해설

▶ **공유결합**(covalent bond) : 두 원자가 각 원자에 속해 있던 전자를 공유하여 공유전자쌍을 형성함으로써 각 원자의 최외각전자 오비탈을 완전히 채워 안정된 전자구조를 이루면서 일어나는 결합이다.

▶ **금속결합**(metallic bond) : 전기적으로 중성인 원자가 고체 결정을 구성하여 금속을 형성하는 경우 격자에 위치한 원자는 각각의 최외각에 있던 전자가 빠져나가 양이온이 되고, 빠져나간 전자들은 전도전자를 형성한다. 이렇게 형성된 양이온과 전도전자 간에 작용하는 정전기적 인력으로 일어나는 결합을 말한다. 주로 금속을 형성하는 물질이 결합하는 방식이다.

▶ **배위결합**(coordinate linkage) : 결합에 관여하는 2개의 원자 중 한쪽 원자만 중심으로 생각할 때 결합에 관여하는 전자가 형식적으로 한쪽 원자로부터만 제공되는 경우의 결합을 말한다. 이온결합과 공유결합이 겹쳐진 것이라는 뜻에서 반극성 결합이라고도 한다.

▶ **분자력**(molecular force) : 분자 내부의 전자 및 핵이 다른 분자 내부의 전자 및 핵과 복잡하게 상호작용하여 그 결과 분자 간에 나타나는 힘을 말한다. 분자 간 거리가 어떤 특정 거리보다 가까울 때는 반발력, 그 거리보다 멀 때는 인력이 작용한다.

▶ **옥텟규칙**(octet rule) : 원자는 최외각 전자껍질이 완전히 채워지거나 전자 8개를 가질 때, 더 높은 에너지를 갖는 전자가 없을 때 가장 안정하다는 규칙을 말한다.

▶ **이온결합**(ionic bond) : 양이온과 음이온이 정전기적 인력으로 결합하여 생기는 화학결합이다. 양이온 주위를 여러 개의 음이온이 정전기적 인력으로 둘러싸는 결정구조를 이루는 경우가 많다.

▶ **자유전자**(free electron) : 원자 내 전자가 핵과의 인력에 의해 고정되어 있는 반면, 일정 영역 내에서 움직임이 자유로운 전자를 말하다. 주로 금속 내에 있으며, 진공관 등에서는 열전자 방출로 인해 자유전자가 기체 상태로 있기도 한다.

▶ **전하**(electric charge) : 전기 현상을 일으키는 물질의 물리적 성질을 말한다. 전하에는 양전하와 음전하가 있으며, 전하가 이동하는 것이 전류이다. 같은 종류의 전하는 서로 반발하고 다른 종류의 전하는 서로 끌어당긴다.

▶ **화학결합**(chemical bond) : 분자 또는 원자들의 집합체에서 그 구성 원자들을 하나의 단위체로 간주할 수 있도록 하는 인력이나 결합을 말한다. 모든 화학결합은 원자핵과 전자 간 전기적 인력에 바탕을 두며, 양자역학적으로 전자의 오비탈을 이용하여 설명할 수 있다. 그 특성에 따라 공유결합, 이온결합, 금속결합으로 나뉜다.

1 화학결합

자연에서 대부분의 원자는 다른 원자와 결합한 상태로 존재하는데, 이러한 결합을 **화학결합**(chemical bond)이라고 한다. 한편, 화학결합을 통해 생성된 물질끼리 서로 결합하기도 하는데 이 때 작용하는 힘을 **분자력**(intermolecular bond)이라고 한다.

화학결합에는 다음과 같은 종류가 있다. 하나는 물질들의 전기음성도 차이에 의해 한쪽 원자에서 다른 쪽 원자로 전자가 완전히 이동해서 각각 양이온과 음이온이 된 후 상호 간에 정전기적 인력으로 결합하는 **이온결합**(ionic bond)이다. 다른 하나는 2개의 원자가 전자 1쌍을 공유함으로써 2개의 원자를 결합시키는 **공유결합**(covalent bond)이다. 그 밖에도 **금속결합**(metallic bond)과 **배위결합**(coordinate linkage)도 있다. 이 장에서는 이온결합과 금속결합을, 제4장에서는 공유결합과 배위결합을 자세하게 설명하고자 한다.

2 이온결합

1. 이온결합과 에너지

전기음성도가 작은 원자 A와 큰 원자 B가 만나면 전기음성도가 작은 원자 A에서 전자가 떨어져 나와 양이온(A^+, cation)이 되고, 전기음성도가 큰 원자 B가 그 전자를 받아 음이온(B^-, anion)이 된다. 그 각 이온이 정전기적 인력으로 서로 당겨서 성립하는 결합이 **이온결합**(ionic bond)이다. 이 결합에서 양이온은 주로 금속원자이지만, 암모늄이온(NH_4^+)과 같이 비금속원자로 이루어진 양이온도 존재한다. 또 음이온은 주로 비금속원자이지만, 하이드록시이온(OH^-)처럼 여러 원자로 이루어진 음이온도 존재한다.

이온결합에서 에너지의 출입은 이온결합 여부에 중요한 요소가 된다. 일반적인 화학반응에서 결합을 끊어내는 반응에는 에너지가 필요하며, 결합이 생성되는 반응에는 에너지가 방출된다. 이와 같은 원리로 물질이 이온화되는 반응, 즉 전자와 원자핵의 인력을 끊어내는 반응에는 이온화에너지(I_P)만큼의 에너지가 필요하다. 그리고 음이온이 될 때, 즉 전자와 원자핵이 연결되는 반응에는 전자친화도(A)만큼의 에너지가 방출된다. 여기에 추가적으로 음이온과 양이온의 결합이 생기는 반응에서도 에너지가 방출되며, 이때 에너지 출입의 총합계가 양수가 되어야 이온결합이 생성된다.

예를 들어 Na 원자와 Cl 원자에서 결정의 염화소듐이 생성될 때의 에너지수지(energy budget)는 다음과 같다.

① 고체의 Na가 원자로 분리 : Na(solid) → Na^+(gas) − 107.3 kJ/mol(에너지가 필요)

② Cl 분자가 Cl 원자로 분리 : $1/2Cl_2$ → Cl − 122 kJ/mol(에너지가 필요)

③ Na 원자가 이온화 : Na(gas) → Na^+ + e^- − 495.8 kJ/mol(에너지가 필요)

④ Cl 원자가 이온화 : Cl → Cl^- − e^- + 348.6 kJ/mol(에너지가 방출)

⑤ 이온화된 Na^+이온과 Cl^-이온이 결합 : Na^+ + Cl^- → NaCl(결정) + 787 kJ/mol

따라서

$$Na + Cl \rightarrow NaCl(\text{결정}) + 411\ kJ/mol$$

이며, 발열반응이기 때문에 반응은 자연적으로 진행된다.

2. 옥텟규칙

옥텟규칙(octet rule)은 원자번호가 1에서 22 사이의 작은 원자에서 적용 가능한 화학반응을 예상할 수 있는 규칙 중 하나이다. 1주기부터 3주기에 해당하는 원자는 1A(1족), 2A(2족), 3A(13족), 4A(14족), 5A(15족), 6A(16족), 7A(17족), 8A(18족)이다. 이때 모든 원자는 헬륨(He), 네온(Ne), 아르곤(Ar) 등의 불활성 기체와 같이 최외각전자를 0개 또는 2개, 8개로 맞추는 방향으로 원자의 이온화 또는 전자의 공유가 진행된다. 이처럼 안정된 전자배치(폐각구조)를 획득하기 위해 반응하는 경향을 옥텟규칙이라고 한다.

수소의 경우 옥텟규칙에서 2가지 특성을 지닌다. ① 전자를 잃고 전자가 없는 안정된 상태되려고 하거나, ② 헬륨과 같은 전자배치가 되기 위해 다른 원자와 1개의 전자를 공유하여 전자를 2개가 되도록 한다.

1A족의 경우 최외각전자가 8개가 되려면 전자 1개를 잃거나 7개를 얻어야 하는데, 이 경우 전자 1개를 잃고 이온화되는 경우가 많다. 2A족의 경우도 최외각전자가 8개가 되려면 전자 2개를 잃거나 6개를 얻어야 하는데, 이 경우 전자 2개를 잃고 이온화되는 경향이 강하다. 다만, 전자를 잃기 위한 에너지가 1A족보다 크기 때문에 1A족보다 반응이 느리다. 반대로 7A족의 경우 최외각전자가 8개가 되려면 전자 7개를 잃거나 1개를 얻어야 하는데, 이 경우 전자 1개를 얻고 이온화되는 경향이 강하다. 6A족의 경우 최외각전자가 8개가 되려면 전자 6개를 잃거나 2개를 얻어야 하는데, 이 경우 전자 2개를 얻고 이온화되는 경향이 강하다. 다만, 전자에는 유효 핵전하가

7A족보다 작기 때문에 7A족보다 반응이 느리다.

한편, 전이원소는 종종 2종류 이상의 양이온을 형성한다. 예를 들어 Cu^{+}과 Cu^{2+}, Fe^{2+}과 Fe^{3+}과 같이 최외각의 전자수를 통해 형성되는 이온의 전하를 예상하기란 어렵다.

3. 이온결합 물질

1) 이온결합 물질의 구조와 성질

소듐은 전자를 1개 잃으면 불활성 기체인 네온과 같은 전자배치에 있는 소듐이온(Na^{+})이 되기 쉽다. 반대로 염소는 전자를 1개 획득하면 불활성 기체인 아르곤과 같은 전자배치에 있는 염화이온(Cl^{-})이 되기 쉽다. 두 원자가 만나면 Na에서 Cl로 자연스럽게 전자가 이동하고, 각각 안정된 전자배치의 양이온과 음이온이 되어 서로 전하로 끌어당기며 결합한다. 이온 간의 정전기적 인력에는 방향성이 없기 때문에 양이온과 음이온 모두 최대한 많은 반대전하에 둘러싸이듯이 배열된다. 따라서 NaCl이라는 분자의 집합이 아니라 Na^{+}과 Cl^{-}이 번갈아 이어져 개체를 형성하게 된다(그림 3-1). 이때 결정격자(crystal lattice)라고 불리는 규칙적인 삼차원 구조를 만드는 덩어리를 **이온결정**(ionic crystal)이라고 한다. 일반적으로 이온결합은 1~3개의 원자가전자를 가지는 금속원소와, 8개에 1개 또는 2개의 원자가전자가 부족한(16, 17족의) 비금속원소 간에 발생한다.

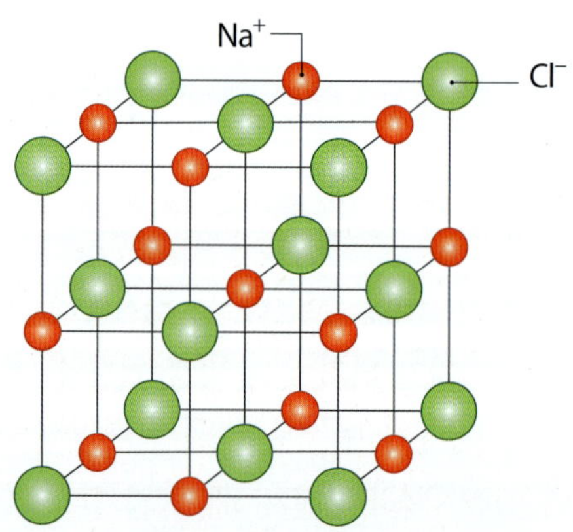

그림 3-1 염화소듐 결정 속의 이온 배열방식

금속원소는 원자가전자의 개수와 동일한 수의 전자를 잃게 되는데, 전자 1개를 잃은 경우 1가 양이온, 전자 2개를 잃은 경우 2가 양이온, 전자 3개를 잃은 경우 3가 양이온이라고 한다. 비금속원소는 부족한 원자가전자의 개수와 동일한 수의 전자를 얻게 되는데, 전자 1개를 얻은 경우 1가 음이온, 2개를 얻은 경우 2가 음이온이라고 한다. 이렇게 이온화되었을 때 나타나는 전기적 특징을 **전하**(electric charge)라고 한다.

이온결합 물질을 이루는 음이온과 양이온은 그 비율을 통해 전하의 균형을 맞추기 때문에 이온결합 물질은 기본적으로 중성을 띈다. 예를 들어 알루미늄의 경우 3가 양이온에 해당하며, 산소는 2가 음이온에 해당한다. 이를 중성으로 맞추려면 알루미늄과 산소의 비율은 2:3이 되어야 한다. 이는 $(+3) \times 2 + (-2) \times 3 = 0$이기 때문이며, 따라서 알루미늄과 산소의 화합물인 산화알루미늄의 화학식은 Al_2O_3로 나타낼 수 있다.

2) 이온결합 물질의 명칭

이온결합 물질의 명칭은 일정한 규칙에 따라 정해진다. 영어에서는 앞에 금속 또는 양이온 이름이 들어가고 뒤에 비금속 또는 음이온 이름이 들어간다. 예를 들어 NaCl의 경우 양이온 이름인 sodium과 음이온 이름인 chloride가 합쳐져 sodium chloride가 된다. 반면, 우리나라에서는 음이온 이름 뒤에 양이온 이름이 붙이기 때문에, NaCl의 경우 음이온 이름인 염화를 앞에, 양이온 이름인 소듐을 뒤에 붙여 염화소듐이라고 한다. 일반적으로 사용하는 음이온 이름은 표 3-1과 같다.

한편, 이온의 전하에 따라 양이온과 음이온의 비율이 달라질 수 있다. Al_2O_3의 경우 일반적으로 알루미늄 원자 2개와 산소 원자 3개의 조합만 존재하므로 aluminium oxide라는 명칭을 일반적으로 사용한다. 하지만 철의 경우 Fe^{2+}과 Fe^{3+}으로 이온 형태가 두 종류이며 자연에서도 이 두 이온이 존재한다. 따라서 iron oxide는 두 종류가 존재하게 된다. 이것의 착오를 막기 위해 Fe^{2+}의 경우에는 iron(II) oxide, Fe^{3+}의 경우에는 iron(III) oxide로 표기한다. 한글 역시 산화철(II)과 산화철(III)으로 표기하여 착오를 방지한다. 또한, FeO의 경우 ferrous oxide나 iron monooxide로 표기하고, Fe_2O_3의 경우 ferric oxide나 diiron trioxide로 표기하기도 한다. 전자는 철이온의 전하에 따라 다른 이름을 부여하는 방법이고, 후자는 원자의 비율을 수로 나타내는 접두사로 표기하는 방법이다(표 3-2). 마지막으로 다원자 이온의 이름을 정리하면 표 3-3과 같다.

표 3-1 일반적인 음이온 이름

화학식	영어명	한글명
H^-	Hydride	수소화
N^{3-}	Nitride	질화
O^{2-}	Oxide	산화
F^-	Fluoride	불화
S^{2-}	Sulfide	황화
Cl^-	Chloride	염화
Se^{2-}	Selenide	셀레늄화
Br^-	Bromide	브롬화
Te^{2-}	Telluride	텔루르화
I^-	Iodide	아이오딘화

표 3-2 수를 나타내는 접두사

접두사	의미
Mono	1
Di	2
Tri	3
Tetra	4
Penta	5
Hexa	6
Hepta	7
Octa	8
Nona	9
Deca	10

표 3-3 다원자 이온의 이름

화학식	영어명	한글명
양이온		
NH^{4+}	Ammonium	암모늄
1가 음이온		
$CH_3CO_2^-$	Acetate	아세트산
CN^-	Cyanide	시안화
$H_2PO_4^-$	Dihydrogen phosphate	인산이수소
HCO_3^-	Hydrogen carbonate(or bicarbonate)	탄산수소
HSO_4^-	Hydrogen sulfate(or bisulfate)	황산수소
OH^-	Hydroxide	수산화
MnO_4^-	Permanganat	망간산
NO_2^-	Nitrite	아질산
NO_3^-	Nitrate	질산
2가 음이온		
CO_3^{2-}	Carbonate	탄산
O_2^{2-}	Peroxide	과산화
HPO_4^{2-}	Hydrogen phosphate	인산일수소
SO_3^{2-}	Sulfite	아황산
SO_4^{2-}	Sulfate	황산
$S_2O_3^{2-}$	Thiosulfate	사이오황산
3가 음이온		
PO_4^{3-}	Phosphate	인산

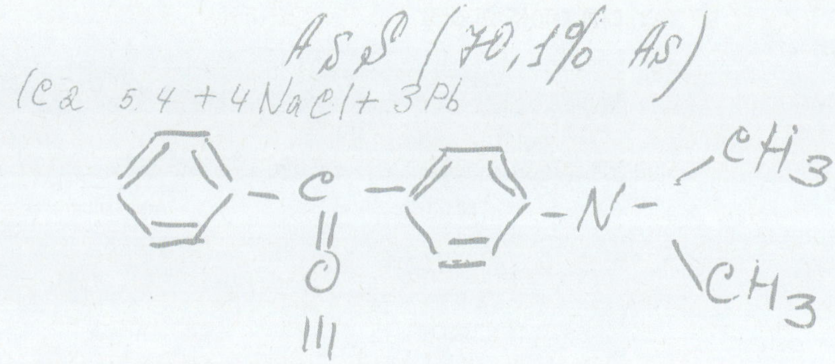

3 금속결합

일반적으로 전자는 원자핵의 전기음성도에 의한 인력에 이끌려 원자핵 근처에 존재한다(편재화). 하지만 전기음성도가 작은 금속원소의 경우 금속원소끼리 모였을 때 원자핵의 인력이 작아 전자가 특정 원자에 머물러 있지 않는다. 그 결과 금속의 전자는 덩어리를 이루고 있는 금속 전반으로 이동할 수 있다(비편재화). 이처럼 자유롭게 이동하는 전자를 **자유전자**(free electron)라고 한다. 금속 덩어리 안에서 금속원소의 원자는 양이온이 되고, 자유전자는 금속 전체를 자유롭게 돌아다니게 된다. 이 양이온의 양전하와 자유롭게 돌아다니는 전자의 음전하 간에 활동하는 정전기적 인력으로 발생하는 결합이 **금속결합**(metallic bond)이다.

이 비편재화되어 있는 자유전자는 금속이 가지는 일반적인 특징을 만들어낸다. 금속은 열이나 전기전도성이 높은데, 이는 자유전자가 열과 전류를 전달할 수 있기 때문이다. 열에너지는 자유전자의 움직임을 활발하게 하고 활발해진 전자의 움직임이 금속 안에서 자유롭게 전달된다. 또 전류는 말 그대로 전자의 흐름이다. 예를 들어 금속으로 된 전선에 전자를 가할 경우 반대쪽 전선 끝으로 전자가 나오게 된다. 이와 같이 전자가 흐름을 가질 수 있는 것 역시 자유전자가 이동할 수 있기 때문이다.

한편, 전기전도성은 온도가 올라가면 낮아진다. 이는 양이온이 열에 의해 활동을 강화해 자유전자의 활동을 방해하기 때문이다. 따라서 금속의 전기저항은 저온이 될수록 작아지고, 반대로 고온이 될수록 전기전도성은 커진다. 이러한 특성을 이용한 것이 초전도체이다. 금속의 온도를 감소시키면 저항이 0에 가깝게 감소하며, 저항이 0에 가까워진 금속은 전력의 손실이 매우 낮아진다. 또 금속은 광택이 있다. 이 광택도 자유전자와 광자와의 상호작용으로 들뜬(excitation) 전자가 각 금속에 특유한 에너지(파장)의 빛을 방출하여 빛이 반사되기 때문이다.

금속결합은 규칙적으로 배열되는 이온결합이나 원자끼리의 위치관계가 중요한 공유결합 및 배위결합과 달리 이동이 가능한 자유전자와 원자핵의 결합이기 때문에 그 위치가 다소 변해도 결합이 끊어지기 힘들다. 이것은 금속이 늘어나거나(연성) 압축(전성)되어도 구조가 거의 파괴되지 않는 즉, 전연성(plasticity)을 나타내는 이유이다.

한편, 준금속원소(metalloid)는 금속원소와 비금속원소 중간에 위치하는 붕소(B), 규소(Si), 게르마늄(Ge), 비소(As), 안티몬(Sb), 텔루르(Te) 등을 말한다. 이들 원소의 결정은 금속결정과 같은 전기전도성은 없지만, 주위의 전장(electric field), 온도, 빛, 그리고 불순물 등의 존재 여부에 따라 금속과 같은 전기전도성이 나타나기 때문에 반도체라고도 하며, 이 성질을 조합하여 전류를 한쪽으로만 흐르게 하는 등 다양한 특성을 지닌 도체를 만들 수 있다. 또 컴퓨터나 여러 전자 장비에 사용되는 다이오드를 만들 수 있다.

제4장

공유결합과 배위결합

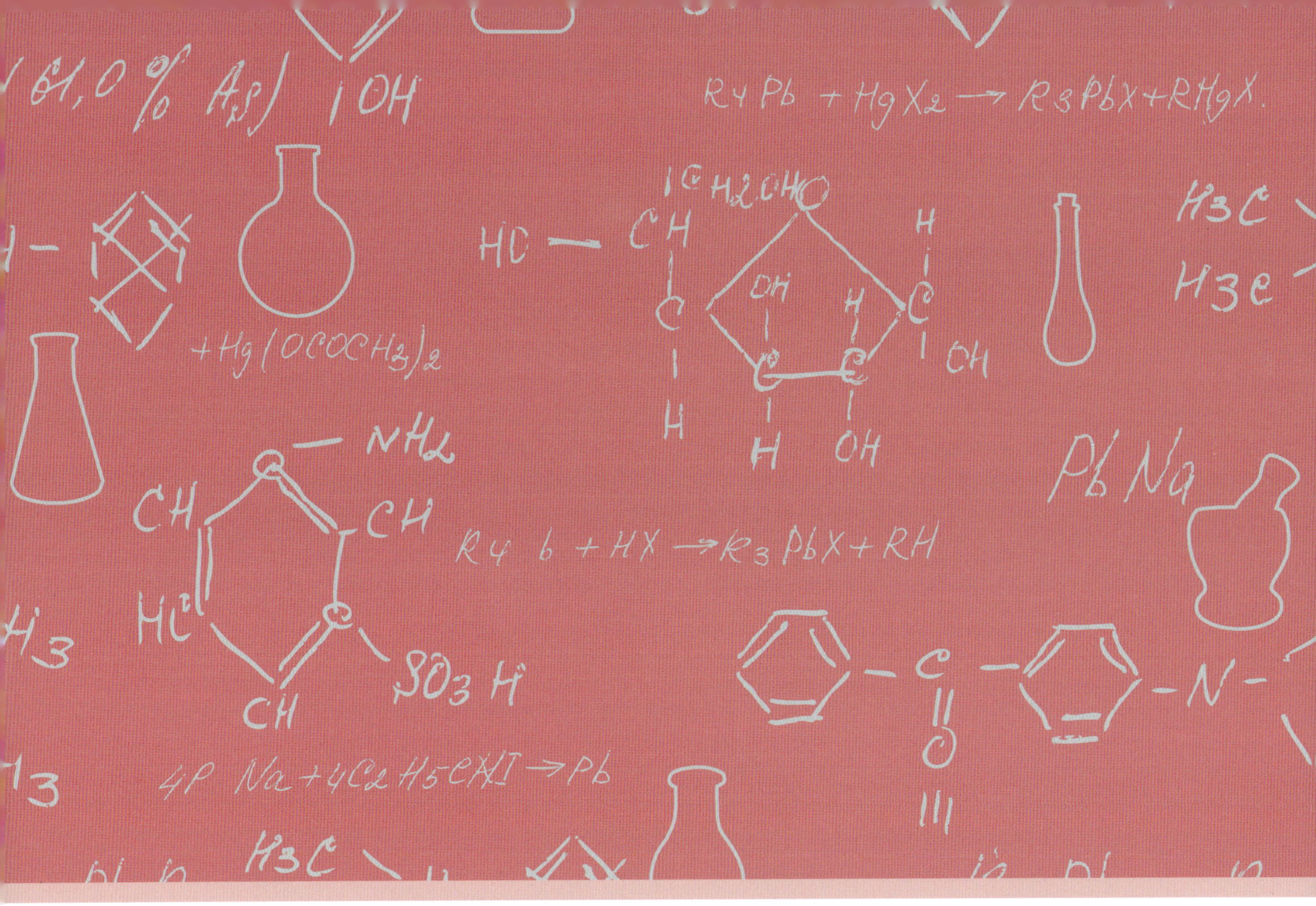

핵심용어해설

- **가성성**(additivity) : 화합물 또는 혼합물의 어떤 성질을 표시하는 수치가 그 성분에 대응하는 양의 합으로 표시될 때 그 성질을 가성성이라고 하거나 또는 그 성질에 대해 가성 법칙이 성립한다고 한다.
- **루이스 구조식**(Lewis structure) : 루이스 전자점식을 이용하여 원자들 간의 공유 결합을 표시할 때 공유 전자쌍을 결합선으로 표시한 식을 말한다. 이때 결합선의 수는 공유전자쌍의 수와 같으며 이는 중심 원자가 가지는 홀전자의 수와 같다.
- **분산력**(dispersion force) : 극성이 없는 분자 또는 원자 간에 작용하는 힘을 말한다. 반데르발스의 힘, 쌍극자-유발 쌍극자 상호작용, 런던 힘, 런던 분산력 등의 용어와 종종 혼용하기도 한다.
- **분자**(molecule) : 독립된 입자로 행동한다고 볼 수 있는 원자의 결합체를 말한다. 고체, 액체, 기체 상태로 존재할 수 있으며, 분자 간 거리가 변화하면서 상태가 변한다.
- **분자력**(molecular force) : 분자 내부의 전자 및 핵이 다른 분자 내부의 전자 및 핵과 복잡하게 상호작용하여 그 결과 분자 간에 나타나는 힘을 말한다. 분자 간 거리가 어떤 특정 거리보다 가까울 때는 반발력, 그 거리보다 멀 때는 인력이 작용한다.
- **소수성**(hydrophobic) : 물 분자와 쉽게 결합하지 않는 성질을 말한다. 소수성 물질은 물과 잘 섞이지 않으며, 그 표면의 물은 높은 표면장력 때문에 동그란 물방울을 만든다. 일반적으로 극성을 띠지 않는 물질이 소수성을 띠게 된다.
- **쌍극자**(dipole) : 분자 중에서 음양의 전하 분포가 균일하지 않고 양전하의 중심과 음전하의 중심이 일치하지 않는 경우에 그 분자는 쌍극자가 있다고 하고, 그 크기를 쌍극자 모멘트(dipole moment)로 나타낸다. 분자에 국한하지 않고 양전하의 중심과 음전하의 중심이 일치하지 않는 전하 분포가 존재하는 경우에는 쌍극자가 형성된다.
- **영구쌍극자**(permanent dipole) : 양전하의 중심이 음전하의 중심과 항상 어긋나 있는 원자나 분자를 말한다.
- **유도효과**(I효과, inductive effect) : 화합물 중의 원자나 원자단이 전자를 잡아당기거나 또는 배척하는 효과를 말한다.
- **유발쌍극자**(induced dipole) : 분자에 전기장을 가할 때 분자의 전자가 양극 쪽으로 쏠려서 생기는 쌍극자를 말한다.
- **작용기**(functional group) : 유기화합물의 화학반응적 특성이나 화합물의 성질을 결정하는 데 중요한 역할을 하는 특정 원자단이나 구조들을 일컫는 말이다.
- **전하이동착물**(charge transfer complex) : 전하의 이동력에 따라 전자주개와 전자받개 간에 형성된 분자 화합물을 말한다. 전자주개에는 방향족탄화수소, 아민류, 에테르류, 알코올류 등이 있고, 전자받개에는 아이오딘, 염소, 나이트로 화합물 등이 있다.
- **치환기**(substituent) : 유기화합물 중의 수소 원자를 다른 원자단으로 치환하여 유도체를 형성했을 때 수소 원자 대신 도입된 원자단을 말한다. 메틸, 페닐 등의 탄화수소기와 OH, NH_2 등의 작용기로 구별된다.
- **친수성**(hydrophilic) : 물 분자와 쉽게 결합하는 성질을 말하며, 극성 원자(polar element)가 있으면 친수성 성향을 띠게 된다.

1 공유결합

전자에 대한 인력이 비슷한 원소끼리는 이온결합을 형성할 수 없다. 이온을 형성할 때 전자친화도가 유사한 두 물질은 전자를 주고받기 위해 필요한 에너지가 너무 커서 이온 간의 결합으로 생기는 안정화에너지를 초과하기 때문이다. 이러한 상황은 주로 비금속원소끼리의 결합에서 발생한다. 비금속원소가 옥텟규칙을 충족시키려면 전자를 공유하는 방법을 이용한다. 옥텟규칙에서 말하는 안정적인 전자배치(폐각구조)가 되려면 전자를 2개 또는 8개로 만들어야 하는데 서로 전자를 공유함으로써 1개의 전자가 양쪽에서 역할을 하게 되며 공유결합은 쌍으로 일어나기 때문에 1개의 전자로 2개의 효과를 나타낼 수 있다.

그림 4-1과 같이 암모니아 분자를 예로 들면 질소 원자의 원자가전자를 ● 으로 표시하고, 수소 원자의 원자가전자를 o 으로 표시하고 있다. 질소 원자의 최외각전자는 5개이므로 3개의 추가 전자가 필요하다. 수소의 최외각전자는 1개이므로 1개의 추가 전자가 필요하다. 즉, 질소는 3개의 공유결합이 필요하고, 수소는 1개의 공유결합이 필요하다. 여기에 맞추어 공유결합을 형성시키면 질소 원자 1개와 수소 원자 3개의 비율로 결합함을 알 수 있다. 이때 수소 원자의 s오비탈에는 2개의 전자가, 질소 원자의 오비탈에는 s^2p^6에서 8개의 전자가 존재하게 되어 각각 옥텟규칙을 충족하는 안정된 폐각구조가 된다. 이와 같이 원자 간의 연결과 전자의 위치를 표시한 구조식을 **루이스 구조식**(Lewis structure)이라고 한다. 이때 비공유전자쌍은 2개의 점으로 표시하고, 공유전자쌍 또는 공유결합은 선으로 표시한다.

전자를 서로 공유결합하면 **분자**(molecule)라고 하는 중성의 원자 집단이 형성된다. 암모니아 분자에서 질소 원자에는 공유결합에 관여하지 않는 1쌍의 전자쌍이 존재한다. 이러한 전자쌍을 비공유전자쌍(고립전자쌍, unshared electron pair)이라 한다. 보통 비금속원소는 앞에서 설명한 이유로 공유결합을 형성한다. 몇 개의 비금속원소는 단일원자로는 자연에 존재하지 않고 그 원소의 2가지 원자가 공유결합으로 결합한 이원자분자(diatomic molecule)로서 존재한다. 예를 들어 염소(Cl)는 원자가전자를 7개 가지고 있어 서로 1개씩 공유함으로써 옥텟규칙을 충족해 안정된 이원자분자로서 존재한다. 유사한 예로 산소(O)는 전자를 6개 가지고 있으며 서로 2개씩 공유하여 2개의 공유결합을 형성한다. 이는 나중에 설명할 이중결합 및 삼중결합의 원리와도 같다.

하지만 결합에 작용하는 전자는 실제로는 루이스 구조식에서 나타낸 것처럼 원자 간에 정지해 있는 것은 아니다. 또 물(H_2O) 분자는 수소(H)와 산소(O)의 결합각이 104.5°로 구부러져 있으며, 이러한 공유결합으로 생긴 분자의 모양은 루이스 구조식으로는 설명할 수 없다.

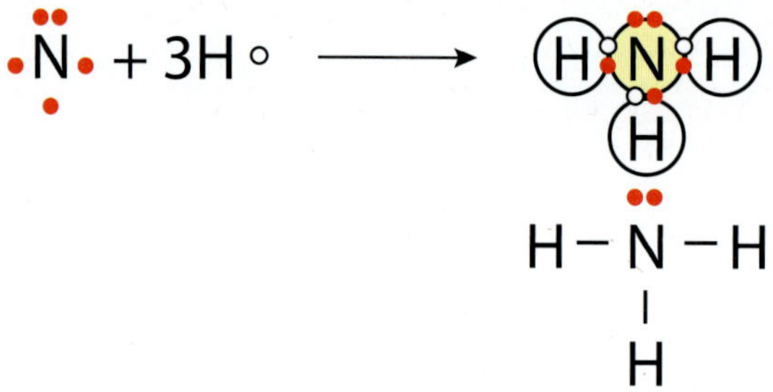

그림 4-1 암모니아의 분자형성

2 분자오비탈법

전자나 원자처럼 아주 작은 물질은 일반적으로 볼 수 있는 물질과 달리 입자로서의 성질과 동시에 파동으로서의 성질이 나타나는데, 이러한 성질을 파동함수(파이, Ø)로 나타낼 수 있다. 제2장에서 원자의 오비탈 형태를 설명했는데, 이 형태 역시 파동함수에 기반하여 전자가 존재할 확률이 높은 부분을 표시한 것이다.

분자오비탈법(molecular orbital method)이란 2개의 원자가 공유결합할 때 양쪽 원자의 오비탈이 서로 겹쳐져서 양쪽 원자에 걸쳐 있는 새로운 오비탈이 생긴다고 보는 방법이다. 이 새로운 오비탈을 **분자오비탈**(molecular orbital)이라고 한다.

또 이러한 미세한 물질은 그 에너지와 존재위치를 일정량 이상의 정확도 이상으로 측정할 수는 없는데, 이것을 **불확정성 원리**(uncertainty principle)라고 한다. 따라서 에너지가 높은 정확도로 측정된 전자는 존재하는 장소를 확정할 수 없어 그 대신 존재할 확률이 높은 부분으로서 표시하게 된다. 이 존재확률은 파동함수의 절대치의 2승 $|Ø|^2$으로 표시하며, 이것은 전자가 오비탈에서 차지하는 공간의 전자밀도에 대응한다.

이들 원자오비탈이 겹쳐서 새로운 분자오비탈이 생기는데, 겹치는 방식에는 2종류가 있다. 파동에는 위상(+, −로 표시)이 있고, 겹치는 방식도 같은 위상(phase)끼리 겹칠 때와 다른 위상끼리 겹칠 때가 있다. 수소 분자(H_2)의 분자오비탈을 예로 들어 설명해보자. 그림 4-2의 그래프는 2개의 s오비탈이 겹칠 때 2개 오비탈의 파동함수와 이들의 합을 보여준다. 같은 위상의 오비탈이 합쳐질 때 두 원자 사이에는 전자의 존재확률이 높은 공간이 발생한다. 반대로 반대 위상의 오비탈이 합쳐질 경우 두 원자의 바깥쪽으로 존재확률이 높은 공간이 발생한다. 이러한 공간을 분자오비탈이라고 한다. 그림 4-3에서는 이렇게 겹쳐진 오비탈로 인해 생겨난 분자오비탈과 에너지준위를 나타낸다. 새롭게 생겨난 분자오비탈은 각 수소 s오비탈의 에너지에 비해 더 낮은 에너지의 새로운 분자오비탈에 전자가 위치한다. 이 오비탈에서는 오비탈이 겹친 영역이 서로 강해져서 2개의 원자핵 사이에 전자가 존재할 확률이 높은 분자오비탈을 만든다. 이 분자오비탈을 **결합성 오비탈**(bonding orbital)이라고 한다. 각각의 수소 원자에 속해 있던 전자 2개는 이 새로운 분자오비탈에 자전(spin) 방향을 반대로 해서 진입한다. 이 전자는 양전하를 가지는 핵끼리의 반발력을 차단하고 양쪽 핵의 양전하와 쿨롱의 법칙으로 서로 끌어당기기 때문에 핵끼리 끌어당겨 결합시키는 원동력이 된다. 따라서 생성된 수소 분자는 2개의 전자를 결합성 오비탈에서 가지는 안정된 이원자분자가 된다.

한편, 위상이 반대인 s오비탈끼리 겹쳐지면 오비탈이 겹친 영역에서는 서로 없애는 형태가 되어 2개의 원자핵 사이에서 전자를 발견할 확률이 낮은 영역(node)이 생기고, 오히려 서로 핵의 반대쪽에서 전자의 존재확률이 높은 영역이 생긴다(그림 4-2). 이때는 핵의 반대쪽에 있는 전자는 서로 핵의 양전하에 의한 반발을 차단하는 활동을 하지 않고, 오히려 서로 핵을 떼어내려고 하기 때문에 이 분자오비탈은 처음 각각의 s오비탈 에너지보다 높은 에너지가 된다(그림 4-3). 이러한 분자오비탈을 **반결합성 오비탈**(antibonding orbital)이라고 한다. 이렇게 결합 전이나 후에도 오비탈의 총수는 변하지 않게 된다.

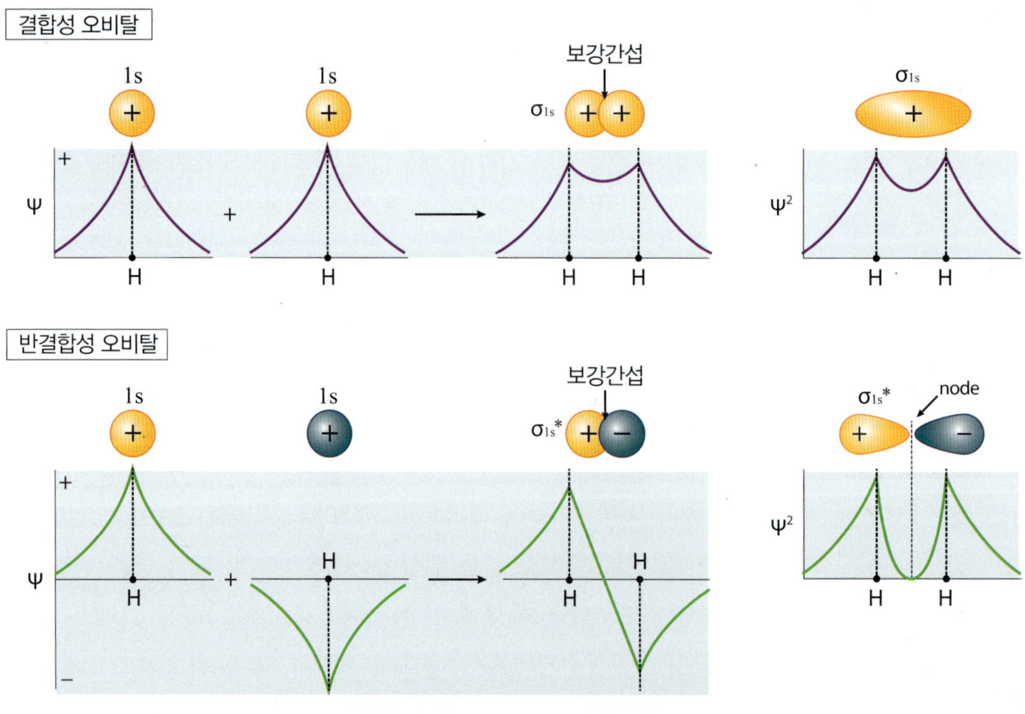

그림 4-2 수소 분자의 결합성 오비탈과 반결합성 오비탈

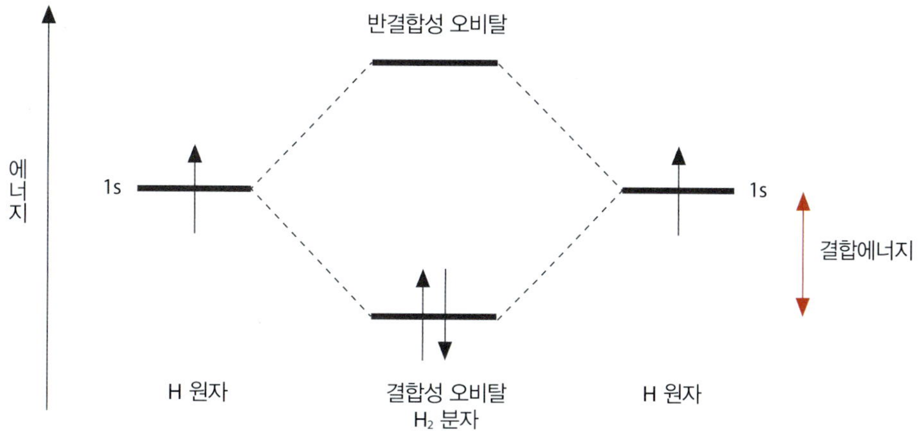

그림 4-3 수소 이원자에서 발생하는 수소분자의 분자오비탈

수소의 경우에는 결합에 사용되는 2개의 전자가 결합성 오비탈로 들어갔는데, 전자를 2개 가지는 헬륨(He)의 경우를 생각해보자. 헬륨(He) 2원자의 총 4개 전자는 먼저 에너지가 낮은 결합성 오비탈에 2개가 들어가고, 다음으로 나머지 2개는 반결합성 오비탈로 들어가게 된다. 그러면 반결합성 오비탈의 전자가 결합성 오비탈의 전자 결합력을 없애기 때문에 원자끼리의 결합력은 사라지게 된다. 이것이 헬륨(He) 원자끼리 결합해서 분자를 형성하지 않고 단일원자로서 존재하는 이유이다(그림 4-4).

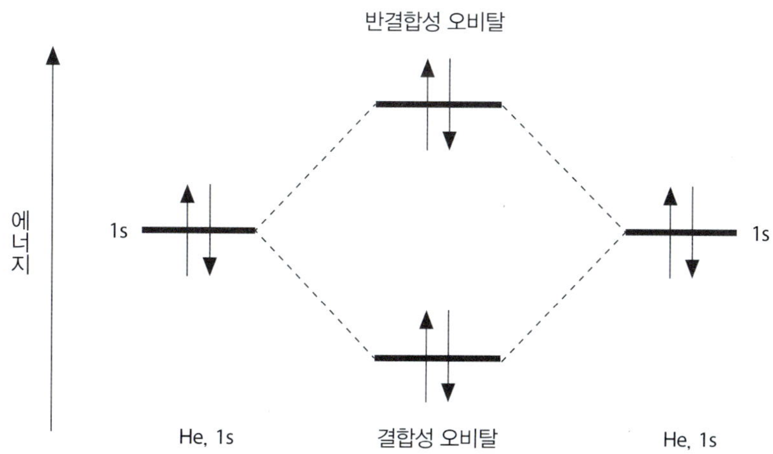

반결합성 오비탈로 전자쌍이 들어가기 때문에 결합에너지가 소실되어 공유결합은 발생하지 않는다.

그림 4-4 헬륨 이원자가 분자를 형성한다고 가정했을 때의 분자오비탈

이러한 현상은 p오비탈 간 또는 s오비탈과 p오비탈이 겹칠 때에도 나타난다(그림 4-5). 이때 p오비탈은 서로 90도로 엇갈리도록 3개의 기다란 리본 모양을 띤다. 두 원자를 가로지르는 축 위에서 겹쳐져 만들어지는 분자오비탈을 σ(시그마)로 표기하고, 나머지 분자오비탈은 π(파이)로 표기한다. 반결합성 오비탈은 σ*와 π*와 같이 *표기를 하여 반결합성임을 나타낸다. p오비탈로 인해 생성된 σ 결합성 오비탈은 가장 낮은 에너지준위를 나타내며, π 결합성 오비탈은 그에 비해 높은 에너지준위를 나타낸다.

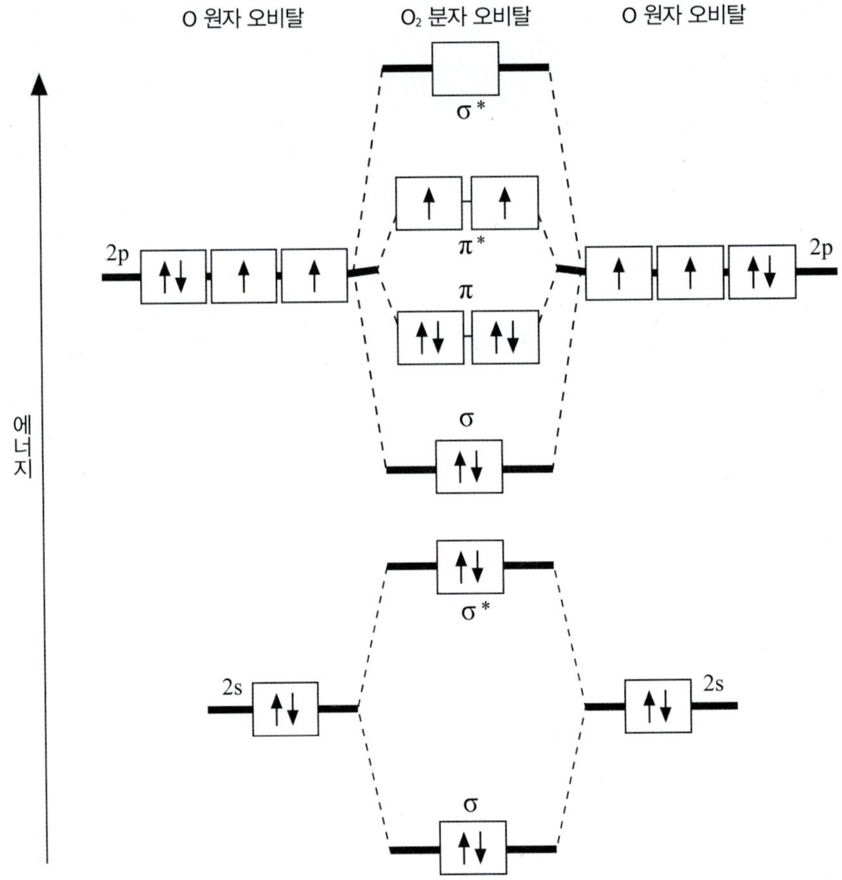

그림 4-5 p오비탈 간 또는 s오비탈과 p오비탈 간 에너지준위

3 원자가결합법

분자오비탈법은 구성 원자의 원자오비탈이 결합해서 새롭게 분자 전체로 확대된 분자오비탈이 발생한다는 개념에 기초한 것이다. 한편, 하이틀러와 런던(Heitler–London method)이 제안한 **원자가결합법**(valence bond method)은 원자오비탈의 겹쳐짐을 통해 예측하는 방법이다.

수소 분자의 형성을 예로 들면 2개 수소 원자의 1s오비탈이 겹쳐지면 겹쳐진 공간에 새로운 오비탈이 형성되며 2개 수소 원자의 전자가 해당 위치에 들어가 결합을 생성한다. 한편, 수소 A의 원자오비탈 $\varnothing_A$에 e1이 속하고, 수소 B의 원자오비탈 $\varnothing_B$에 e2가 속하는 상태와, $\varnothing_A$에 e2가 속하고 $\varnothing_B$에 e1이 속하는 상태가 혼합된 상태를 생각할 수 있다(그림 4-6). 이는 전자에는 구별이 없기 때문이다. 이 2개의 상태에서 전자가 교환되고 두 상태가 서로 혼합되어 파동함수를 이끄는 것이 원자가결합법이다. 이때 스핀이 서로 역평행인 경우에 에너지가 저하되어 안정된 결합이 생성된다.

어떤 방법이든 수정을 가하면 동일한 결과(핵간거리나 결합에너지)를 도출할 수 있으므로 이러한 의미에서는 동등하지만, 분자오비탈법은 주로 정량적으로 보는 경향이 있고, 원자가결합법은 분자의 구조나 성질을 정성적으로 보는 경향이 있다. 다음은 공유결합을 스핀이 서로 역평행인 전자를 하나씩 가지는 2개의 원자오비탈이 겹침으로써 분자오비탈이 생기고, 거기에 전자 2개가 역평행으로 들어가는 원자가결합법의 개념에 따라 설명하고자 한다.

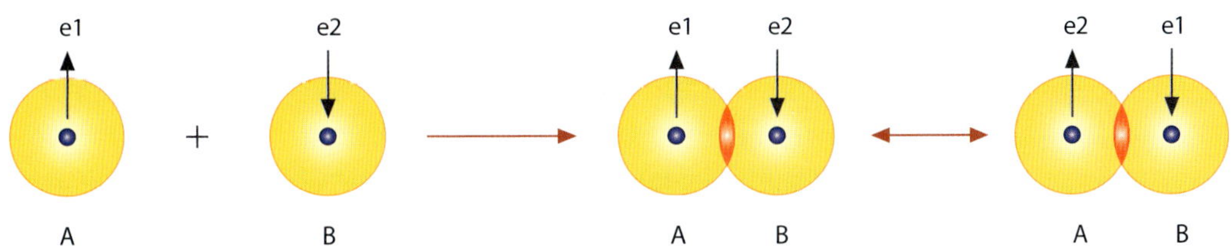

수소 원자 A와 B 각각의 전자(e1, e2)는 수소 분자에서는 2개의 상태가 혼재한다.

그림 4-6 **원자가결합법의 개념**

수소분자는 s오비탈끼리 겹쳐서 생긴다. 그 결과 생성된 오비탈은 결합축을 따라 봤을 때 원형이고 전자밀도는 결합축 주위와 대칭이다(그림 4-7 ①). 또 s오비탈과 p오비탈이 겹쳐서 생긴 결합이나(그림 4-7 ②) p오비탈끼리 그 오비탈이 늘어나 있는 방향에서 겹쳐진 결합(그림 4-7 ③)도 결합축을 따라 봤을 때 원형이며 전자밀도는 결합축 주변과 대칭이다. 이러한 결합을 시그마(σ) 결합이라고 한다. σ결합은 결합축 주위를 회전해도 오비탈의 겹침에 영향을 주지 않기 때문에 자유회전이 가능한 결합이다.

한편, p오비탈끼리의 결합방식에는 또 다른 종류가 있다. 이는 오비탈이 늘어난 방향과 직각방향의 결합축에서 겹치는 방법이다(그림 4-7 ④). 이러한 결합은 파이(π)결합이라고 한다. π결합은 한쪽 원자를 고정한 상태에서 다른 쪽 원자를 결합축 주위에서 회전시키면 오비탈의 겹침이 감소하기 때문에 결합이 끊어져 결합축 주위의 회전이 구속을 받는 결합이다. 오비탈의 겹침 정도로 보면 π결합은 오비탈의 측면에서만 겹치지만, σ결합은 오비탈이 늘어난 방향 또는 공 모양끼리 겹쳐지기 때문에 겹침 정도가 크다. 오비탈의 겹침이 클수록 안정화는 높기 때문에 σ결합이 π결합보다 안정적이다. 또 서로 겹치는 영역을 σ결합과 비교해보면 π결합은 결합축에서 떨어져 있고 거기에 존재하는 전자는 원자핵 사이에 존재할 확률이 낮다. 핵에서의 거리도 멀기 때문에 핵과의 인력도 작고 2개의 핵을 연결하는 힘도 약하다. 결합에너지가 작고 반응성이 높아진다.

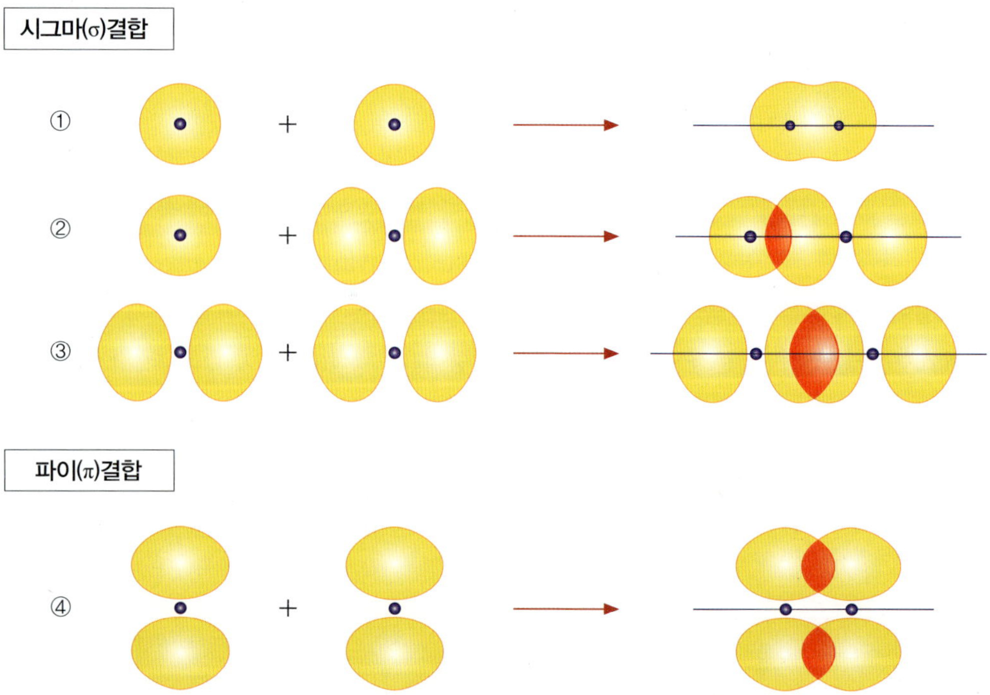

①는 s오비탈끼리 겹쳐진 것, ②는 s오비탈과 p오비탈이 겹쳐진 것, ③는 p오비탈끼리 겹쳐진 것으로 시그마결합이 생성된다. 여기에서 p오비탈 대신에 sp^3, sp^2, sp혼성오비탈이 있어도 생성되는 결합은 시그마결합이다. ④는 p오비탈끼리 측면에서 겹쳐진 파이결합을 나타낸다.

그림 4-7 3종류의 시그마결합 형성방법과 파이결합 형성방법

결과적으로 σ결합이 π결합보다 강한 이유를 분자오비탈법에서는 분자오비탈의 에너지준위로 설명하고, 원자가결합법에서는 분자오비탈의 형태를 통해 설명한다. 이처럼 분자오비탈법은 정량적으로, 원자가결합법은 정성적으로 그 결합을 설명한다. 분자오비탈법의 경우 대부분의 결합을 설명할 수 있지만, 원자가결합법의 경우 이로서 설명하기 힘든 예외들이 있다. 그럼에도 원자가결합법이 사용되는 이유는 분자량이 큰 유기물을 설명함에 있어 직관적으로 나타내기 쉽기 때문이다.

4 분자력

원자가 모여 화학결합을 통해 분자라는 구조체를 만드는 것처럼, 분자도 모여 더 고차원적인 구조체를 만든다. 이때 분자 간에 작용하는 힘을 **분자력**(molecular force)이라고 한다. 분자력은 주로 분자 간에 작용하는 정전기적 인력을 기반으로 한다. 예를 들어 물 분자는 수소결합이라는 분자력에 의해 서로 단단히 결합하며 표면에서 서로를 잡아당긴다. 이 힘에 의해 물 분자들이 물방울 안쪽 방향으로 인력을 받게 되며(그림 4-8), 물의 표면적은 최소가 된다. 이를 표면장력이라고 한다.

이러한 분자력에는 수소결합 외에도 반데르발스의 힘(Van der waals' force), 소수성 상호작용 등이 있다. 하지만 그림 4-9와 같이 원자 간 결합에 비해 그 결합에너지는 매우 작다. 따라서 이 힘은 일반적으로 결합이라고 하지 않고 분자력이라고 한다.

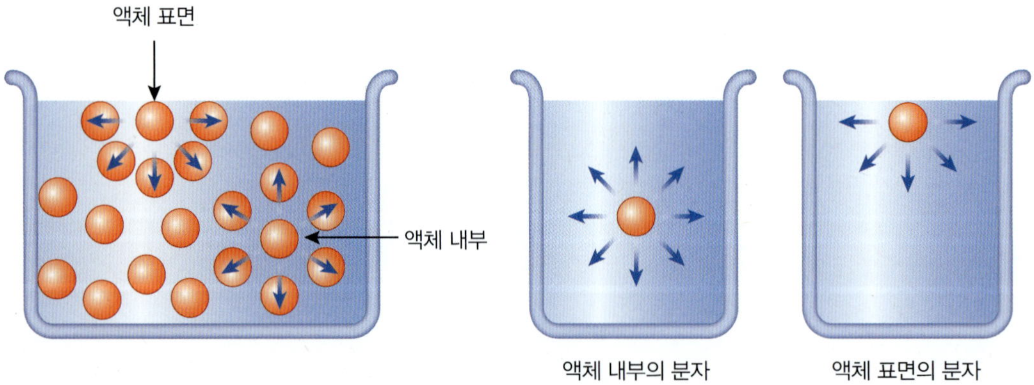

그림 4-8 **표면장력**

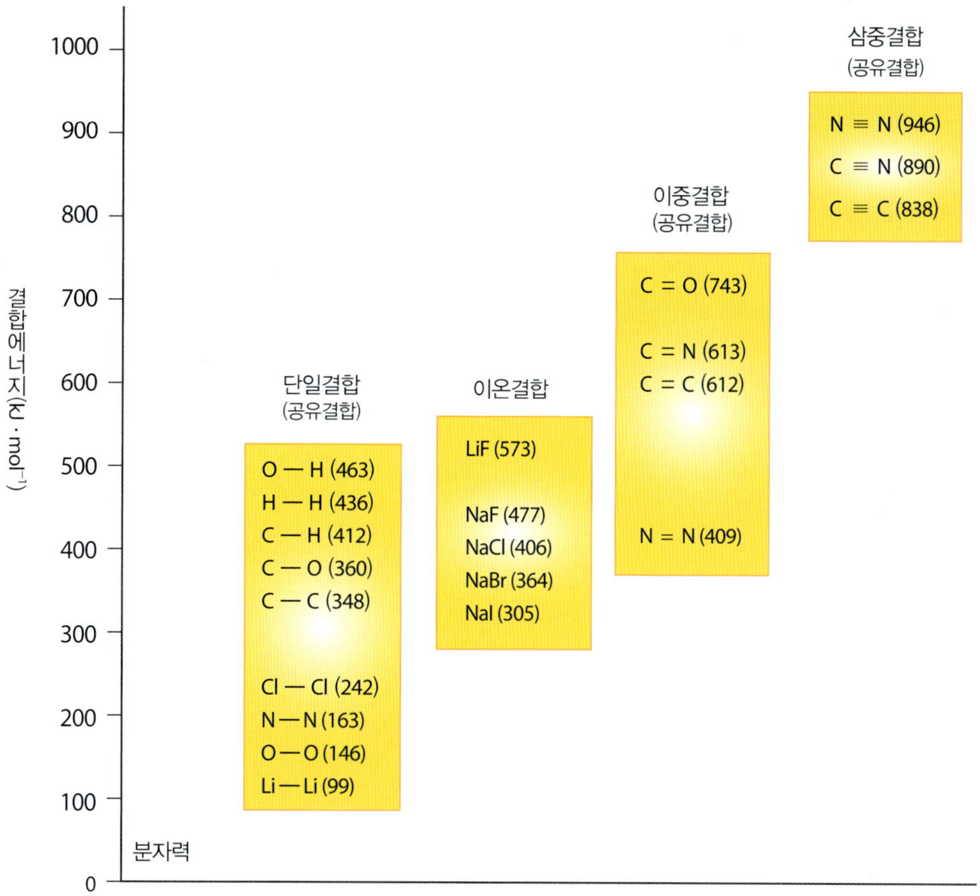

그림 4–9 **결합에너지의 값**

1. 공유결합의 이온성

분자력의 기본은 분자 간에 작용하는 정전기적 인력이다. 정전기적 인력이 기능하려면 분자 안에 양(+)과 음(−)의 이온성 부분이 존재해야 한다.

1) 공유결합과 결합전자구름

공유결합은 2개의 원자가 결합전자구름을 공유함으로써 형성하는 결합이다. 공유결합으로 생긴 전형적인 분자는 수소분자(H_2)이고 결합 상태는 그림 4–10(왼쪽)과 같다. 즉, 2개의 수소 원자 사이에 있는 σ결합의 전자구름은 좌우대칭으로 양쪽 원자 사이에 존재한다. 이러한 상태는 염소분자(Cl_2)에서도 동일하며 결합하는 전자구름은 양쪽 염소원자 사이에 좌우대칭으로 존재한다.

그렇다면 염화수소(HCl)는 어떨까? 그림 4-10(오른쪽)에 그 모습을 나타냈다. 여기에서 주의해야 할 것은 양쪽 원자(H와 Cl)의 전기음성도이다. 수소(H)의 전기음성도는 2.1이지만, 염소(Cl)는 3.0으로 염소가 더 크다. 이는 염소가 수소보다 전자를 끌어당기는 힘이 큼을 의미한다. 따라서 염화수소의 결합전자구름은 염소 쪽으로 당겨지게 된다. 그 결과 염소는 전자가 과잉되어 음(−)으로 하전되고, 반대로 수소는 전자가 희박해져 양(+)으로 하전된다. 말하자면 공유결합에 양(+)과 음(−)의 전하가 생긴다. 이러한 현상을 **결합분극**(polarization)이라고 하고, 발생된 전하를 **부분전하**(partial charge)라고 하며, 기호는 델타(δ; δ+, δ−)로 표시한다.

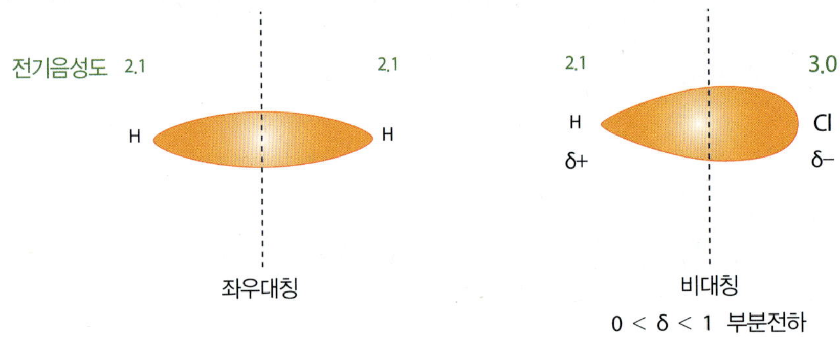

그림 4-10 **결합분극**

2) 공유결합의 이온성

앞에서 살펴본 것처럼 전기음성도가 다른 원자가 결합한 경우에는 많든 적든 반드시 결합분극이 나타나 전기음성도가 큰 원자가 음으로, 작은 원자가 양으로 하전된다. 결합분극에 의해 생성된 결합의 이온성(%)과 양쪽 원자의 전기음성도 차이 사이에는 그림 4-11과 같은 상관관계가 있음을 알 수 있다. 이 그림에 따르면 완전한 이온결합이나 완전한 공유결합은 특수한 경우이고, 대부분은 공유결합과 이온결합의 중간 또는 혼합으로 볼 수 있다. 이러한 상태를 '이온성을 띤 공유결합'이라고 표현한다.

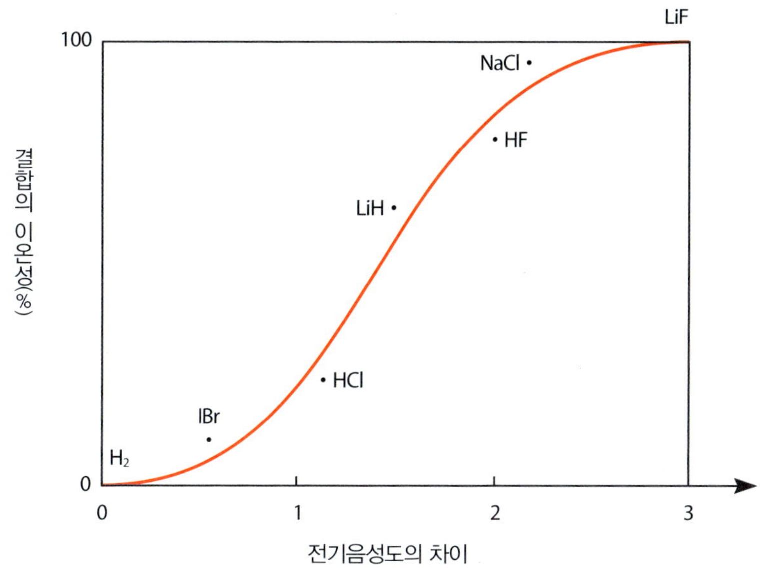

그림 4-11 결합의 이온성과 전기음성도의 상관관계

5 작용기와 치환기 효과

유기화학에서 가장 기초적인 구조는 탄소가 일렬로 연결되어 있고 옥텟규칙에 맞추어 수소가 배치되어 있는 형태이다. 이때 수소대신 연결될 수 있는 다양한 구조들을 **치환기**(substituent)라고 한다. **작용기**(functional group)는 치환기 중에서도 다중결합을 가지거나 탄소, 수소 이외의 헤테로 원자를 가지며 독특한 성질을 띠는 것을 말한다.

1. 단일결합에서 나타나는 효과

탄소에 히드록시기(−OH) 등 전기음성도가 큰 원자를 포함하는 치환기 X가 결합하면 결합전자 구름은 X부분에 끌려 탄소부분은 양으로 하전된다. 이 효과는 전기음성도의 차이에 기초한 것으로, **유도효과**(I효과, inductive effect)라고 한다. 또 이렇게 전자를 끌어당기는 치환기를 일반적으로 **EWG**(electron−withdrawing group; 전자를 끄는 기)라고 한다. 반대로 메틸기에는 분자의 본체 부분에 전자를 주는 성질이 있으며 이를 **EDG**(electron−donating group; 전자를 주는 기)라고 한다.

1) 감쇠효과

I효과는 σ전자구름을 매개로 탄소사슬을 통해 다른 탄소에도 전달된다. 하지만 그 효과는 거리와 함께 줄어드는데, 결합 1개를 매개로 하면 대략 1/3이 된다. 그림 4−12(위)는 카르복시기(−COOH)를 가진 카르복시산의 산 강도를 로그로 표시한 것(**산해리상수**, pK_a)이다. 수치가 작

을수록 강한 산임을 뜻한다. 그림에서 알 수 있듯이 염소(Cl)가 카르복시기에 가까울수록 강한 산이다. 이는 카르복시기 O—H결합의 결합전자구름이 Cl에 의해 끌어당겨져서 얇아지고, 수소(H)가 수소이온(H^+)이 되어 떨어지기 쉬워졌음을 나타낸다.

2) 가성성

I효과에는 가성성(additivity)이 있다. 즉, 같은 효과를 가지는 치환기가 많이 결합하면 그만큼 효과도 커진다. 그림 4-12(아래)는 그 효과를 나타낸 것이다. 아세트산(CH_3COOH)의 메틸기($-CH_3$) 부분 H를 Cl로 많이 치환할수록 강한 산이 됨을 알 수 있다.

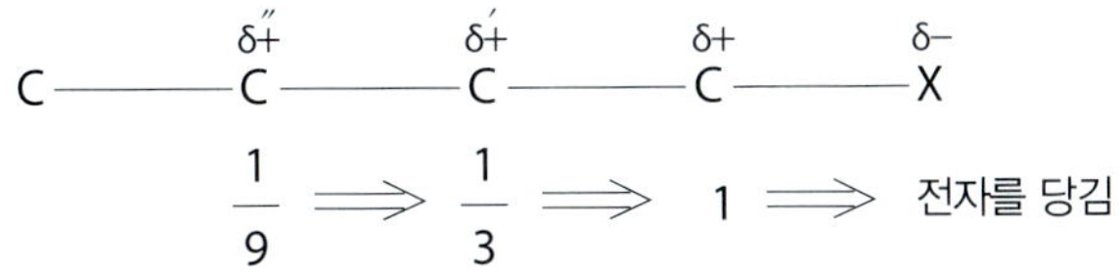

	pK_a
$CH_3 - CH_2 - CHCl - CO_2H$	3.85
$CH_3 - CHCl - CH_2 - CO_2H$	4.02
$CH_2Cl - CH_2 - CH_2 - CO_2H$	4.52

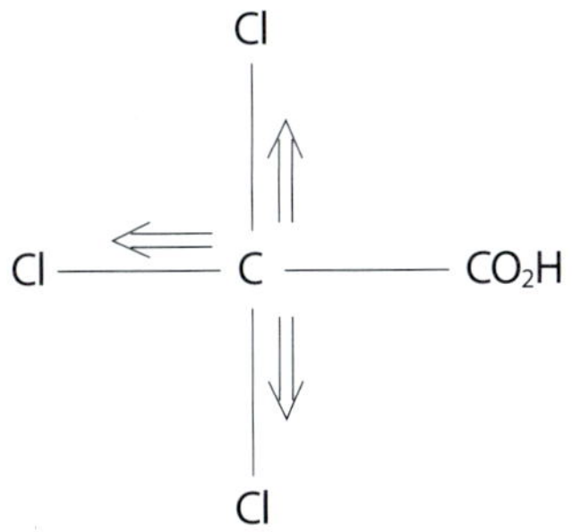

	pK_a
CH_3CO_2H	4.76
$ClCH_2CO_2H$	2.87
Cl_2CHCO_2H	1.48
Cl_3CCO_2H	0.70

그림 4-12 카르복시산의 산의 강도와 카르복시기의 위치관계

2. 이중결합에서 나타나는 효과

이중결합에 염소처럼 비공유전자쌍을 가진 원자가 결합하면 어떻게 될까? 이중결합의 π결합과 치환기(Cl)의 비공유전자쌍이 들어간 p오비탈이 비국재화(공역)되고, 치환기의 비공유전자쌍 전자가 π결합(이중결합) 부분으로 흘러들어간다. 그 결과 탄소사슬 부분은 음으로 하전되고, 치환기는 양으로 하전된다. 이러한 효과를 **공명효과**(R효과, resonance effect)라고 한다(그림 4-13).

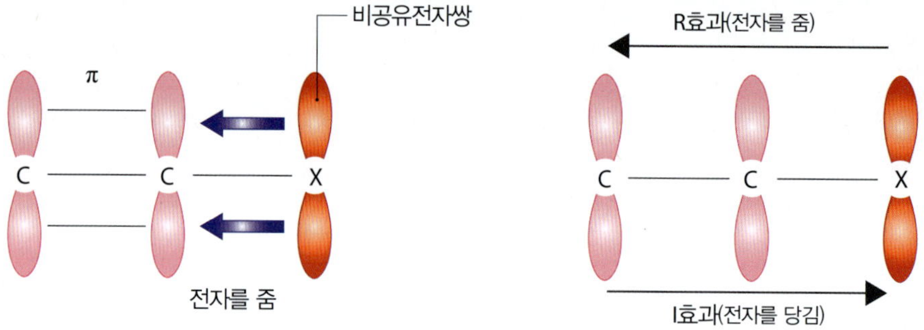

그림 4-13 **유도효과와 공명효과**

그렇다면 이중결합에 염소(Cl)가 결합하면 어떻게 될까? 염소(Cl)는 전기음성도가 크기 때문에 I효과에서는 EWG로서 작용하고, R효과에서는 앞에서 본 것처럼 EDG로서 작용한다.

그 상태를 정리한 것이 표 4-1이다. 표의 수치는 결합분극의 크기를 나타낸다. C–C 단일결합의 화합물에서는 I효과만 작용하고, 수치는 모든 치환기에서 커진다. 하지만 이중결합을 가진 화합물에서는 수치가 작아진다. 이것은 I효과와 역방향의 R효과가 기능하고 있는 탓이다. 또 삼중결합을 가진 화합물에서는 2개의 π결합을 통해 치환기가 가지는 2쌍의 비공유전자쌍 전자가 운반되기 때문에 역방향의 효과가 커져 I효과는 다시 줄어드는 것이다.

표 4-1 이중결합과 유도효과 및 공명효과의 관계

		단일결합	이중결합	삼중결합
		$CH_3 - CH_3 - X$	$CH_2 = CH - X$	$CH \equiv CH - X$
X	Cl	2.05 D	1.44 D	0.44 D
	Br	2.02 D	1.41 D	0.0 D
	I	2.90 D	1.26 D	
	효과	I ⟶	I ⟶ R ⟵	I ⟶ R ⟵ R ⟵

6 분자력의 종류

1. 수소결합

1) 수소결합의 본질

수중에서 물 분자는 1개씩 자유롭게 돌아다니는 것이 아니라 서로 끌어당기면서 집단을 형성해 행동한다. 이러한 집단을 회합체(클러스터, cluster)라고 하고, 서로 끌어당기는 힘을 **수소결합**(hydrogen bond)이라고 한다.

수소결합의 본질은 정전기적 인력이다. 즉, 물 분자의 산소는 음으로 하전되고 수소는 양으로 하전된다. 이 결과 어떤 물 분자의 산소와 주변 물 분자의 수소 간에 정전기적 인력이 작용한다(그림 4-14). 이러한 인력은 특별히 물에 한정된 것은 아니다. O-H결합, N-H결합, S-H결합 등 결합분극을 동반한 결합이라면 어떤 경우에서도 일어나며 각각을 수소결합이라고 한다.

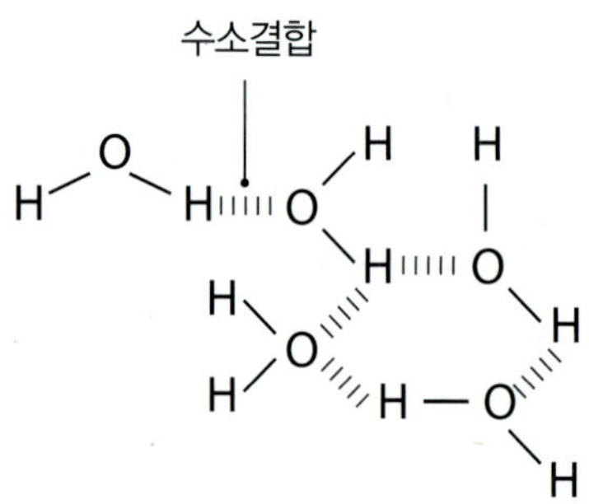

그림 4-14 얼음의 회합체

2) 수소결합과 끓는점

그림 4-15는 알칸(C_nH_{2n+2})의 탄소수와 끓는점의 관계를 나타낸 것이다. 알칸은 분자 구조상 분자력이 매우 적어 분자량과 끓는점 간에 알맞은 비례관계가 성립한다. 하지만 물은 상관관계에서 벗어난다. 이 그래프에서 물의 끓는점(100℃)과 유사한 끓는점을 가지는 알칸의 분자량은 거의 100이 된다.

3) 비공유전자쌍과 수소결합

물 분자는 2개의 O−H결합과 함께 2쌍의 비공유전자쌍을 가지며, 이들은 거의 정사면체의 꼭짓점 방향을 향한다(그림 4-16). 비공유전자쌍에는 2개의 전자가 들어가 있기 때문에 본질적으로 음으로 하전된다. 즉, 물 분자의 산소가 가지는 음전하에는 방향성이 있다. 수소결합은 이러한 음전하를 기본으로 하기 때문에 필연적으로 유효한 방향이 생겨난다. 그것은 산소 원자를 중심으로 한 정사면체형의 꼭짓점 방향이다. 이러한 경향이 뚜렷하게 나타나는 것이 바로 얼음이다. 얼음에서는 모든 물 분자가 수소결합을 하고 있지만 그 산소 원자의 배치는 서로 정사면체의 꼭짓점 방향, 즉 다이아몬드형의 결합이 된다.

물의 분자구조는 원자가결합법 및 제2장에서 설명한 오비탈 구조와 큰 차이가 있다. 이는 오비탈의 혼성과 관련이 있으며 구체적인 내용은 제5장에서 설명한다.

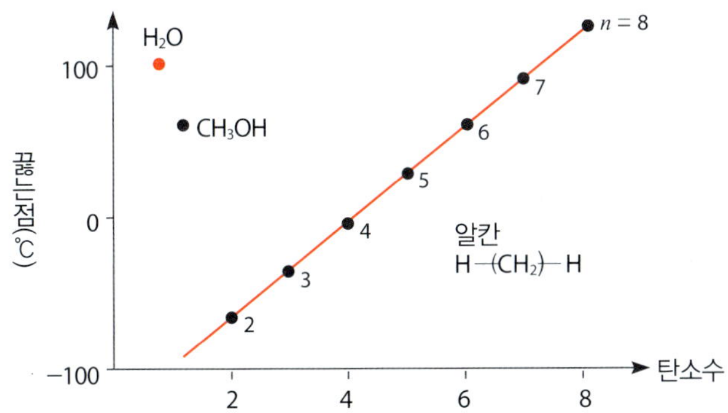

그림 4-15 알칸의 탄소수와 끓는점의 상관관계

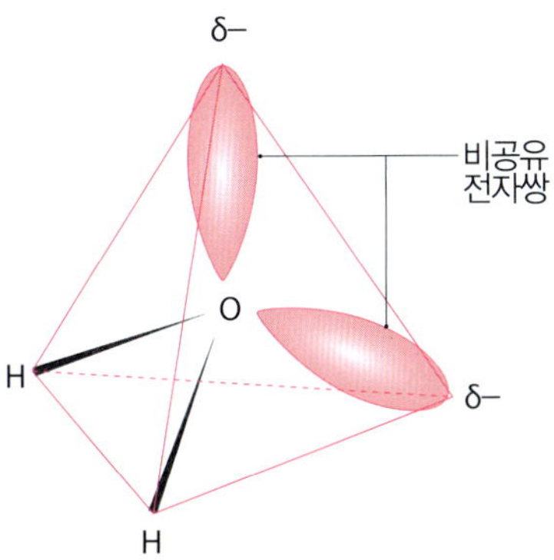

그림 4-16 물 분자의 입체구조

2. 반데르발스의 힘

1) 쌍극자와 반데르발스의 힘

반데르발스의 힘도 결국은 정전기적 인력에 의한 것인데, 그 원동력이 되는 것이 바로 **쌍극자**(dipole)라고 불리는 분자의 분극상태이다. 반데르발스의 힘은 3종류의 힘으로 분류해서 생각할 수 있다(그림 4-17).

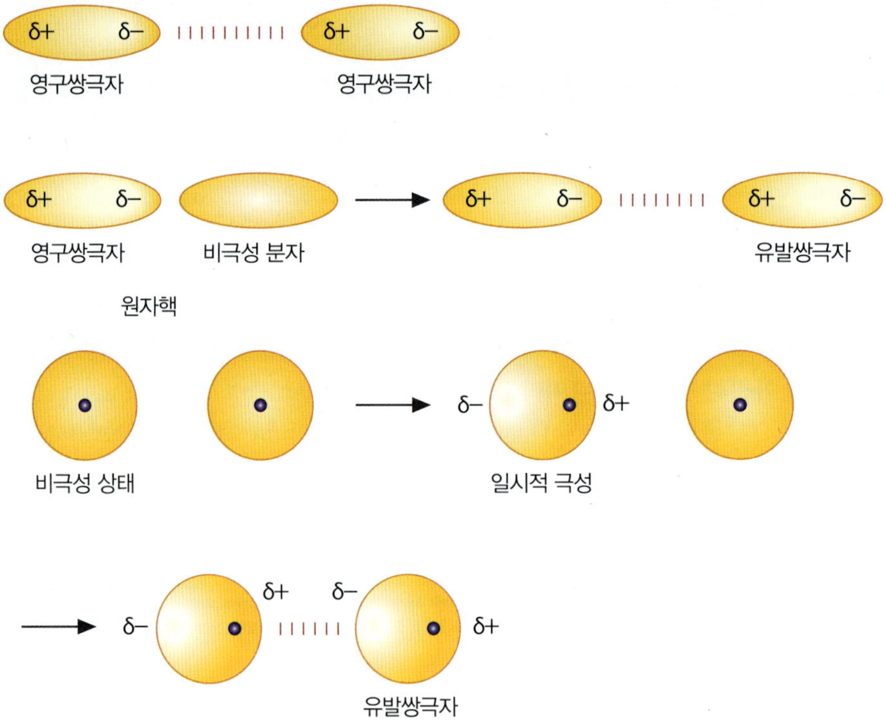

그림 4-17 **쌍극자와 쌍극자의 상호작용**

O−H결합처럼 항상 분극상태에 있는 쌍극자를 **영구쌍극자**(permanent dipole)라고 한다. 영구쌍극자를 가진 분자(극성 분자)끼리 가까워지면 그 양의 부분과 음의 부분 사이에 정전기적 인력이 발생한다. 이것이 영구쌍극자와 영구쌍극자의 상호작용이다. 수소결합도 이 인력의 일종이라고 볼 수 있다.

영구쌍극자를 갖지 않은 분자(비극성 분자)에 극성 분자가 가까워지면 비극성 분자의 전자구름은 그 전기적 영향을 받아 변형된다. 그 결과 비극성 분자에도 일시적으로 쌍극자가 발생하게 되는데 이러한 쌍극자를 **유발쌍극자**(induced dipole)라고 한다.

이 영구쌍극자와 유발쌍극자 간의 정전기적 인력이 영구쌍극자와 유발쌍극자의 상호작용이며, 극성 분자와 비극성 분자 간에 발생하는 인력이다.

반데르발스의 힘은 비극성 분자 간에도 인력이 발생하는 것이 특징이며 그것이 바로 **분산력**(dispersion force)이다. 이것은 일시적으로 발생한 쌍극자와 그것에 의해 생성된 유발쌍극자 간의 정전기적 인력이다.

좀 더 알기 쉽게 원자를 예로 들어 생각해보자. 전자구름은 '구름'으로 명명하는 것에서 알 수 있듯이 폭신폭신하고 부드러우며 불안정해서 쉽게 변형된다. 전자구름의 중심과 원자핵의 위치가 일치하는 경우에 원자는 비극성이다. 하지만 전자구름이 불안정해져서 흔들리면 일시적으로 전자구름이 많은 음의 부분과 전자구름이 적은 양의 부분이 생겨 원자에 극성이 발생한다. 그러면 이 일시적인 극성 원자 근처에 있는 원자의 전자구름은 이 극성의 영향을 받아 변형되어 유발쌍극자가 발생한다. 이렇게 생긴 쌍극자 간의 인력이 분산력이다.

분산력은 순식간에 생성과 소멸을 반복하는 이른바 거품과 같은 인력이지만, 집단전체에서 보면 커다란 힘이 된다. 분산력은 근거리에서만 작용하며 거리의 6승에 반비례한다.

3. 기타 분자력

1) π-π 상호작용

벤젠 등의 방향족화합물은 고리 안을 일주하는 π전자구름을 가진다. 따라서 고리 안은 전자구름이 많아져서 음으로 하전된다. 한편, 고리 밖으로 돌출된 수소 원자는 전기음성도가 작기 때문에 양으로 하전된다. 따라서 방향족은 고리 안에서는 음, 고리 밖에서는 양으로 하전된 쌍극구조를 띤다. 이러한 쌍극구조를 기반으로 한 인력을 **π−π상호작용**(pi−pi interaction)이라고 한다(그림 4−18).

2개의 방향고리가 그림 4−19(왼쪽)와 같이 평행하게 겹치면 양의 부분과 음의 부분 사이에 정전기적 인력이 작용한다. 특히 이러한 상호작용을 π−π스태킹(π−π stacking)이라고 한다. 또 2개의 방향고리가 그림 4−19(오른쪽)와 같이 위치하면 한쪽 고리 안에 있는 음전하와 다른 쪽 고리의 바깥에 있는 양전하 사이에 정전기적 인력이 작용하는데, 이를 T형 상호작용이라고 한다. 벤젠의 결정에는 벤젠분자가 T형으로 배치되어 있다.

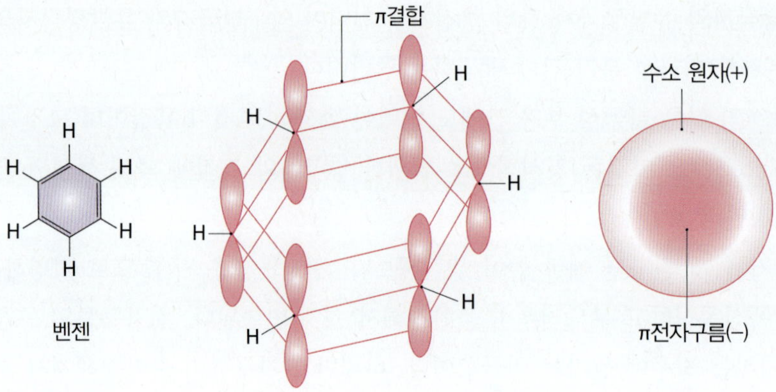

그림 4-18 벤젠의 π−π상호작용

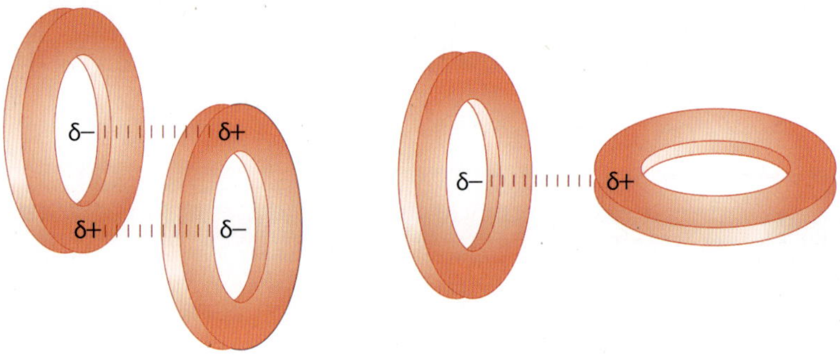

그림 4-19 평행형 상호작용과 T형 상호작용

2) 소수성 상호작용

일반적으로 물에 녹는 성질을 친수성(hydrophilic), 녹지 않는 성질을 소수성(hydrophobic)이라고 한다. 유기물은 소수성인 것이 많다.

소수성 분자를 물속에 넣으면 소수성 분자는 최대한 물 분자와 닿지 않으려고 움직인다. 이러한 경우 가장 효과적인 방법은 집단을 형성하는 것이다. 그렇게 하면 집단 바깥쪽에 위치한 분자는(희생하게 되고) 물과 접하게 되지만, 나머지 분자는 물로부터 보호된다(그림 4-20).

이러한 집단을 만드는 성질은 수중에 있는 소수성 분자 간에 인력이 작용한 결과이며, 이를 **소수성 상호작용**(hydrophobic interaction)이라고 한다. 하지만 소수성 상호작용은 마치 사람들이 꽉 찬 지하철에서 서로 밀어내는 원리처럼 자발적인 힘이라기보다 환경에 의해 만들어진 타율적인 힘이라고 할 수 있다.

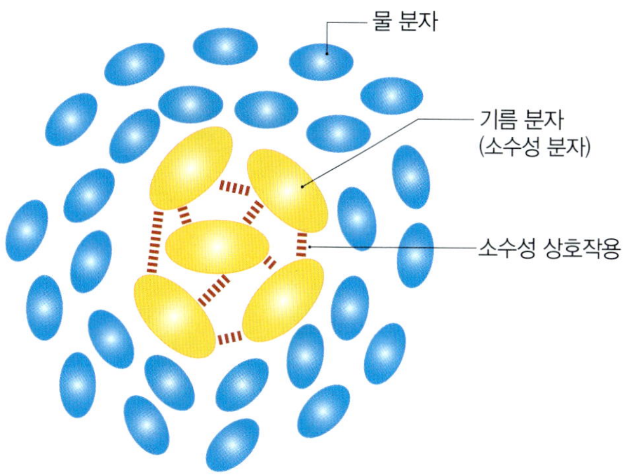

그림 4-20 소수성 분자의 집단

3) 전하이동 상호작용

분자 A에서 분자 B로 전자가 이동하는 것을 전하이동(charge transfer)이라고 하고, 양이온 A^+와 음이온 B^-가 발생한다. 이때 전자를 공급하는 분자 A를 전자공여체(donor), 전자를 받아들이는 B를 전자수용체(acceptor)라고 한다.

전하이동의 결과로 생긴 음이온과 양이온 사이에는 정전기적 인력이 발생하여, 이온쌍 A^+-B^-가 생성된다. 이러한 현상을 **전하이동 상호작용**(charge transfer interaction)이라고 하고, 이때 발생한 이온쌍을 **전하이동착물**(charge transfer complex)이라고 한다.

세제

세제는 세탁에 사용하는 것이고 세탁은 의복에 붙은 먼지를 물속에서 제거하는 조작이다. 기름때는 소수성이고 물에는 녹지 않기 때문에 세제가 필요하다. 세제는 양친매성 분자이며 소수성 부분에서 기름때와 결합하여 여러 개의 분자가 기름때를 둘러싼다. 이렇게 해서 생긴 집단 바깥쪽은 친수성 부분으로 둘러싸이므로 집단은 친수성 집단이 되어 물에 녹게 된다(**그림**). 이것이 바로 세탁의 원리이다.

세제에는 여러 종류가 있지만 본문에서 소개한 비누분자는 가수분해하면 약산의 카르복시산과 강염기의 수산화소듐이 되기 때문에 염기성이다. 중성세제로 불리는 것은 황산염이 되기 때문에 환경 중에 배출되면 미생물의 영양원이 되어 적조 등의 원인이 된다. 비누나 중성세제는 본체 부분이 음이온이고 짝이온(Na^+ 등)은 양이온이다. 역성비누는 반대로 본체 부분이 양이온이 된다. 역성비누에는 살균작용이 있어 병원 등에서 소독할 때 사용된다.

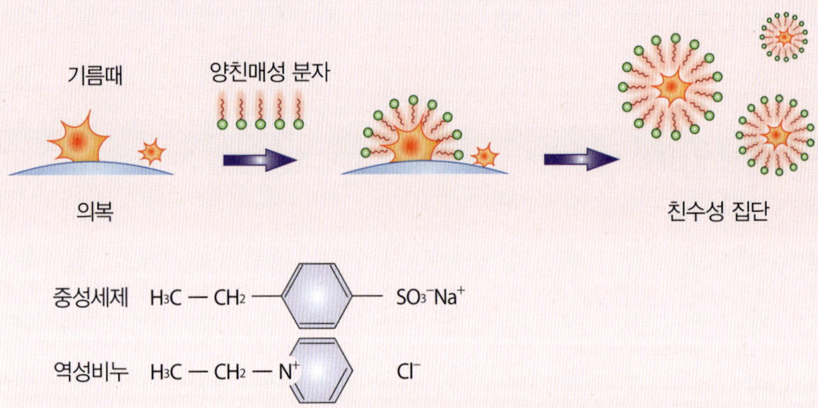

그림 세제가 오염을 제거하는 기전

7 배위결합

암모니아의 N−H결합과 암모늄이온의 질소(N)와 수소이온(H^+) 사이에서 생긴 결합을 비교해보자. 양성자 사이에 어떤 차이도 없다는 사실은 앞에서 설명했다. 하지만 결합이 형성되는 과정을 보면 차이가 있다. 즉, 암모니아의 N−H결합전자는 N에서 1개, H에서 1개가 제공된 공유결합이다. 반면 H^+와의 결합은 N의 비공유전자쌍을 이용한 결합이며 2개의 결합전자는 모두 N에서 제공된 것이다.

2개의 결합전자가 모두 한쪽 원자에서 제공되어 생긴 결합을 일반적으로 **배위결합**(coordinate bond)이라고 한다. 이처럼 결합의 기원을 살펴보면 공유결합과 배위결합은 서로 다르지만 전자에 차이가 없어 N의 전자도 H의 전자도 모두 동일하다. 따라서 NH_4^+의 N−H결합 4개는 모두 똑같다. 이처럼 배위결합은 분자와 이온을 연결할 수 있는 결합이다.

1. 암모니아와 암모늄이온

암모니아(NH_3)와 수소이온(H^+)이 결합한 것이 암모늄이온(NH_4^+)이다. 암모니아의 질소 원자는 sp^3 혼성오비탈을 구성한다(혼성오비탈에 대한 내용은 제5장 참조). sp^3 혼성오비탈은 테트라포드(tetrapod)형으로 배치된다. 질소의 L껍질에 있는 5개의 원자가전자는 4개의 sp^3 혼성오비탈로 들어가기 때문에 1개의 혼성오비탈에는 2개의 전자가 들어가 비공유전자쌍이 된다. 그 결과 공유결합을 만들 수 있는 혼성오비탈은 3개뿐이다. 이것이 3개의 수소와 결합하기 때문에 암모니아의 구조는 피라미드형이며, 질소 원자 상에는 비공유전자쌍이 존재한다.

수소 양이온은 수소 원자로부터 전자가 빼앗긴 것이다. 수소의 전자는 단 1개이고 1s오비탈로 들어간다. 이 전자가 없어진 수소 양이온은 원자핵 자체이며 양성자(프로톤, p)이다. 이렇게 전자가 들어 있지 않은 오비탈을 일반적으로 **공오비탈**(unoccupied orbital)이라고 한다.

암모니아에 가까워진 수소이온은 질소 상의 비공유전자쌍과 결합한다. 그 결과 질소와 수소이온은 2개의 전자가 들어간 sp^3 혼성오비탈에 의해 연결된다. 이 결합은 암모니아 이외의 3개의 N−H결합과 같다. 즉, 암모늄이온을 구성하는 4개의 N−H결합은 모두 똑같아서 암모늄이온의 구조는 메탄(CH_4)과 같이 정사면체 모양이 된다(그림 4-21).

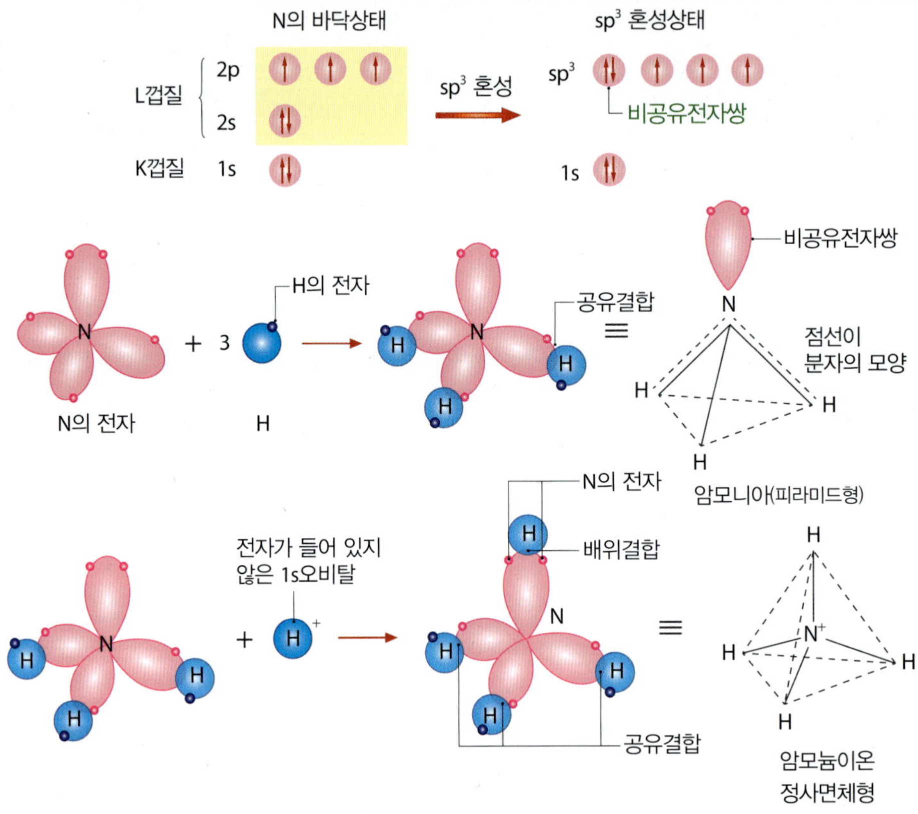

그림 4-21 암모니아와 암모늄이온

2. 물과 히드로늄이온

물 분자의 산소도 sp^3 혼성상태이지만 4개의 혼성오비탈 가운데 2개의 혼성오비탈에는 비공유전자쌍이 들어가 공유결합에 사용할 수 있는 오비탈은 2개뿐이다. 따라서 물 분자는 ‘<’ 모양으로 구부러진 구조를 띠게 되며, 산소에는 2개의 비공유전자쌍이 존재한다.

물 분자에 수소 양이온이 다가오면 암모니아의 경우와 마찬가지로 수소이온(H^+)은 비공유전자쌍과 결합해 새로운 O–H결합을 형성하여 히드로늄이온(H_3O^+)이 된다. 이 결합은 물의 O–H결합과 같지만 2개의 결합전자는 모두 산소에서 오기 때문에 공유결합이 아니라 배위결합이 된다. 그 결과 히드로늄이온(H_3O^+)의 구조는 암모니아와 똑같은 피라미드형이 된다. 이들 이온에서 전기음성도가 높은 것은 N, O이다. 즉, N, O는 H와의 결합전자구름을 자기 쪽으로 끌어당긴다. 그 결과 N, O는 오히려 중성에 가깝고, 양으로 하전되어 있는 것은 H가 된다(그림 4-22).

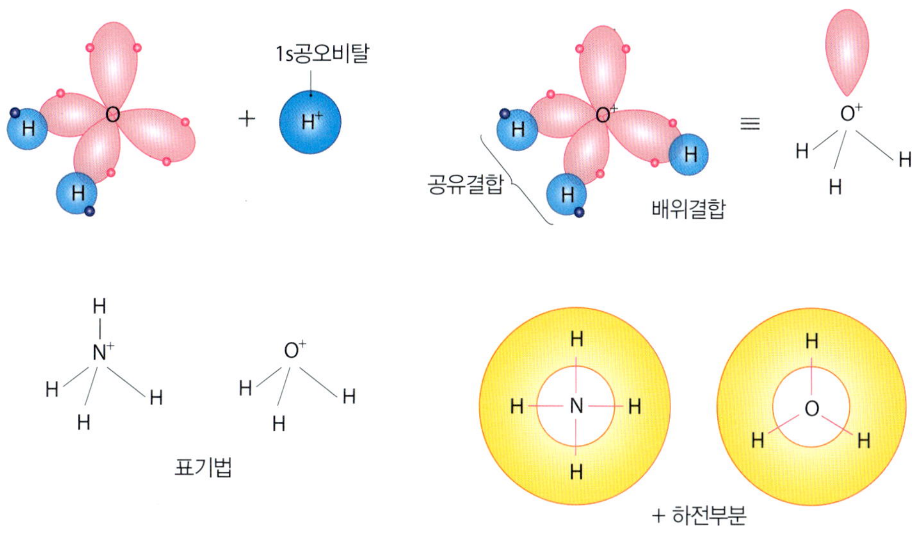

그림 4-22 **암모늄이온과 히드로늄이온에서의 전하분포**

3. 분자 간 배위결합

배위결합은 분자와 분자를 결합할 수도 있다.

삼플루오르화붕소(BF_3)의 붕소는 sp^3 혼성상태이다. 하지만 붕소는 L껍질에 3개의 전자만 가지고 있어 1개의 혼성오비탈은 전자가 들지 않는 공오비탈이다.

이처럼 삼플루오르화붕소(BF_3)와 암모니아(NH_3)가 가까워지면 상호간의 공오비탈과 비공유전자쌍 오비탈이 겹쳐진다. 그 결과 양원자 사이에는 2개의 결합전자가 들어간 오비탈이 형성되고, 두 원자는 결합된다(그림 4-23). 이 결합은 배위결합이지만, 공유결합과 똑같은 원리이다.

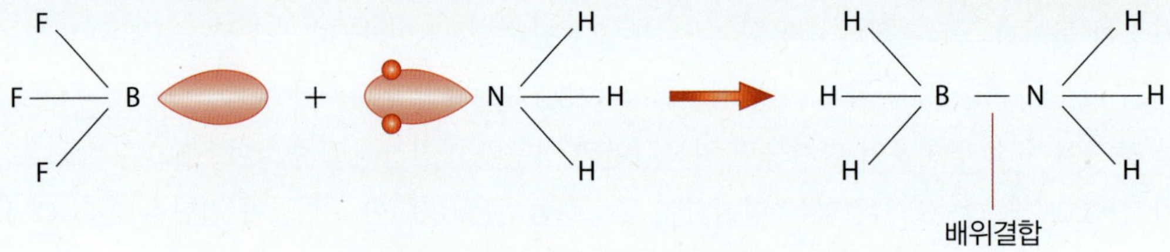

그림 4-23 삼플루오르화붕소(BF_3)와 암모니아(NH_3)의 배위결합

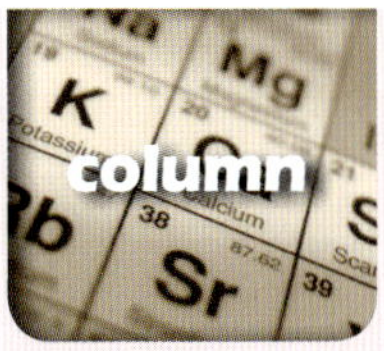

결정장 모델

착물의 결합상태를 해석하는 데에 현재 널리 이용되는 이론은 **결정장 모델**(crystal field model)이다. 결정장 모델에서는 중심금속 M과 배위자 L 사이에 개별결합을 두지 않고 수소결합이나 이온결합과 같은 것이라고 생각한다. 그리고 M이 가지고 있는 d오비탈의 에너지가 L에 의해 어떻게 영향을 받는지에 중점을 둔다.

배위자의 위치

6배위의 팔면체 착물을 생각해보자. M을 수직좌표의 원점에 두면, 6개의 배위자 좌표축의 등거리 점에 배치하게 된다. **그림**과 같이 d오비탈은 e_g오비탈과 t_{2g}오비탈로 분류할 수 있고, 전자는 전자구름이 수직좌표축 상에 존재한다.

d오비탈의 분열

그 결과 e_g오비탈은 전자구름이 배위자의 비공유전자구름과 충돌함으로써 정전기적 반발에 의해 불안정해진다. 이처럼 착물에서는 d오비탈 사이에 에너지 차이가 생긴다. 비슷한 원리로 4배위의 정사각형, 정사면체 착물에서도 d오비탈은 분열한다. 이러한 d오비탈의 분열과 그 에너지 차이를 기반으로 착물의 광흡수, 발색, 자성, 반응성 등을 합리적으로 설명하는 것이다.

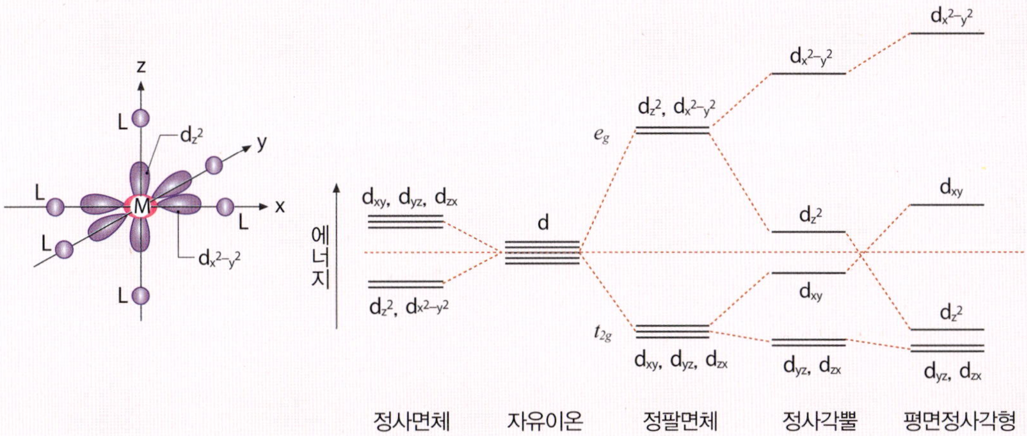

그림 결정장 모델과 오비탈의 에너지 준위

연습문제

1. 수소(H)의 원자량을 1, 탄소(C)의 원자량을 12, 산소(O)의 원자량을 16으로 해서 안식향산 2량체, 메타프탈산 6량체의 분자량을 계산하시오.

2. 삼중결합에 염소가 붙은 경우의 결합분극이 이중결합보다 작은 이유를 π결합, p오비탈의 위치관계를 그려서 설명하시오.

3. 다음 결합에서의 결합분극 방향을 δ+, δ−를 표기해서 나타내시오.

   – P−O, O−S, C−P, S−H, Na−H

4. 메틸기(CH_3)는 EDG이다. 암모니아(NH_3)와 메틸아민(CH_3NH_2)에서는 어느 쪽의 염기성이 더 강한가? 그 이유를 설명하시오.

5. 일반적으로 원자나 무극성 분자가 만드는 결정에서 입자를 응집시키는 힘은 반데르발스의 힘이나 π−π상호작용이다. 다음의 원자 또는 분자의 결정에서는 3종류의 반데르발스 힘 또는 π−π상호작용 중 어느 것이 주로 작용하는지 답하시오.

   – 헬륨원자, 수소원자, 이산화탄소(드라이아이스), 나프탈렌

6. 인지질은 유지[글리세린(글리세롤)과 지방산의 에스테르]와 인산으로 이루어진다. 반응식을 쓰시오.

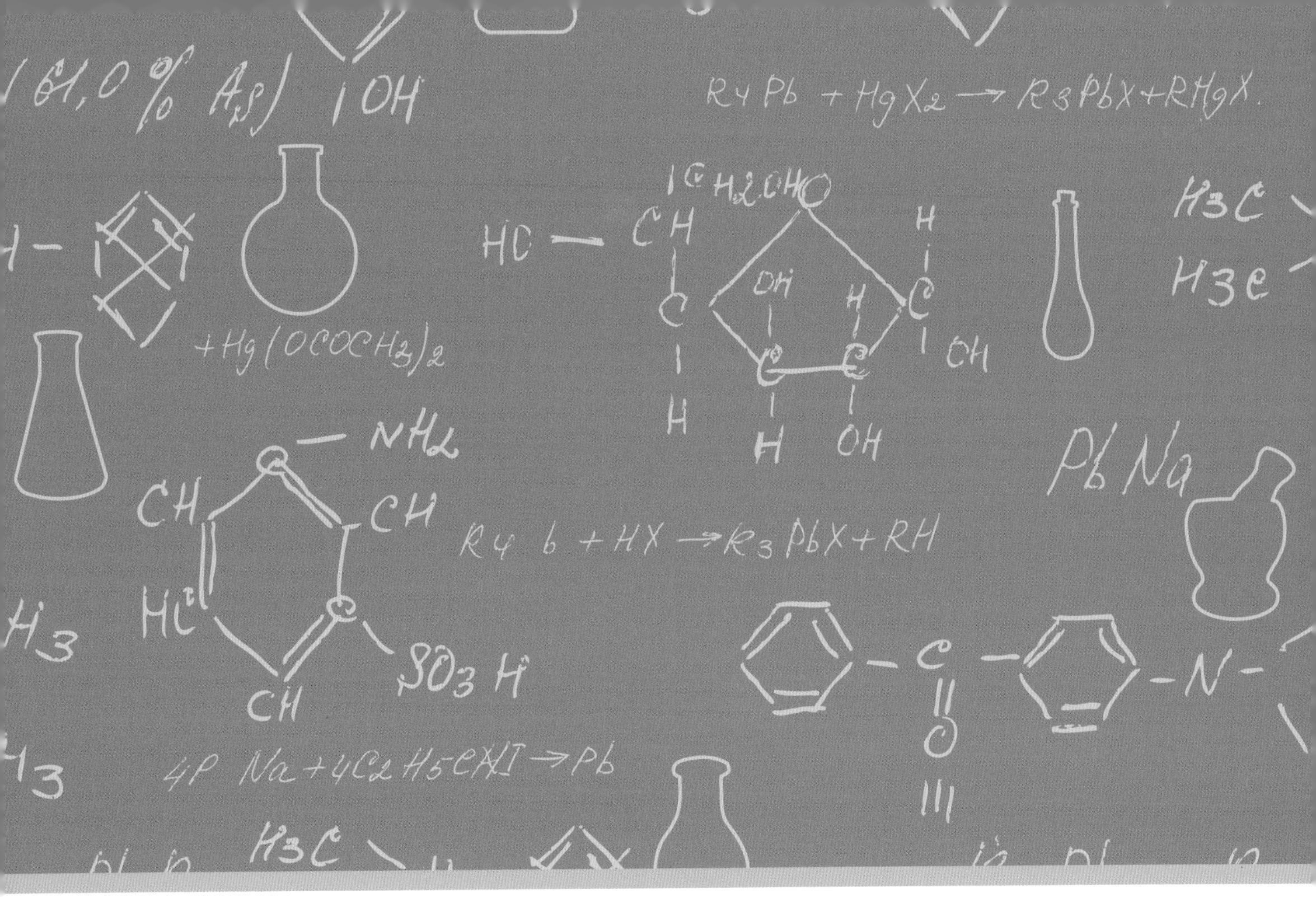

제5장

결합구조

핵심용어해설

- **결정장**(crystal field) : 결정 속에 있는 원자, 이온 또는 분자 상의 전자에 작용하는 힘의 장으로, 주로 정전적인 힘에 의한 장을 말한다.
- **광학이성질체**(거울상 이성질체, optical isomer) : 탄소 주위 4개의 작용기가 모두 다른 비대칭 탄소를 가지기 때문에 서로 거울상은 되지만 겹쳐지지 않는 이성질체를 말한다. 광학이성질체는 다른 이성질체와 달리 결정 모양, 비중, 끓는점 등의 물리화학적 성질은 모두 일치한다.
- **배위자**(ligand) : 착물 중에서 중심 원자를 둘러싸고 배위결합을 하고 있는 이온이나 분자를 말하며, 리간드라고도 한다.
- **산화환원반응**(oxidation–reduction reaction) : 반응물 간의 전자이동으로 일어나는 반응으로, 산화(oxidation)와 환원(reduction)이 동시에 일어난다. 전자를 잃은 쪽을 산화되었다고 하고, 전자를 얻은 쪽을 환원되었다고 한다. 이때 잃은 전자수와 얻은 전자수는 항상 같다.
- **유기금속화합물**(organometallic compound) : 금속을 성분으로 가지는 유기화합물로, 일반적으로 금속 원자와 탄소 원자의 결합을 가지는 화합물을 말한다.
- **전자이동반응**(electron transfer reaction) : 하나의 원자, 분자 또는 이온에서 다른 것으로 1개의 전자가 이동하는 반응을 말한다. 무기 화학에서는 가장 일반적인 반응이지만, 유기 화학에서는 그 예가 비교적 적다.
- **착물**(complex) : 중심이 되는 원자에 각종 원자나 원자단(배위자라고도 함)이 결합하여 생기는 분자나 다원자 이온을 말한다. 중심이 되는 원자는 비금속원소이든 금속원소이든 무방하나 보통 금속원소의 원자인 경우가 많으며, 이를 강조하고자 할 때 금속 착물이라고 부른다.
- **치환반응**(substitution reaction) : 화합물 속의 원자, 이온, 기 등이 다른 원자, 이온, 기 등과 바뀌는 반응을 말한다. 단순히 치환이라고도 한다.
- **킬레이트**(chelate) : 두 자리 이상의 배위자가 중심 금속원자와 배위결합을 하여 고리 모양을 이룬 착화합물을 말한다.
- **혼성오비탈**(hybrid orbital) : 같은 원자에 있는 둘 또는 그 이상의 원자오비탈을 수학적으로 혼합하여 새로운 동등한 오비탈을 형성하는 것을 혼성화(hybridization)라고 하며, 이때 형성되는 새로운 오비탈을 말한다. 1개의 2s오비탈과 3개의 2p오비탈이 섞여 만들어진 혼성오비탈을 sp^3 오비탈이라고 한다. 마찬가지로 s오비탈 1개와 p오비탈 1개로 만들어진 오비탈은 2개의 sp 혼성 오비탈이고, s오비탈 1개와 p오비탈 2개로 만들어진 오비탈은 3개의 sp^2 혼성오비탈이다. 그 외에도 sp^2d 혼성오비탈, sp^3d 혼성오비탈, sp^3d^2 혼성오비탈 등이 있다.

1 분자의 형태와 혼성오비탈

공유결합은 이온결합과 달리 방향성을 가진다. 1개의 산소 원자와 2개의 수소 원자가 공유결합해서 물 분자(H_2O)를 형성하는 경우를 생각해보자. 산소 원자의 최외각전자는 6개인데, 앞에서 설명한 오비탈과 에너지준위에 따르면 2s오비탈에는 1쌍의 비공유전자쌍이 들어가 있고, 1개의 2p오비탈에도 1쌍의 비공유전자쌍이 들어있을 것이다. 나머지 2개의 전자는 2개의 2p오비탈에 홀전자가 1개씩 들어간 상태일 것이다. 한편, p오비탈은 x, y, z축을 따라 각각 90° 각도로 형성되며, 홀전자를 가진 2개의 p오비탈이 각각 수소의 1s오비탈과 겹쳐져 결합을 만들면 H_2O분자가 생기고, 그 H–O–H의 결합각은 90°로 예상된다(그림 5-1). 하지만 실제 측정치는 104.5°이며 이 이론으로는 설명이 되지 않는다.

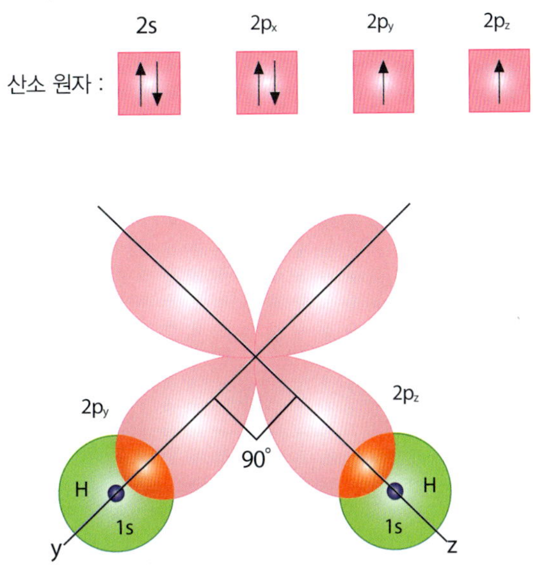

그림 5-1 기존 오비탈과 에너지준위에 따른 H–O–H의 예측 결합각

메테인의 경우도 이와 유사한 상황이 나타난다. 탄소 원자의 최외각전자는 6개인데, 기존의 오비탈과 에너지준위에 따르면 2s오비탈에는 1쌍의 비공유전자쌍이 들어가 있고, 나머지 2개의 전자는 2개의 2p오비탈에 홀전자가 1개씩 들어간 상태일 것이다. 탄소 원자의 2p오비탈에 수소가 결합한다면 2개의 결합만 이루어질 것이다. 하지만 메탄(CH_4)이 실제로 존재한다. 탄소의 원자가는 4가이며 탄소 원자와 수소 원자의 결합각은 정사면체의 각 정점을 향하는 각도인 109.5°에 가깝다. 게다가 각 결합의 성질에 차이는 없고 결합거리도 같다. 이러한 모순을 해결하기 위해 1931년 폴링(Pauling)은 다음과 같은 혼성오비탈(hybrid orbital) 개념을 도입했다. 이 개념은 원자가 결합법에 기초한 분자구조의 해석에 사용된다.

1. sp^3 혼성오비탈

먼저 탄소 원자의 2s오비탈에 있는 전자 1개가 에너지를 얻어 들뜸상태가 되어 비어 있는 2s오비탈로 이동한다. 이것을 증량(promotion)이라고 한다. 들뜨는 데 필요한 에너지는 최종적으로 수소 원자와 결합할 때 얻게 되는 결합에너지로 충당할 수 있다. 이러한 반응은 에너지준위가 유사한 s오비탈과 p오비탈끼리 주로 발생한다. 결과적으로 이 1개의 2s오비탈과 3개의 2p오비탈이 합쳐져 새로운 4개의 오비탈을 형성한다. 새롭게 얻은 이 오비탈을 그 기원이 된 오비탈의 종류와 수에 따라 **sp^3 혼성오비탈**이라고 한다(그림 5-2). 이 sp^3 혼성오비탈의 에너지는 2s오비탈과 2p오비탈의 중간이 되어 모두 동일하다. 이 sp^3 혼성오비탈에 홀전자가 1개씩 들어간다. 그때 4개의 sp^3 혼성오비탈은 존재하는 전자의 반발력으로 서로 멀리 떨어진 공간에 배치된다. 이러한 전자의 반발력을 이용한 전자들의 배치는 원자가껍질 전자쌍 반발 이론(valence shell electron pair repulsion, VSEPR)에 기반하며, 정사면체의 각 정점을 향하는 방향(109.5°)으로 배치된다(그림 5-3). 그리고 4개 수소 원자의 1s오비탈 사이에 오비탈이 겹쳐서 공유결합을 형성한다. 이 결합을 σ결합이라고 한다. 이렇게 생각하면 메탄의 결합각이 109.5°이고, 탄소 원자가 4가이다.

한편, H_2O에 관해서도 마찬가지로 산소 원자가 sp^3 혼성오비탈을 형성한다고 생각하면 결합각의 측정치(104.5°)를 설명할 수 있다. 산소 원자의 경우 새롭게 생성된 4개의 sp^3 혼성오비탈 중 2개에는 전자가 쌍을 이루어 들어가 있다(비공유전자쌍). 나머지 2개의 오비탈에는 홀전자가 들어가고, 2개 수소의 1s오비탈 사이에 오비탈이 겹쳐져 그곳에서 공유전자쌍을 형성한다. H_2O의 경우 실제 결합각은 104.5°로 정사면체각보다 약간 작은 값이 된다. 그 이유는 비공유전자쌍의 전자는 하나의 원자핵에만 이끌리기 때문에 공유전자쌍에 비해 비교적 가까이 분포해 있고 전자쌍끼리의 반발력도 강하기 때문이다. 그만큼 공유전자쌍의 각도는 좁아진다.

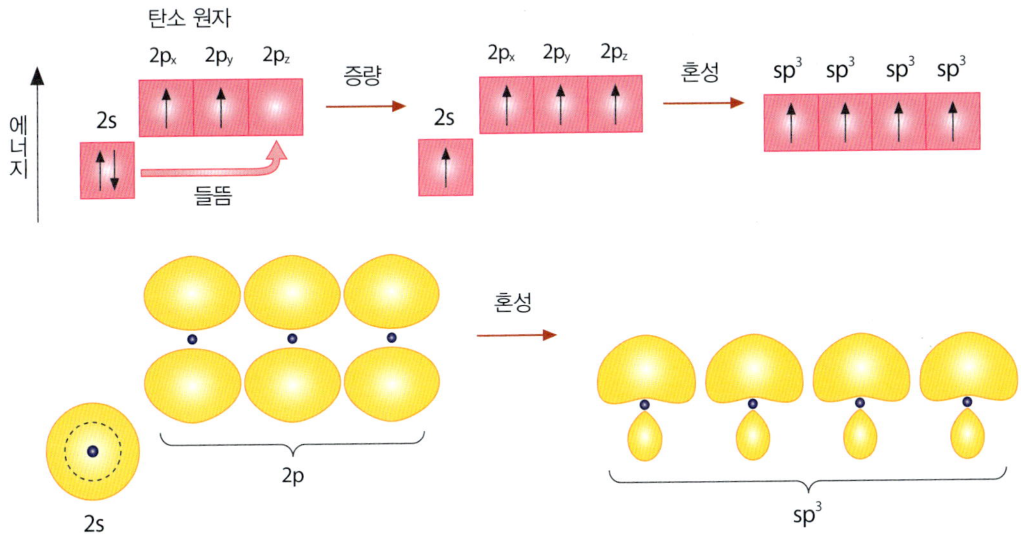

그림 5-2 sp^3 혼성오비탈의 생성방식

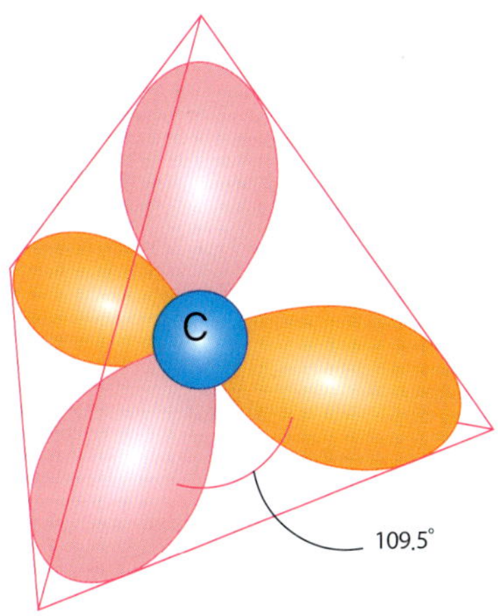

그림 5-3 sp^3 혼성오비탈의 방향

2. sp^2 혼성오비탈

메탄의 공유결합은 sp^3 혼성오비탈의 형성으로 설명되지만, 에틸렌($CH_2=CH_2$)의 경우에는 설명할 수 없다. 에틸렌은 탄소 원자 간에 이중결합을 가지는데, 그중 하나는 반응성이 높고, 다른 하나는 비교적 안정적이다. 또 에틸렌은 평면구조를 하고 있어서 탄소와 탄소 간, 탄소와 수소 간 결합각이 모두 120°이다. 이들의 실험 사실을 설명하려면 sp^3 혼성오비탈과는 다른 새로운 혼성오비탈의 형성을 생각해볼 필요가 있다. 이 혼성오비탈에서 탄소 원자의 2s오비탈에서 2p오비탈로 1개의 전자를 들뜨게 한다는 점은 sp^3 혼성오비탈일 때와 같다. 하지만 이번에는 (2s) ($2p_x$) ($2p_y$)의 3가지 오비탈을 혼성해서 에너지가 똑같은 3개의 오비탈, 즉 sp^2 혼성오비탈을 만든다(그림 5-4).

이 3개의 sp^2 혼성오비탈은 그곳에 존재하는 전자의 전하 반발에 따라 서로 가장 많이 떨어진 방향성을 가지게 되어, 결국 평면상에 상호간 120° 떨어진 방향으로 늘어난 오비탈이 된다(그림 5-5). 그중 2개는 수소의 1s오비탈과 겹쳐 σ결합을 형성하고, 나머지 1개는 다른 탄소의 sp^2 혼성오비탈 사이에서 σ결합을 형성한다. 그런데 그림 5-4, 그림 5-5(sp^2 혼성오비탈의 방향)에서처럼 여전히 z축 방향으로 늘어난 $2p_z$오비탈이 남아 있다. 이 p오비탈은 측면끼리 겹쳐 π결합을 형성한다. 그 결과 에틸렌의 탄소와 탄소 간에는 σ결합과 π결합이 발생하게 된다. 이것이 바로 탄소와 탄소 간 이중결합의 형태이다. π결합은 회전할 수 없기 때문에 이중결합은 단일결합과 달리 회전이 불가능하다. 따라서 에틸렌의 모든 원자는 평면상에 존재하고 그 결합각은 거의 120°가 된다. 이것은 실험 사실과 일치한다[그림 5-5(에틸렌의 형태)].

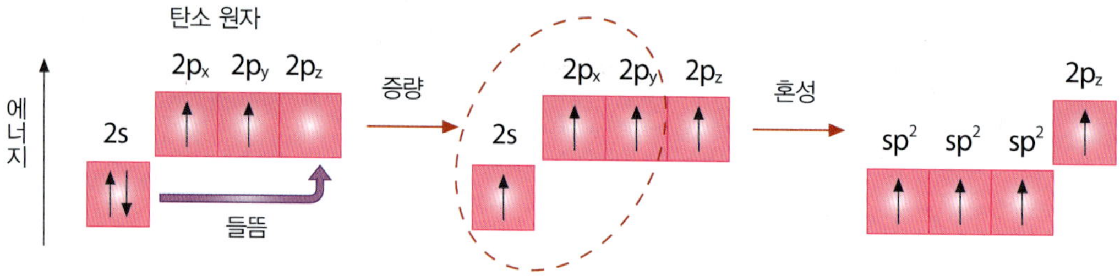

그림 5-4 sp^2 혼성오비탈의 생성방식

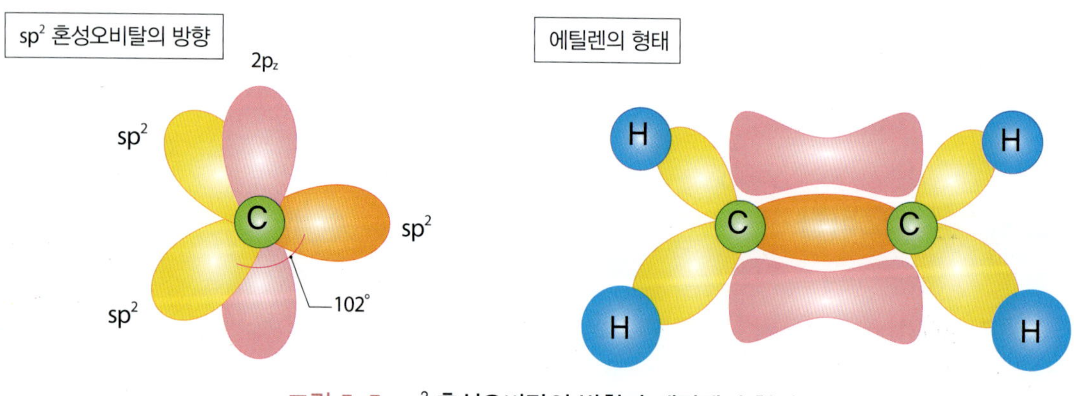

그림 5-5 sp^2 혼성오비탈의 방향과 에틸렌의 형태

3. sp 혼성오비탈

탄소와 탄소의 결합에는 삼중결합(triple bond)이라는 또 다른 형식이 존재한다. 아세틸렌(CH≡CH) 분자는 모든 원자가 일직선 상에 존재한다. 이 형상은 새로운 혼성오비탈을 이용해 설명할 수 있다. 탄소 원자 2s오비탈의 전자의 증량(promotion)까지는 동일하지만, 2s오비탈과 $2p_x$오비탈이 혼성되어 에너지가 같은 2개의 sp 혼성오비탈이 생성된다(그림 5-6). 2개의 sp 혼성오비탈은 역시 최대한 떨어진 방향성을 취하려고 해서 결국 180° 역방향이 된다. 그중 한 오비탈은 수소 원자와의 사이에서 σ결합을 형성하고, 다른 하나는 또 하나의 탄소 sp오비탈 사이에서 σ결합을 형성한다.

한편, 두 탄소 원자에는 여전히 $2p_y$오비탈과 $2p_z$오비탈이 남아 있으며, 이들이 서로 측면에서 겹쳐져 π결합을 형성한다(그림 5-7). 이것이 탄소와 탄소 간 삼중결합이다. 형태는 직선형이고 그 결합 중 하나는 안정된 σ결합 2개가 반응성이 높은(불안정한) π결합이 된다. 또 π결합을 형성하는 p오비탈은 오비탈의 범위가 크기 때문에 2개의 π결합($2p_y-2p_y$, $2p_z-2p_z$)끼리 각각 90° 방향에서도 겹쳐진다[그림 5-7(sp 혼성오비탈의 방향)]. 그 결과 최종적으로 π전자는 σ결합 주위 전체에 분포하여 원통형 모양의 전자밀도도가 된다[그림 5-7(아세틸렌의 형태)].

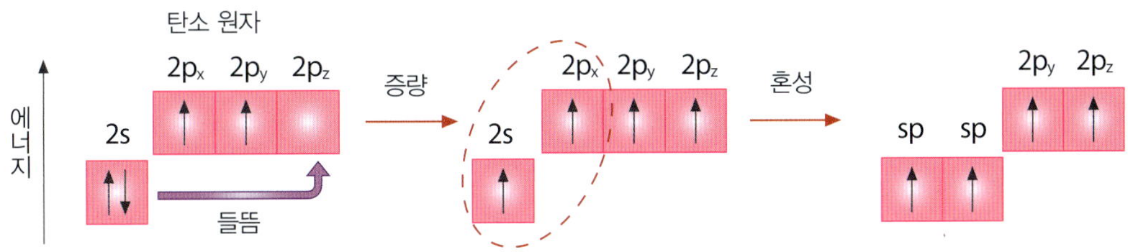

그림 5-6 sp 혼성오비탈의 생성방식

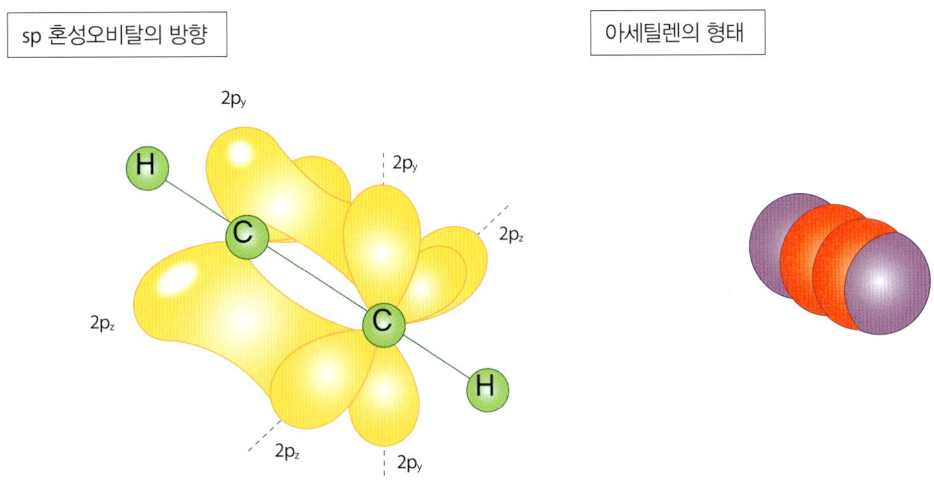

그림 5-7 sp 혼성오비탈의 방향과 아세틸렌의 형태

4. VSEPR

공유결합에서는 전자를 크게 공유전자쌍과 비공유전자쌍으로 나눌 수 있다. 이들의 배치는 일정한 규칙을 가지고 진행된다. 이때 **원자가껍질 전자쌍 반발 이론**(valence shell electron pair repulsion, VSEPR)을 이용하면 원자 배치를 예상할 수 있다. 먼저 원자의 최외각에 존재하는 전자쌍을 배치한다. 이때 대부분의 원자는 공유결합으로 결합수가 6개를 넘지 않는다. 그 후 만들어진 전자쌍을 공간적으로 가장 멀리 떨어뜨릴 수 있는 위치에 배치한다. 이는 전자쌍이 음전하를 띠기 때문에 서로 척력이 작용하여 가장 먼 위치로 움직이기 때문이다. VSEPR에 따르면 원자핵의 인력도 동시에 작용하기 때문에 임의로 전자쌍은 구체 표면에 위치하는 것으로 상정한다. 이를 바탕으로 그림 5-8과 같이 총 5개의 기초구조를 만들었으며 이를 통해 기본적인 분자 모양을 예측할 수 있다. 하지만 간혹 이와 맞지 않는 경우도 있다. 물의 경우에서도 볼 수 있듯 비공유전자쌍은 공유전자쌍에 비해 차지하는 면적이 좁고, 공유전자쌍 사이에도 연결된 분자의 전자친화도에 따라 차지하는 면적이 달라진다.

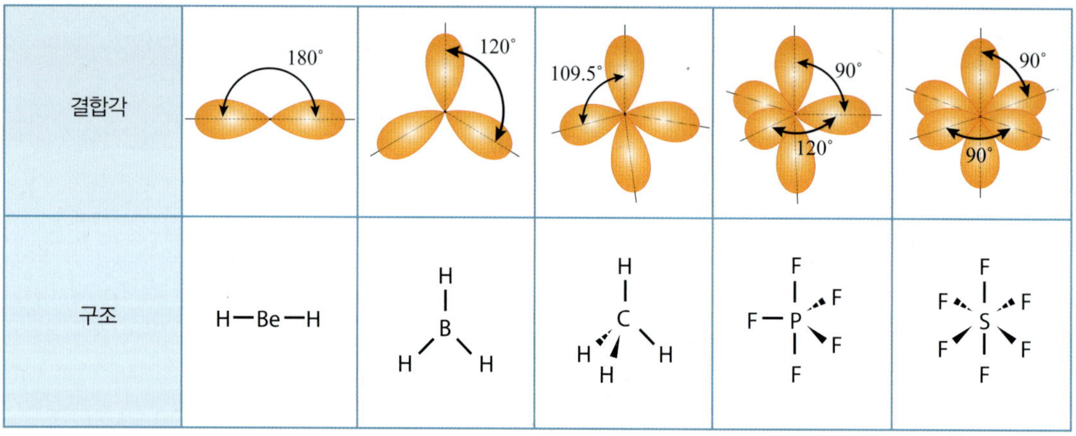

그림 5-8 VSEPR 모형

2 유기금속화합물과 배위결합

몸속에는 미량원소로서 많은 종류의 금속원소가 존재한다. 이들 원자는 유기분자와 배위결합을 통해 유기금속화합물이 되며, 헤모글로빈의 헴(heme), 클로로필(chlorophyll), 각종 효소(enzyme)로서 활약한다.

1. 유기금속화합물과 착물

유기금속화합물에는 많은 종류가 있다. 유기반응에 사용되는 메틸리튬(CH_3Li)은 유기물 부분(CH_3)과 금속(Li)이 공유결합한 것이며, 중화반응으로 생성되는 염인 아세트산소듐(CH_3CO_2Na)은 유기물 부분(CH_3CO_2)과 금속(Na)이 이온결합한 것이다.

한편, 생체에서 활약하는 금속원소는 더 큰(원자번호가 큰) 것이 많고 그런 것은 d오비탈 전자를 가진다. 그리고 이러한 금속원소가 만드는 유기금속화합물은 복잡한 구조를 가지고 있어 일반적으로 **착물**(complex)이라고 한다.

2. 착물의 구조

착물의 기본구조는 그림 5-9와 같이 기하학적으로 대칭이며 멋진 구조를 취하는 경우가 많다. 그림 중심에 있는 M은 금속원자 또는 금속이온(metal)이다. L은 물, 암모니아, 유기분자 또는 유기물이온 등 비공유전자쌍을 가진 분자종이며, 일반적으로 **배위자**(ligand)라고 한다.

1개의 M에 결합(배위)하는 배위자의 개수는 다양한데, 4개나 6개인 것이 많다. 4개인 경우에는 정사각형이나 정사면체가 되고, 6개인 경우에는 정팔면체가 된다. 이러한 구조는 결정장(crystal field) 이론에 기반하여 예측 가능하다.

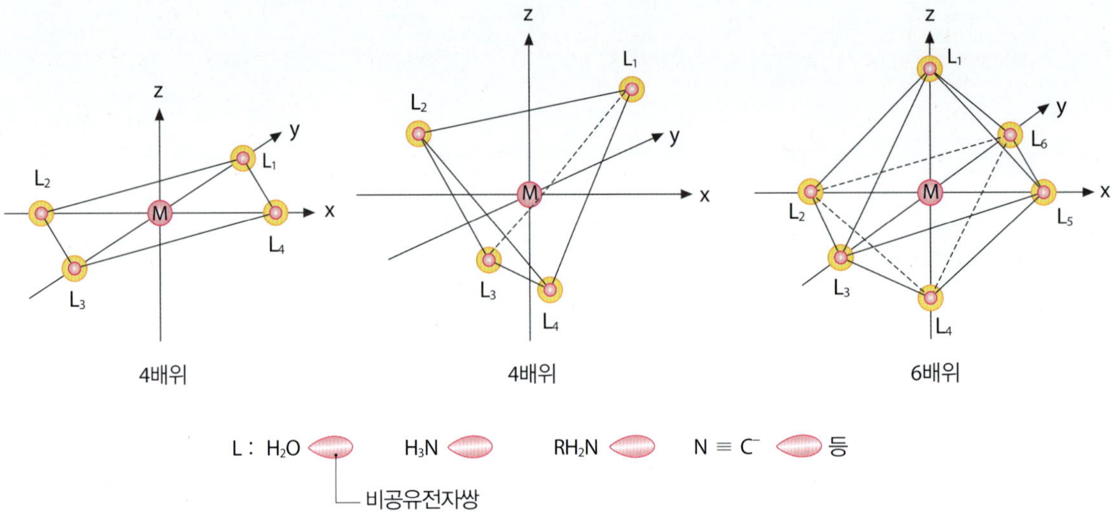

그림 5-9 착물의 기본구조

3. 착물의 결합

착물에서 유기물 부분과 금속 간의 결합을 설명하는 이론에는 혼성오비탈 모델, 결정장 모델(p.87 참조), 분자오비탈 모델 등의 몇 가지 방법론이 있다. 그중에서도 착물의 구조를 가장 알기 쉽게 설명한 것이 혼성오비탈 모델이다.

혼성오비탈 모델에서는 중심금속이 s, p, d오비탈을 이용해 혼성오비탈을 만든다고 본다. 예를 들어 정사면체라면 sp^3 혼성오비탈, 정사각형이라면 dsp^2 혼성오비탈, 정팔면체라면 sp^3d^2 혼성오비탈 등이다. 그리고 이들 혼성오비탈을 전자가 들지 않은 공오비탈로 보는 것이다.

한편, 배위자는 비공유전자쌍을 가진다. 따라서 p.83에서 설명한 BF_3-NH_3와 마찬가지로 이 공오비탈과 비공유전자쌍 사이에서 배위결합을 만든다고 생각하는 것이다(그림 5-10).

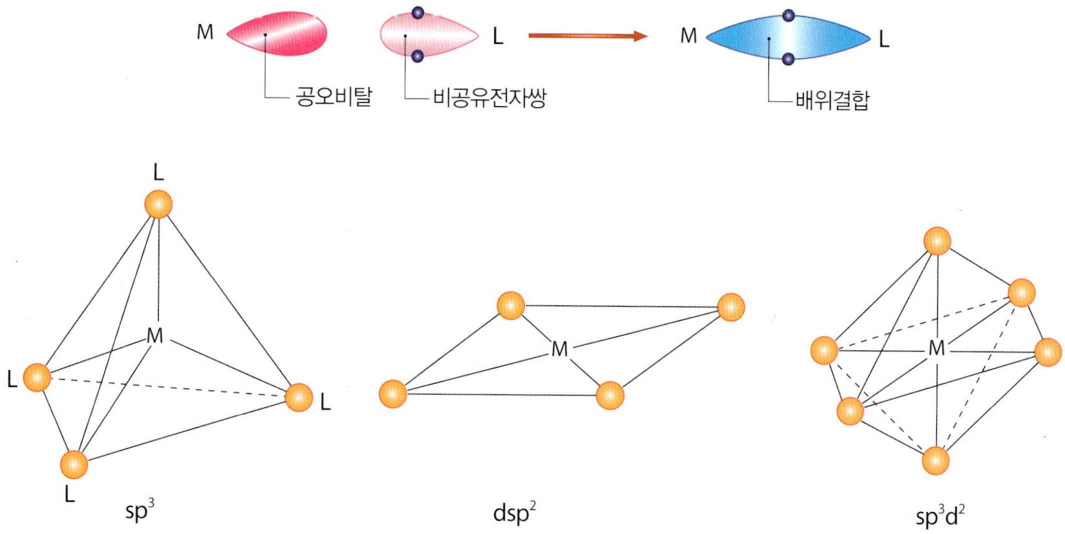

그림 5-10 sp^3 착물의 결합과 혼성오비탈 모델

3 착물의 반응

1. 단순배위자와 다배위자

착물의 중심에 있는 M과 결합할 수 있는 부분(비공유전자쌍)을 1개만 가지는 배위자를 단순배위자(monodenatate)라고 한다. 또 배위자 중에는 M과 결합할 수 있는 부위를 여러 개 가진 것이 있다. 이러한 배위자를 그리스어 집게(*chele*)에서 유래한 단어를 이용하여 킬레이트배위자[chelate ligand; 다배위자(polydentate)]라고 하고, 그런 배위자에서 생긴 착물을 **킬레이트**(chelate)라고 한다.

같은 2좌 배위자 3개에서 생긴 정팔면체 착물에는 그림 5-11의 E, F 2가지 구조가 생긴다. E를 거울에 비추면 F가 되고 F를 거울에 비추면 E가 되지만, 양성자는 서로 다른 구조이며 결코 겹쳐지지 않는다. 이러한 이성질체를 **광학이성질체**(거울상 이성질체, optical isomer)라고 한다.

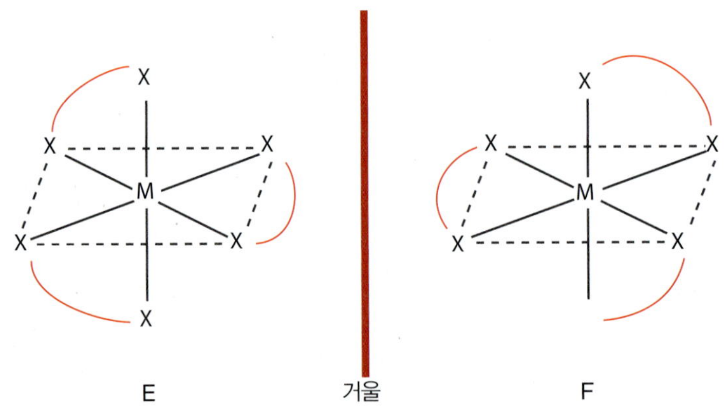

그림 5-11 **광학이성질체(거울상이성질체)**

2. 착물의 반응

착물의 대표적인 반응에는 배위자의 치환반응과 전자이동반응이 있다.

1) 치환반응

배위자가 다른 배위자로 치환되는 반응이다(그림 5-12). 4개의 암모니아(NH_3)가 배위한 착물 A에 염화이온(Cl^-)이 작용하면 암모니아(NH_3)가 순차적으로 염소(Cl)로 치환된 착물 B, C가 생긴다. 따라서 착물의 전하 변화에 주의해야 한다.

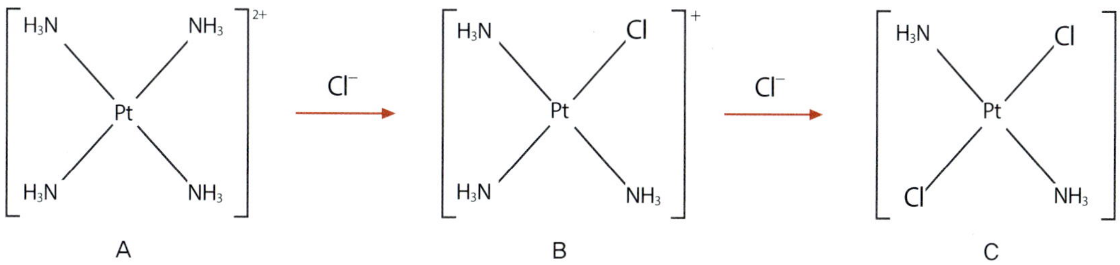

그림 5-12 **배위자의 치환반응**

2) 전자이동반응

전자가 착물에서 다른 착물로 이동하는 반응이며, 일종의 산화환원반응(oxidation-reduction reaction)이다(그림 5-13). 즉, 이 그림의 반응에서 착물 D의 금속원자는 전자를 상실하므로 산화되고, 착물 E의 금속원자는 전자를 받아들여 환원된다.

$$[Fe^{2+}(CN)_6]^{4-} + [Ir^{4+}Cl_6]^{2-} \longrightarrow [Fe^{3+}(CN)_6]^{3-} + [Ir^{3+}Cl_6]^{3-}$$

그림 5-13 **전자이동반응**

3. 결정장 모델

착물의 결합상태를 해석하는 데 현재 널리 이용되는 이론이 **결정장 모델**(crystal field model)이다. 결정장 모델에서는 중심금속 M과 배위자 L 사이에 개별결합을 두지 않고 수소결합이나 이온결합과 같은 것이라고 본다. 그리고 M이 가진 d오비탈의 에너지가 L에 의해 어떻게 영향을 받는지에 중점을 둔다.

먼저 M을 기준으로 L의 위치는 크게 정팔면체, 정사각뿔, 평면정사각형으로 나눌 수 있다. 정팔면체의 경우 x, y, z축에 각각 2개씩의 L을 놓을 수 있다. 이때 M의 d오비탈은 에너지준위가 나뉘게 되는데, L과 직접 닿을 수 있는 $d_{x^2-y^2}$, d_{z^2}와 닿을 수 없는 d_{xy}, d_{yz}, d_{zx}로 나뉘며, $d_{x^2-y^2}$, d_{z^2}는 비공유 전자구름과 충돌하여 에너지준위가 상승한다(그림 5-14). 이러한 d오비탈의 분열과 그 에너지의 차이는 착물의 광흡수, 발색, 자성, 반응성의 차이를 만들어 낸다.

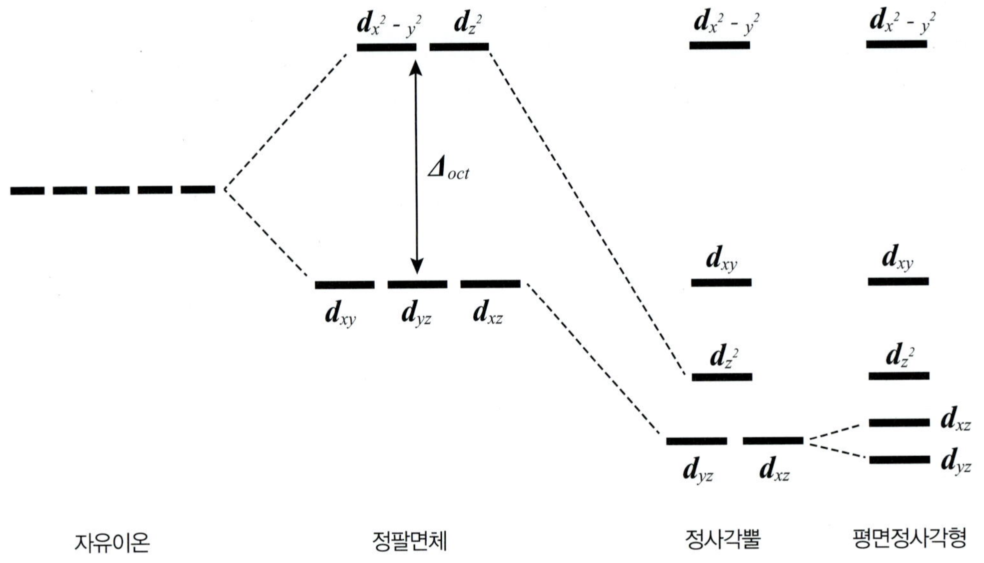

그림 5-14 **결정장 모델에서 에너지준위**

column

다이아몬드 모조품

탄소의 동소체에는 오래 전부터 다이아몬드, 흑연(graphite), 그리고 무정형 탄소라 불리는 결정구조를 갖지 않는 탄소의 3종류가 알려져 있다. 그러나 20세기 후반에 플러렌(fullerene)이라는 C_{60}의 클러스터구조 동소체 합성법이 확립된 이후, 카본나노튜브 등 많은 동소체가 만들어지게 되었다. 다이아몬드와 흑연의 차이는 결합에 사용되는 탄소의 원자오비탈이 sp^3 혼성오비탈인가 sp^2 혼성오비탈인가에 있으며, sp^3 혼성오비탈인 다이아몬드는 뒤틀림이 없는 입방체의 결정을 형성하기 때문에 경도가 매우 높다. 현재 경도에서 천연의 다이아몬드를 웃도는 것은 하이퍼다이아몬드(hyperdiamond)라고 불리는 플러렌을 원료로 제조된 물질뿐이다.

시중에는 탄소로 만들지 않은 모조 다이아몬드가 귀금속으로 판매되고 있다. 따라서 이러한 모조품 다이아몬드를 구분하는 것은 중요하다. 감정사가 루페(lupe)를 사용해서 구분하는 핵심은 잘린 각도와 표면이라고 한다. 모조품은 진품만큼 경도가 높지 않기 때문에 각이 닳아 표면에 상처가 있다. 진품 다이아몬드의 밀도는 3.52(g/cm^3)이며, 대부분의 모조 다이아몬드는 이보다 훨씬 밀도가 크거나 약간 가볍기 때문에 밀도를 정확하게 구하기만 해도 쉽게 판정할 수 있다. 한편, 간단한 구분법으로 다이아몬드가 가지고 있는 뛰어난 열전도성과 친유성을 이용하는 방법이 있다. 냉장고에 진품과 모조 다이아몬드를 넣어 두고 동시에 꺼내면 열전도성이 좋은 진품은 금세 뿌연 것이 사라진다. 또 탄소화합물인 다이아몬드는 친유성을 가지고 있어서 표면에 유성 펜으로 글자를 쓰면 번지지 않고 잘 써지지만, 모조품에 많이 함유된 이산화지르코늄은 친유성이 없기 때문에 글자를 쓰기 어렵다. 하지만 이와 같은 간편한 판정법은 확실성이 떨어지기 때문에 확언할 수는 없다.

연습문제

1. 이온결합과 공유결합의 차이를 설명하시오.

2. 금속결합을 설명하고 그것을 바탕으로 금속의 특징을 서술하시오.

3. σ결합과 π결합의 차이와 각각의 특징을 서술하시오.

4. sp^3 혼성오비탈의 생성방식을 설명하고 그것을 바탕으로 메탄의 구조를 설명하시오.

5. sp 혼성오비탈의 생성방식을 설명하고 그것을 바탕으로 아세틸렌의 구조를 설명하시오.

6. 암모니아 $\mathrm{H-\underset{\displaystyle H}{\underset{|}{\ddot{N}}}-H}$의 결합각은 106.7°이다. 이 각도가 되는 이유를 혼성오비탈을 고려하여 설명하시오.

7. CO_2의 형태를 혼성오비탈로 설명하시오.

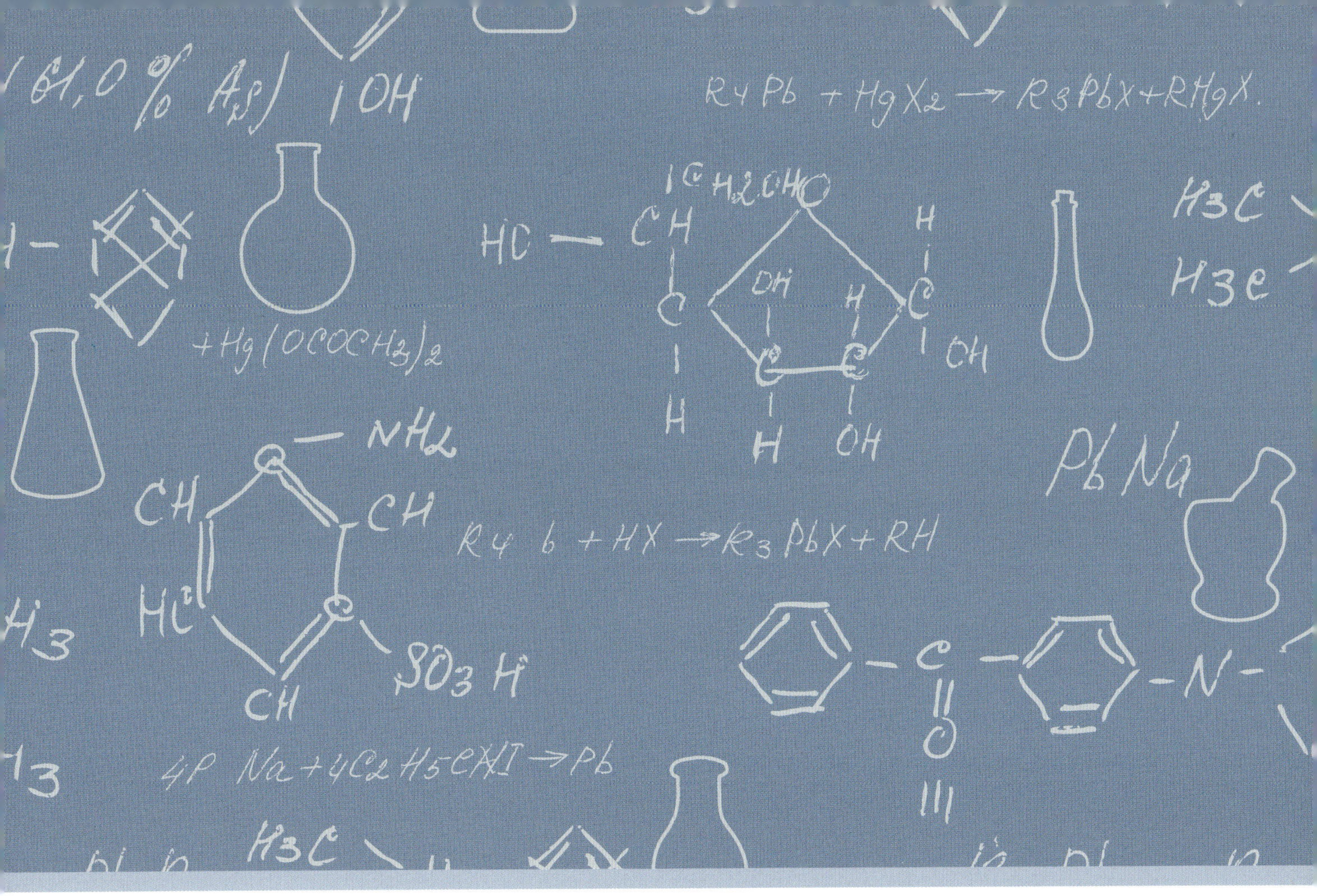

제6장

물질의 상태

핵심용어해설

- **기체-액체평형**(gas-liquid equilibrium) : 어떤 계에서 기체상과 액체상이 평형으로 있는 상태를 말한다. 두 가지 이상의 성분으로 이루어지는 액체를 일정한 온도와 압력 하에서 충분한 시간 동안 방치하면 액체와 그 액체의 증기 사이에 평형상태가 성립된다. 이때 증기에는 액체보다 끓는점이 낮은 성분이 많이 존재한다.
- **몰분율**(mole fraction) : 두 성분 이상의 물질계에서 한 성분의 농도를 나타내는 방법 중 하나로 전체 성분에 대한 어떤 성분의 몰수 비를 말한다.
- **삼중점**(triple point) : 기체, 액체, 고체의 3가지 상이 평형상태에서 함께 존재할 수 있는 온도와 압력을 말한다. 고체와 액체가 공존하는 온도인 녹는점은 압력에 따라 변하고, 액체와 기체가 공존하는 온도인 끓는점도 압력에 따라 변한다. 고체가 바로 기체로 변하는 승화가 일어나는 온도도 압력에 따라 변한다. 하지만 이 3가지 상이 함께 공존할 수 있는 온도와 압력은 단 한 가지 경우에만 가능하다.
- **상변화**(phase change) : 물질의 상태가 온도, 압력, 자기장 등 일정한 외적 조건에 따라 한 형태에서 다른 형태로 바뀌는 현상을 말하며, 상전이(phase transition)라고도 한다. 기체가 액체로 변하는 액화(liquefaction), 액체가 기체로 변하는 기화(vaporization), 고체가 액체 과정을 거치지 않고 기체로 변하거나 기체가 바로 고체가 되는 승화(sublimation) 등이 있다.
- **상태방정식**(equation of state) : 열평형을 이루고 있는 물질의 상태량 간 관계를 나타내는 방정식을 말한다.
- **상평형도**(상도, phase diagram) : 열역학적으로 안정한 상 또는 평형상태로 공존하는 상이 존재하는 조건(온도, 압력, 밀도 등)을 표시하는 도표를 말하다. 일반적으로 순수 물질인 경우 온도와 압력을 변수로 하여 물질의 상태를 평면에 표시한다.
- **실제기체**(real gas) : 일상생활에서 접하는 기체로, 분자 간 상호작용(분자 간 인력, 반발력) 때문에 이상기체와는 다른 특성을 나타낸다. 기체를 응축하여 액화시킬 수 있는 것도 분자 간 상호작용 때문이다.
- **이상기체**(ideal gas) : 구성 분자들이 모두 동일하고, 분자의 부피가 0이며, 분자 간 상호작용이 없는 가상적인 기체를 말한다.
- **임계점**(critical point) : 물질의 구조와 성질이 다른 상태로 바뀔 때의 온도와 압력을 말한다. 평형상태의 두 물질이 하나의 상을 이룰 때나 두 액체가 완전히 일체화할 때의 온도와 압력이다.
- **전이열**(heat of transition) : 어떤 물질이 다른 상태로 전이할 때 일정한 압력 하에 발생하거나 흡수하는 열을 말한다. 물이 기체로 변할 때의 증발열과 얼음이 액체로 변할 때의 융해열 등이 있다.
- **전이온도**(transition temperature) : 물질의 상태가 전이할 때 그 물질 고유의 일정한 온도를 말한다.
- **절대온도**(absolute temperature) : 물질의 특이성에 의존하지 않는 절대적인 온도를 가리킨다. 1848년 켈빈이 도입하였으며, 켈빈온도 또는 열역학적 온도라고도 한다.
- **포화증기압**(saturated vapor pressure) : 포화상태의 수증기압을 말한다. 온도와 압력에 따라 머금는 수증기압은 일정하며, 다른 기체가 있어도 거의 영향을 받지 않는다. 포화증기압은 온도가 올라가면 증가하고 압력이 커지면 감소한다.

1 물질의 상태

일반적으로 관찰되는 물질은 크게 **고체**(solid), **액체**(liquid), **기체**(gas)의 상태를 가지며, 이러한 물질의 상태를 **상**(phase)이라고 한다.

물질 중의 입자는 에너지를 가지며, 에너지가 높아질수록 운동은 격렬해진다. 고체에서는 열 운동보다 입자 사이의 인력이 강하기 때문에 입자는 일정한 위치에서 규칙적으로 진동 및 회전의 운동을 한다. 이 때문에 고체는 일정한 형태를 유지한다. 한편, 온도가 높아져서 열운동이 격렬해지면 입자는 인력을 끊고 정위치를 벗어나 유동성을 가지게 되며 액체 상태로 바뀐다. 그 때 부피가 10% 정도 증가하는데 이 현상이 **융해**(melting, fusion)이다. 반대로 액체에서 고체로 바뀌는 것을 **응고**(freezing, solidification)라고 한다. 온도가 더 올라가 열운동이 격렬해져 분자끼리의 인력과 대기압으로 인한 압력보다 강해지면 입자는 자유롭게 날아다니는 기체로 바뀌어 부피는 1,000배 정도가 되는데 이것이 **증발**(vaporization)이며, 반대로 기체에서 액체로 바뀌는 것을 **응축**(condensation)이라고 한다. 고체에서 직접 기체로 변하는 경우도 있는데, 이 변화와 그 반대 변화인 기체에서 고체로 바뀌는 것을 **승화**(sublimation)라고 한다.

이러한 상태변화를 **상변화**(phase change) 또는 **상전이**(phase transition)라고 한다. 순물질에서는 일정한 압력 하에서 상변화 온도가 정해져 있다. 고체가 녹는 온도를 **녹는점**(융점, melting point), 액체가 끓는 온도를 **끓는점**(비등점, boling point)이라고 한다. 또 액체가 응고하는 온도를 **어는점**(응고점, freezing point)이라고 하는데, 녹는점과 어는점은 같다. 액체를 급격하게 냉각하면 어는점 이하의 온도가 되어도 응고하지 않는 경우가 있는데, 이 현상을 **과냉각**(supercooling)이라고 하며 불안정한 상태이다. 이 상태에서 안정적인 상태(고체 상태)로 옮겨갈 때 열을 발생하여 어는점의 온도가 된다.

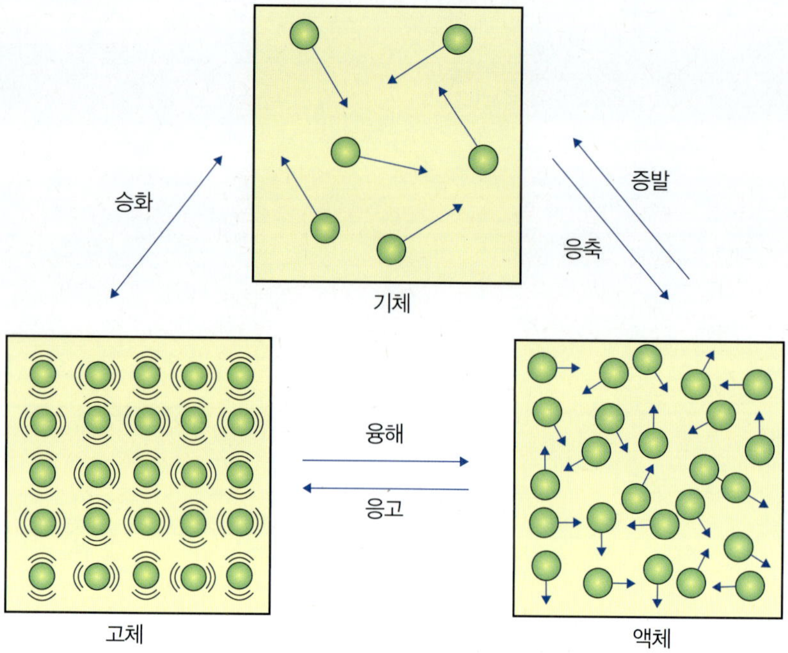

그림 6-1 고체, 액체, 기체 사이의 상변화

순물질의 고체를 가열하면 녹는점에서 녹기 시작한 후부터 고체가 완전히 액체가 될 때까지 온도는 일정하게 유지된다. 이때 필요한 열에너지를 **융해열**(heat of fusion)이라고 한다. 이 열에너지에 의해 분자가 정위치를 벗어나 운동할 수 있게 된다. 반대로 어는점에서 액체가 응고할 때는 융해열과 같은 열인 **응고열**(heat of condensation)을 방출한다. 순물질의 액체를 가열하면 끓는점에서 온도가 일정하게 액체에서 기체로 옮겨간다. 이때 흡수되는 **증발열**(heat of vaporization)에 의해 입자가 자유롭게 공간을 운동할 수 있게 된다. 기체가 응축할 때는 증발열과 같은 열인 **응축열**(heat of condensation)이 방출된다. 이처럼 상변화 도중에는 에너지가 분자의 구조를 바꾸는데 사용되는데, 이렇게 사용된 에너지를 잠열(latent heat)이라고 하며, 반대로 온도를 올리는 데 사용된 에너지를 현열(sensible heat)이라고 한다.

그림 6-2는 1 atm에서 얼음을 가열하여 수증기로 만들 때의 가열시간과 온도 t의 관계를 나타내는 모식도이다. 물의 녹는점은 0℃로 몰융해열은 6.01 kJ · mol^{-1}, 끓는점은 100℃로 몰증발열은 40.65 kJ · mol^{-1}이다. 증발열은 융해열보다 훨씬 크다는 사실을 알 수 있다.

일반적으로 분자결정 중 분자량이 비슷한 물질끼리 녹는점과 끓는점을 비교할 때 무극성 물질, 극성 물질, 수소결합성 물질 순으로 각 수치가 크다. 이는 분자 간의 결합이 강하기 때문이며, 앞의 설명에서 분자가 액체 혹은 기체가 되려면 분자끼리의 인력 이상의 에너지가 필요하다는 것과 동일하다. 한편, 금속이나 이온결정에서는 입자 간의 결합이 강하므로 녹는점과 끓는점이 모두 높다.

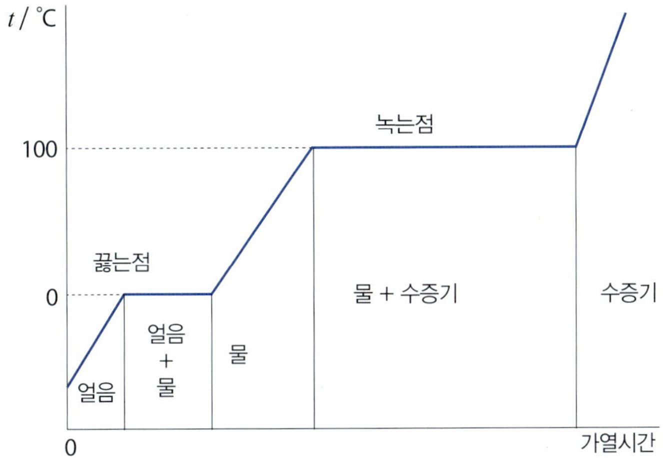

그림 6-2 대기압 하에서 얼음을 가열하여 수증기로 만들 때의 가열시간과 온도의 관계

2 증기압

액체 속 분자 가운데 운동에너지가 큰 것은 주위 분자의 인력을 이겨내고 표면으로부터 튀어 나가는데, 이것이 증발이다. 반대로 응축에서는 증기 속 분자가 액체로 되돌아온다. 밀폐된 용기 안에서 단위시간당 증발하는 분자수와 응축하는 분자수가 같을 때는 증발이 일어나지 않는 것처럼 보인다. 이러한 상태를 **기체-액체평형**(gas-liquid equilibrium)이라고 한다.

기체-액체평형에 있을 때의 증기 압력을 그 액체의 **포화증기압**(saturated vapor pressure) 또는 단순히 **증기압**이라고 한다. 온도가 높아지면 액체 안에서 운동에너지가 큰 분자 비율이 높아지므로 액체의 증기압은 높아진다. 액체의 온도와 증기압의 관계를 나타내는 곡선인 **증기압곡선**은 그림 6-3과 같다.

일정한 압력 하에서 액체를 가열하면 처음에는 액체 표면에서 증발이 일어나지만, 온도가 더 올라가 증기압이 외압과 같아지면 액체 내부에서도 격렬하게 증발이 일어나게 된다. 이것이 **끓음**(비등, boiling) 현상으로, 끓음이 일어나는 온도가 끓는점(비등점)이다. 특히 외압이 대기압($1\ \mathrm{atm} = 1.013 \times 10^5\ \mathrm{Pa}$)일 때의 끓는점을 **보통끓는점**(normal boiling point)이라고 한다. 그림 6-3에서 알 수 있듯이 물, 에탄올, 디에틸에테르의 보통끓는점은 각각 100.0℃, 78.3℃ 및 34.5℃이다. 일반적으로 외압이 높을수록 끓는점은 높아진다.

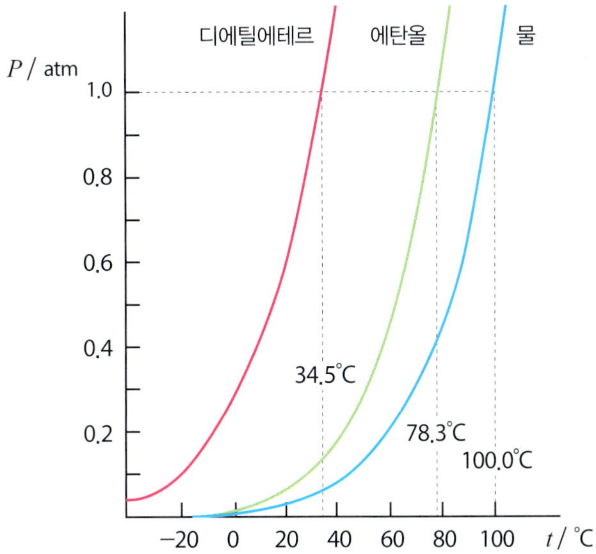

그림 6-3 디에틸에테르, 에탄올 및 물의 증기압곡선

3 고체의 전이

같은 물질이라도 다른 결정구조를 취하는 것이 있다. 예를 들어 유황의 고체에는 두 종류의 결정이 존재하는데, 둘 모두 S_8 분자로 이루어지며 각각 사방유황과 단사유황이라고 한다. 1 atm 하의 상온에서는 사방유황이 안정적이지만, 95.4℃에서 단사유황으로 변한다. 반대로 단사유황을 냉각하면 같은 온도에서 사방황산으로 되돌아가는데, 이 현상이 고체의 상전이이다.

또 일정한 압력 하에서 2개의 고체가 평형을 유지하는 온도를 **전이온도**(transition temperature)라고 한다. 유황의 예에서 전이온도는 95.4℃이다. 고체가 저온에서 안정적인 상으로부터 고온에서 안정적인 상으로 전이될 때 열을 흡수하며, 이를 **전이열**(heat of transition)이라고 한다. 1 atm에서 사방유황에서 단사유황으로 변할 때의 전이열은 0.40 kJ · mol^{-1}이다.

탄소에서는 흑연과 다이아몬드 가운데 상온 상압에서 흑연이 안정적이다. 그러나 다이아몬드에서 흑연으로 전이하려면 C−C결합의 재조합이 필요하기 때문에 상온에서는 그 속도가 상당히 느리다. 따라서 상온, 상압에서는 사실상 다이아몬드는 흑연으로 전이하는 일은 없다. 다만, 상온에서 1.5×10^4 atm 이상의 압력 하에서는 다이아몬드가 안정적인 상태가 되는데, 다이아몬드가 깊은 땅속에서 산출되는 것은 그 때문이다.

4 상평형도

순물질이 어떠한 상태가 되는가는 온도와 압력에 의해 결정된다. 그림 6-4에 물의 **상평형도**(상도, phase diagram)를 나타낸다. 그림에서 가로축은 온도 t[℃], 세로축은 압력 P[atm]로 S, L 및 G의 영역은 물이 각각 고체(얼음), 액체, 기체(수증기)로서 안정적으로 존재하는 영역이다. 곡선 OA, OB, OC 위에는 각각 고체상과 기체 상, 고체상과 액체상 및 액체상과 기체상이 공존한다. O점(온도 0.01℃, 압력 611.7 Pa = 6.037×10^{-3} atm)은 기체상, 액체상, 고체상이 공존하는 점으로 **삼중점**(triple point)이라고 한다. 액체상과 기체상의 공존곡선 OC를 따라 온도를 높이면 액체의 팽창에 동반하여 그 밀도는 점차 감소하고 C점에서 기체의 밀도와 일치하여 액체상과 기체상의 구별이 없어지게 된다. 이 점이 **임계점**(critical point)이며 이 점의 온도와 압력을 **임계온도** T_C 및 **임계압력** P_C라고 한다. 온도가 임계온도보다 높고 또 압력이 임계압력보다 높을 때는 액체상과 기체상이 구별되지 않는다. 이러한 상태(그림의 오른쪽 상단 범위)를 **초임계상태**(super critical state)라고 한다.

그림 6-4의 가로축에 평행한 점선으로 나타내었듯이 대기압(1 atm)에서 얼음을 가열하면 a점(0℃)에서 얼음은 녹아서 액체인 물이 되고 b점(100℃)에서 액체인 물은 끓어서 수증기가 된다. 즉, a점과 b점의 온도가 보통녹는점과 보통끓는점이다. 또한, 액체상과 기체상의 공존곡선 OB는 왼쪽으로 기울어져 있으며 압력이 올라가면 녹는점이 내려간다. 이것은 물에 특징적인 거동이며, 일반적인 물질에서는 압력의 증가와 함께 녹는점이 상승한다(그림 6-5).

그림 6-5에 이산화탄소의 상평형도를 나타내었다. 삼중점의 온도와 압력은 −56.6℃와 5.1 atm, 임계점의 온도와 압력은 31.0℃와 72.8 atm이다. 대기압 하에서 고체(드라이아이스)를 가열하면 a점(−78.4℃)에서 승화한다. 방충제로 이용하는 나프탈렌이나 p-디클로로벤젠도 대기압 하에서 승화하는 성질이 있다.

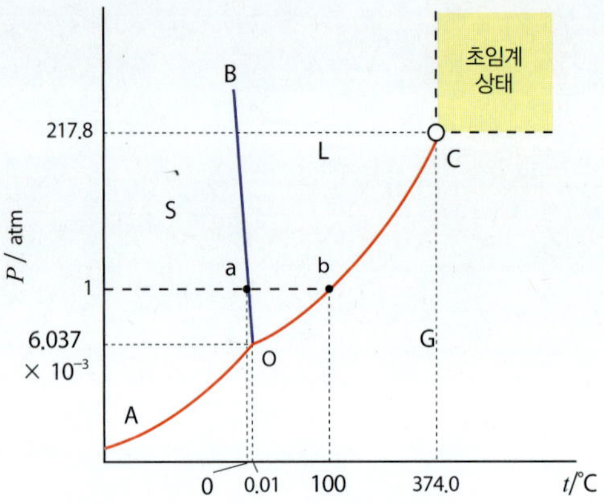

그림 6-4 물의 상평형도

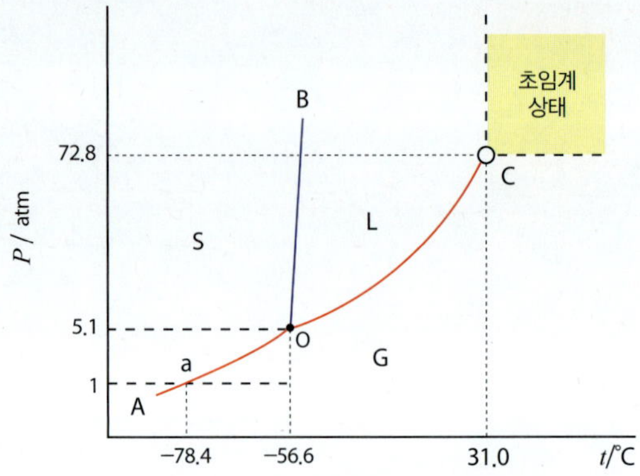

그림 6-5 이산화탄소의 상평형도

연습문제 ①

1. 한라산 꼭대기의 기압은 0.64 atm 정도이다. 물의 끓는점은 몇 도인가?

2. 다음의 2가지 물질 가운데 끓는점이 높은 물질은 무엇인가? 그 이유도 함께 설명하시오. 단, ( ) 안의 수치는 개략적인 분자량을 나타낸다.

(1) O_2(32), N_2(28) (2) NH_3(17), CH_4(16)

(3) NO(30), Ar(40) (4) C_2H_5OH(46), CH_3OCH_3(46)

5 기체의 부피

1811년 아보가드로(Avogadro)는 기체의 반응을 설명하기 위해 **'모든 기체는 같은 온도와 같은 기압일 때 같은 부피 중에 같은 수의 분자를 포함한다'**고 하는 가설을 세웠다. 이 가설은 현재 **아보가드로의 법칙**이라고 불린다. 이 법칙을 바꾸어 말하면 같은 온도와 압력에서는 같은 물질량의(같은 수의 분자를 포함) 기체는 기체의 종류에 관계없이 같은 부피를 차지하게 된다.

예를 들어 기체의 몰부피(1 mol의 부피) V_m은 0℃, 1 atm(= 1.01325×10^5 Pa)의 상태[**표준상태**(standard state)라 함]로, 기체의 종류에 관계없이 22.414 L/mol(= 22.414 L/mol)이다. 기체의 부피를 V라고 하면 물질량은

$$n[\text{mol}] = \frac{V[L]}{V_m[L \cdot mol^{-1}]} \qquad (1)$$

산소 분자의 경우 그 1 mol(=32 g)은 표준상태에서 약 22.4 L의 부피를 차지하며, 그 안에 포함되는 분자수는 6.02×10^{23}개이다. 물질량(n), 질량(W), 부피(V), 분자수(N) 가운데 하나를 알면 다른 양을 구할 수 있다.

6 이상기체

'일정한 온도에서 일정량의 기체 부피 V는 압력 P에 반비례한다'. 이것을 **보일**(Boyle)**의 법칙**(1662년)이라고 한다. 정수를 a라고 하면 이 법칙은 다음 식으로 나타낼 수 있다.

$$V = \frac{a}{P} \quad \text{일정한 온도} \qquad (2)$$

일정한 온도에서 기체의 부피를 2배로 하면 단위부피에 포함되는 입자수는 1/2이 되며, 용기의 벽에 충돌하는 입자수도 1/2이 된다. 압력은 용기 벽으로의 충돌빈도에 비례하기 때문에 부피가 2배가 되면 압력은 1/2이 되는 것이다. 식 (2)의 관계를 그림 6-6에 나타내었다. 일정한 온도에서 기체의 압력과 부피가 P_1, V_1에서 P_2, V_2로 바뀔 때 $P_1V_1 = P_2V_2$가 성립된다.

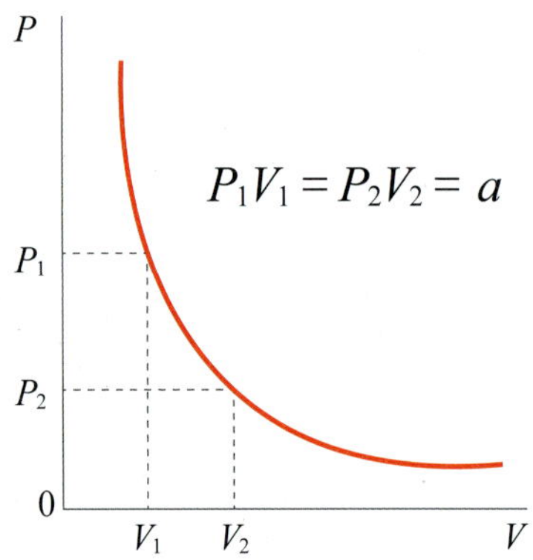

그림 6-6 일정한 온도에서 이상기체의 부피와 압력의 관계

'일정한 압력에서 일정량의 기체 부피 V는 온도 t[℃]가 1℃ 올라갈 때마다 0℃일 때 부피 V_0의 1/273.15씩 증가한다'. 이것을 **샤를**(Charle)**의 법칙**(1787년)이라고 한다. 이를 식으로 나타내면

$$V = V_o + \frac{V_o t}{273.15℃} = V_o \left(1 + \frac{t}{273.15℃}\right) \text{ 일정한 압력} \tag{3}$$

가 된다. 이 식에 따르면 $t = -273.15℃$에서 $V = 0$이 된다(그림 6–7). 그래서 이 온도를 원점으로 하여 섭씨온도와 같은 눈금 간격을 가지는 온도를 정의하고 이를 **절대온도**(absolute temperature)라고 한다. 또한, 이 온도는 열역학을 기본으로 결정되는 온도와 동일하여 열역학적 온도라고도 하며 단위는 K(켈빈, Kelvin)이다(표 1–1 참조).

절대온도 T와 섭씨온도 t의 관계는

$$T / K = t / ^\circ C + 273.15 \tag{4}$$

이다. 절대온도를 이용하면 (3)은 다음과 같아진다.

$$V = V_o \left(1 + \frac{T}{273.15\,K}\right) \text{ 일정한 압력} \tag{5}$$

따라서 샤를의 법칙은 **'일정한 압력에서 일정량의 기체 부피 V는 절대온도 T에 비례한다'**고 바꾸어 말할 수 있다. 그림 6–7과 같이 일정한 압력에서 기체의 온도와 부피가 T_1, V_1에서 T_2, V_2로 바뀔 때 $V_1/T_1 = V_2/T_2$가 성립된다. 온도가 상승하면 용기 안의 분자운동이 격렬해진다. 따라서 외압이 일정하면 온도 상승과 함께 기체의 부피는 팽창하여 기체의 압력은 외압과 균형을 이루게 된다.

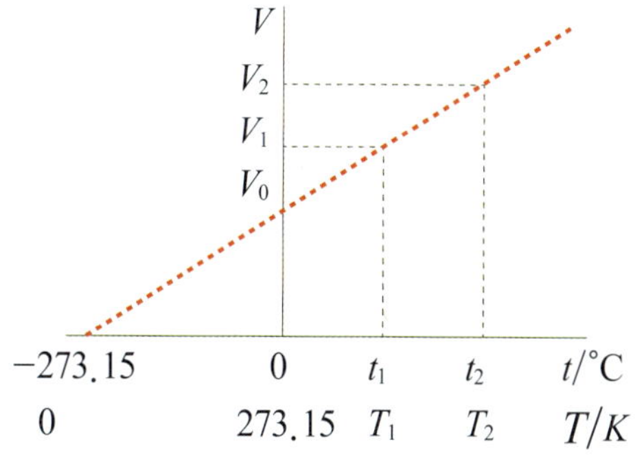

그림 6–7 정압에서 이상기체의 온도와 부피의 관계

보일의 법칙과 샤를의 법칙을 정리하면 **'일정량의 기체 부피 V는 절대온도 T에 비례하고 압력 P에 반비례한다'**고 할 수 있다. 즉, 정수를 b로 하여

$$V = b\frac{T}{P} \quad (6)$$

기체의 물질량은 n, 몰부피를 V_m이라고 하면 $V = nV_m$이므로

$$PV_m = (b/n)T$$

가 된다. 위 식에서 P = 1 atm, T = 273.15 K(표준상태)라고 하면 V_m = 22.414 L · mol^{-1}이기 때문에

$$R = \frac{b}{n} \times \frac{PV_m}{T} = \frac{1\,atm \times 21.414\,L \cdot mol^{-1}}{273.15\,K} \quad (7)$$

$$= 8.2057 \times 10^{-2}\,L \cdot atm \cdot K^{-1} \cdot mol^{-1}$$

이다. 따라서 $PV_m = RT$의 양변을 n배 하여

$$PV = nRT \quad (8)$$

를 얻을 수 있다. 나중에 설명하겠지만, 실제기체에서는 고압이나 저온이 되면 이 식은 성립하지 않게 된다. 이 식이 모든 압력과 온도 범위에서 성립하는 기체를 **이상기체**(ideal gas)라고 한다. 또 이 식을 이상기체의 **상태방정식**(equation of state), R을 **기체상수**(gas constant)라고 한다.

이상기체에서 온도 T_1, T_2에서의 PV를 $(PV)_1$, $(PV)_2$라고 하면 식 (8)에서

$$\frac{T_2}{T_1} = \frac{(PV)_2}{(PV)_1}$$

이 된다. 국제단위계(SI 단위계)에서는 이 식을 이용하여 절대온도의 눈금을 정한다. 즉, 물의 삼중점을 기준점으로 선택하여 그 온도를 273.16 K로 한다. 이처럼 규정하면 위의 식에서

$$T = 273.16\,K \frac{(PV)_T}{(PV)_{\text{삼중점}}} \quad \text{이상기체} \tag{9}$$

이 되어 절대온도의 눈금은 하나의 기준점만으로 규정된다. 또 섭씨온도는 식 (4)와는 반대로 절대온도로부터 다음의 식으로 결정된다.

$$t\,/\,℃ = T/K - 273.15 \tag{10}$$

이처럼 절대온도와 섭씨온도를 정하면 물의 녹는점은 273.15 K(0℃)에 매우 가깝다.

기체의 질량을 ω, 몰질량을 M이라고 하면 물질량은 $n = ω/M$이다. 이 식을 (8)에 대입하면

$$M = \frac{ωRT}{PV} \tag{11}$$

를 얻을 수 있다. 이 식은 분자량을 구하기 위해 사용된다.

7 기체분자운동론

용기 안에서 무수한 기체 분자는 복잡한 운동을 한다. 이들 각각의 분자운동에 고전역학을 적용하여 이상기체의 거시적인 성질을 유도하는 이론이 **기체분자운동론**(kinetic theory of gases)이다. 이 이론에서 이상기체란 분자의 크기와 분자 간의 힘을 무시할 수 있는 기체이다. 실제로 기체의 압력이 충분히 낮아지면 용기의 부피에 비해 분자 전체의 부피를 무시할 수 있으며, 분자 간의 평균거리가 커지기 때문에 분자 간의 힘도 무시할 수 있어 이상기체에 가까워진다.

분자는 용기의 벽에 충돌하여 그림 6-8과 같이 속도(속도의 크기) u를 바꾸지 않고 되튀기려고 한다(거울반사). 이때 분자는 용기 벽의 수직방향으로 힘 F를 가하고 작용반작용의 법칙으로 $-F$의 힘을 받는다. 기체의 압력은 무수한 입자가 벽의 단위면적당 미치는 힘의 통계적 평균으로 해석된다.

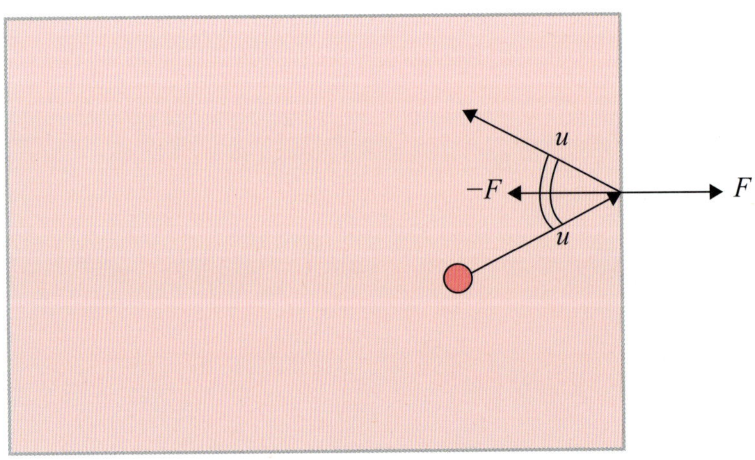

그림 6-8 속도 u로 기체분자가 벽과 충돌

분자의 크기와 분자 간의 힘을 무시하면 다음의 식이 유도된다.

$$P = \frac{1}{3}\left(\frac{N}{V}\right)m\overline{u^2} \tag{12}$$

단, N과 m은 분자수와 분자의 질량, $\overline{u^2}$는 분자 속도 제곱의 평균치

$$\overline{u^2} = \frac{1}{\mathrm{N}}(u_1^2 + u_1^2 \cdots\cdots + u_1^2) = \frac{1}{\mathrm{N}}\sum_{i=1}^{N} u_i^2 \tag{13}$$

이다. 식 (12)는 다음과 같이 해석된다. (N/V)는 분자 밀도로, 이 값이 커질수록 충돌빈도가 증가한다. 또 m, $\overline{u^2}$가 커지면 1회 충돌에서 벽에 가해지는 힘이 증가하므로 압력 P는 그들 값에 비례해서 증가한다. 분자 1개당 운동에너지의 평균치는

$$\overline{\epsilon_k} = \overline{\frac{1}{2}mu^2} = \frac{1}{2}m\overline{u^2} \tag{14}$$

이 된다. 식 (12), (14)에서 다음 식을 얻을 수 있다.

$$PV = \frac{2}{3}N\overline{\epsilon_k} \tag{15}$$

위의 식과 이상기체의 상태방정식 $PV = nRT$를 조합시키면

$$\overline{\epsilon_k} = \frac{3}{2}\frac{nR}{N}T = \frac{3}{2}k_B T \tag{16}$$

를 얻을 수 있다. 단, 아보가드로정수를 N_A로 하여

$$k_B = \frac{nR}{N} = \frac{n}{nN_A}R = \frac{R}{N_A} = \frac{8.314\,JK^{-1}\cdot mol^{-1}}{6.022\times10^{23}\,mol^{-1}} = 1.381\times10^{-23}\,JK^{-1} \tag{17}$$

이다. $k_B = R/N_A$는 분자 1개당 기체상수에 상당하며 **볼츠만상수**(Boltzmann constant)라고 한다. 식 (16)에 따르면 분자의 평균운동에너지는 절대온도에 비례하며 온도의 기준이 추가되었음을 알 수 있다. 반대로 온도는 분자의 무질서한 운동의 격렬함을 나타내고 있음을 알 수 있다.

식 (12)에서 $V = N_A$(1 mol)로 하면 $PV = N_A m\overline{u^2}/3$이 된다. 이 식의 좌변을 RT로 두면

$$\sqrt{\overline{u^2}} = \sqrt{\frac{3RT}{N_A m}} = \sqrt{\frac{3RT}{M}} \qquad (18)$$

가 된다. 단, M은 몰질량이다. $\sqrt{\overline{u^2}}$는 분자 속도의 일종의 평균치로 **제곱근 평균속도**(root mean square velocity)라고 한다. 이 식에서 그 값은 온도가 높을수록, 또 분자량이 작을수록 크다는 사실을 알 수 있다.

열운동에 의해 날아다니는 분자는 서로 충돌하여 시시각각 운동의 방향과 속도를 바꾼다. 다만, 열평형 상태에서는 분자의 속도 분포는 일정하다는 사실을 알 수 있다. 그림 6-9에 질소 분자 4개의 온도에서의 속도 분포를 나타내었다. 그림에서 온도가 높아지면 분자수의 최대 위치가 속도 u가 큰 쪽으로 어긋남과 동시에 그 분포가 확대되고 있음을 알 수 있다. 이러한 열평형 상태에서의 분자의 속도 분포를 연구자의 이름을 따서 **맥스웰-볼츠만**(Maxwell-Boltzmann)**의 속도분포**라고 한다.

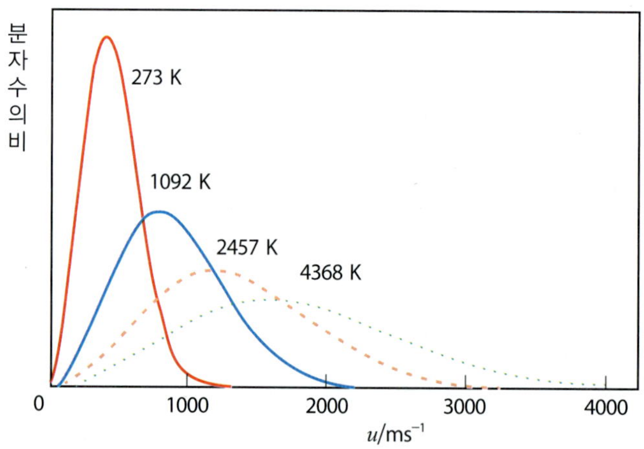

그림 6-9 **질소 분자 속도 u의 분포**

8 혼합기체

일정한 온도 T, 일정한 압력 P 하에서 2종류의 이상기체 A, B를 혼합한다고 가정하자. 기체 A, B의 부피와 물질량을 각각 V_A, n_A; V_B, n_B라고 하면 혼합 전 기체에 대해 다음의 식이 성립된다.

$$PV_A = n_A RT \qquad PV_B = n_B RT \tag{19}$$

기체 분자 A와 B 사이에 상호작용이 없으면 혼합 후의 전체 물질량은 $n_A + n_B$가 되므로 혼합기체의 부피를 V라고 하여

$$PV = (n_A + n_B)\, RT \tag{20}$$

가 성립한다. 식 (19)에서 양변의 합을 취해 식 (20)과 비교하면

$$V = V_A + V_B \tag{21}$$

를 얻을 수 있다. 즉, 혼합기체의 부피는 혼합 전 각 기체의 부피의 합이다. 위 식이 성립하는 기체를 **이상혼합기체**(ideal gas mixture)라고 한다. 또 식 (20)의 압력 P를 이상혼합기체의 **전압력**(total pressure)이라고 한다. 이에 대해 성분기체 A, B가 각각 단독으로 혼합기체와 같은 온도 T, 같은 부피 V일 때 나타내어야 하는 압력 p_A, p_B를 A, B 각각의 **분압**(partial pressure)이라고 한다. 이때

$$p_A V = n_A RT \qquad p_B V = n_B RT \tag{22}$$

가 성립한다. 식 (22)에서 양변의 합을 취해 식 (20)과 비교하면

$$P = p_A + p_B \tag{23}$$

가 된다. 즉, 분압의 합은 전압력과 같으며, 이를 **달톤의 분압 법칙**(1801년)이라고 한다.

다음으로 식 (20)에서 $RT/V = P/(n_A = n_B)$가 성립한다. 이 식과 식 (22)에서 다음 식을 얻을 수 있다.

$$P_A = \frac{n_A}{n_A + n_B} P \qquad P_B = \frac{n_B}{n_A + n_B} P \tag{24}$$

또 다음 식이 성립한다.

$$\frac{p_A}{p_B} = \frac{n_A}{n_B} \tag{25}$$

즉, 혼합기체의 분압 비율은 물질량의 비율이 된다.

일반적으로 혼합물에서 성분의 물질량이 n_1, n_2,……, n_i, ……일 때 성분 i의 물질량이 전체 물질량에 차지하는 비율

$$x_i = \frac{n_i}{n_1 + n_2 + \ldots\ldots} = \frac{n_i}{\sum_i n_i} \tag{26}$$

을 **몰분율**(mole fraction)이라고 한다. 이 기호를 사용하면 식 (24)는

$$P_A = x_A P \qquad P_B = x_B P \tag{27}$$

가 된다. 즉, 각 성분의 분압은 그 성분의 몰분율과 전압력을 곱한 값이다.

또한, 식 (26)에서

$$\sum_i x_i = x_1 + x_2 + \cdots\cdots = 1 \tag{28}$$

즉, 몰분율의 합은 1이다.

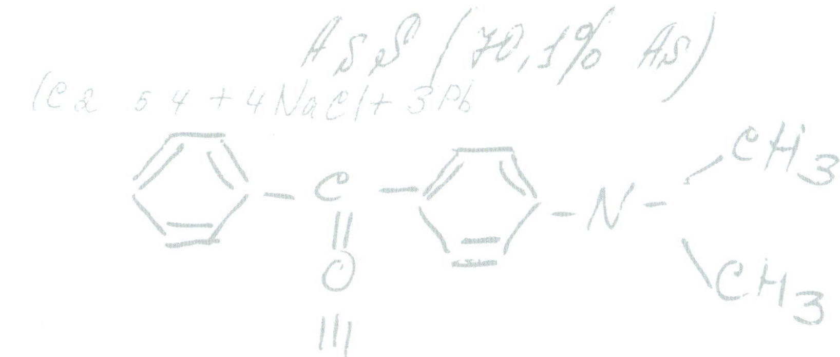

9 실제기체

앞에서 설명했듯이 이상기체에서는 분자 간의 힘과 분자의 크기를 무시할 수 있다. 현실의 기체인 **실제기체**(real gas)에서는 분자 간의 힘으로 인해 압축을 계속하면 액체나 고체가 된다. 또 분자에 크기가 있기 때문에 액체나 고체가 되면 급격하게 압축되기 어려워진다.

실제기체의 상태방정식은 다양하게 제안되고 있으나 그중에서 가장 자주 사용되는 것이 반데르발스(van der Waals)에 의한 것이다. 이 방정식에서는 실제기체에서 문제가 되는 위의 2가지 효과를 고려하여 다음과 같이 이상기체의 식 $PV = nRT$를 보정한다.

1. 분자의 크기에 따른 보정

분자가 크기를 가지면 그만큼 용기 내에서 운동할 수 있는 공간이 감소할 것이다. 이 부피의 감소를 1 mol당 b라고 하면 이상기체의 식 $PV = nRT$는 다음과 같아진다.

$$P = \frac{nRT}{V-nb} \tag{29}$$

2. 분자 간의 힘에 의한 보정

식 (28)에 이 보정을 추가하면 다음의 식을 얻을 수 있다.

$$P = \frac{nRT}{V-nb} - a\left(\frac{n}{V}\right)^2 \tag{30}$$

이유는 다음과 같다. 분자가 용기 벽에 충돌할 때 주위 분자로부터 내향하는 힘을 받기 때문에 (그림 6-10), 그 속도가 감소해서 벽에 가해지는 충격이 작아진다. 그 결과 분자 간의 힘이 없는 경우에 비해 유효압력이 감소한다. 이 압력의 감소 ΔP는 '분자 1개당 작용하는 힘'과 '단위시간에 벽의 단위면적에 충돌하는 분자수'의 곱에 비례한다. 이들이 각각 분자밀도 n/V에 비례한다고 하면 비례상수를 a로 하여

$$\Delta P = a\left(\frac{n}{V}\right)^2$$

가 된다. 식 (29)의 P에서 이 ΔP를 뺀 것이 식 (30)이다.

식 (30)을 다시 나타내면

$$\left[P + a\left(\frac{n}{V}\right)^2\right](V - nb) = nRT \tag{31}$$

을 얻을 수 있다. 이 식을 **반데르발스의 상태방정식**이라고 한다. 이 식에서 $a = b = 0$이라고 하면 분자 간의 힘과 분자의 크기를 무시하게 되므로 이상기체의 상태방적식 $PV = nRT$를 얻을 수 있다. 표 6-1에 반데르발스 상수 a, b의 값을 나타낸다. 액화하기 쉬운 기체(Cl_2, H_2O, NH_3, C_6H_6 등)에서는 a의 값이 크고, 큰 분자(Cl_2, CO_2, CH_4, C_6H_6 등)에서는 b의 값이 크다.

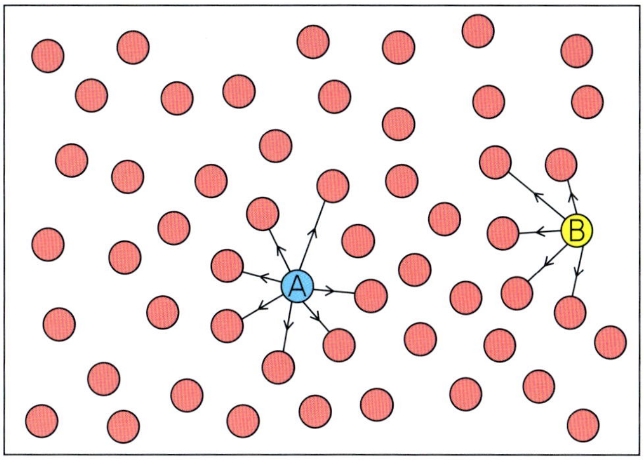

용기 안쪽에 있는 분자 A에서는 주위 분자에서의 인력은 균형을 이룬다.
한편, 벽 가까이에 있는 분자 B에서는 인력의 합력은 내향으로 작용한다.

그림 6-10 **분자 간의 상호작용 효과**

표 6-1 **반데르발스 상수**

기체	$\frac{a}{bar \cdot dm^6 \cdot mol^{-2}}$	$\frac{b}{L \cdot mol^{-1}}$	기체	$\frac{a}{bar \cdot dm^6 \cdot mol^{-2}}$	$\frac{b}{L \cdot mol^{-1}}$
He	0.0346	0.0238	CO_2	3.658	0.0429
Ne	0.208	0.0167	Cl_2	6.343	0.0542
H_2	0.2452	0.0265	H_2O	5.537	0.0305
N_2	1.370	0.0387	NH_3	4.225	0.0371
O_2	1.382	0.0319	CH_4	2.303	0.0431
CO	1.472	0.0395	C_6H_6	18.82	0.1193

* 1 bar = 10^5 Pa
* SI 단위계로 환산 : 1 bar · dm^6 · mol^{-2} = 0.1 Pa · m^6 · mol^{-2}, 1L · mol^{-1} = 0.001 m^3 · mol^{-1}

연습문제 ②

1. 27℃ 5.0×10^5 Pa에서 부피가 1.7 L인 이상기체의 물질량은 몇 mol인가?

2. 대기압 하에 있는 27℃의 기체 밀도가 3.50 g/L이었다. 이 기체의 분자량을 구하시오.

3. 27℃에서 질소 분자 N_2의 제곱근 평균속도를 구하시오. 단, 질소의 원자량은 N = 14이다.

4. 1.0 atm, 600 cm^3의 이상기체 A와 3.0 atm, 400 cm^3의 이상기체 B를 부피 800 cm^3의 용기 안에서 혼합하였다. 혼합기체의 전압력, 각 성분기체의 분압 및 몰분율을 구하시오.
   단, 온도는 일정하다.

5. 공기는 질소와 산소가 4:1의 부피비로 혼합된 기체이다. 공기의 평균분자량을 구하시오.
   단, 원자량은 N = 14.0, O = 16.0이다.

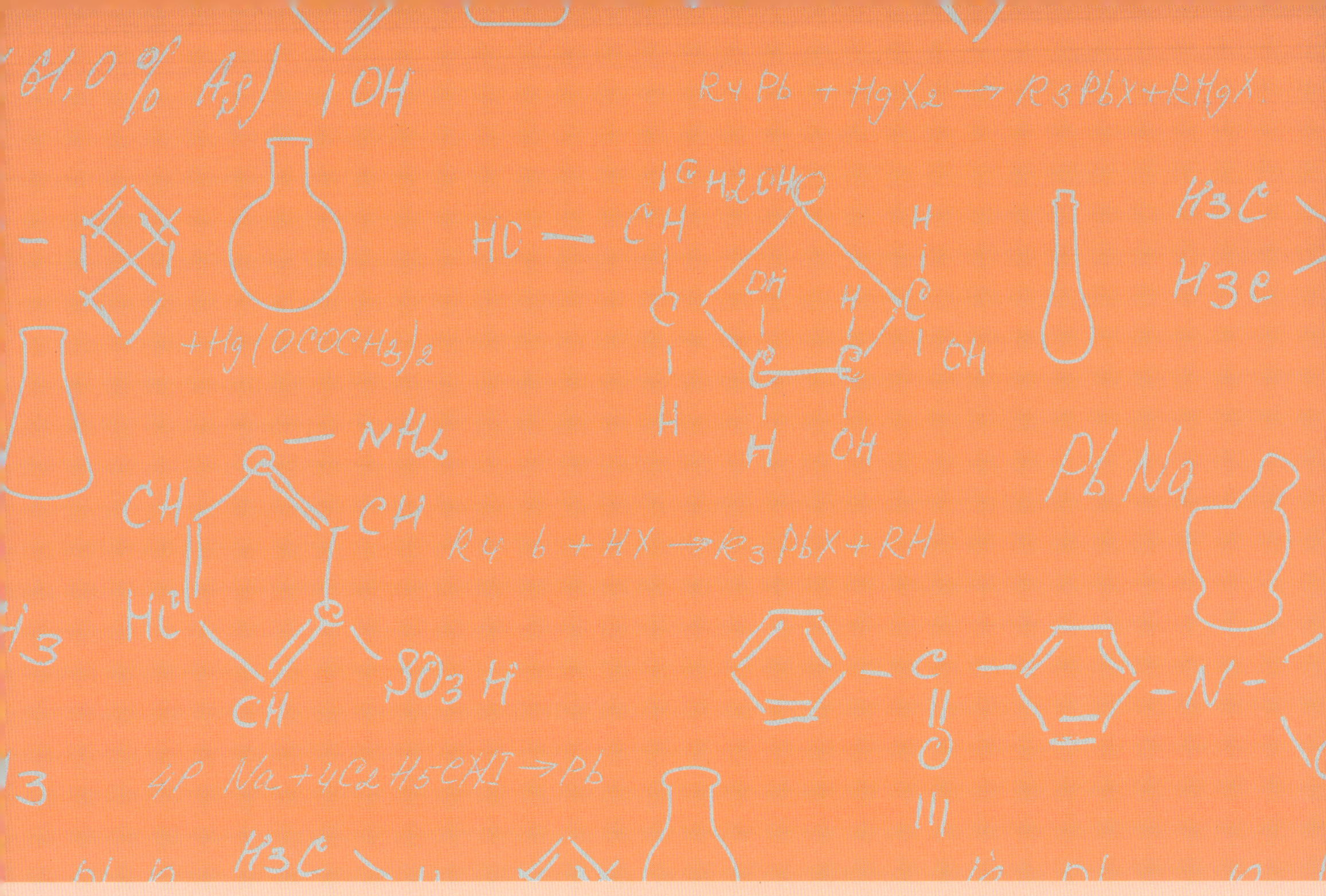

제7장

용액의 화학

핵심용어해설

- **교질삼투압**(colloid oncotic pressure) : 혈장 내 단백질, 그중에서도 알부민(albumin)에 의해 생성되는 삼투압을 말한다. 일반적인 삼투압은 혈당, 요소, 전해질, 이온 등과 같은 다양한 분자들에 의해 생성되지만, 실제로 혈관 내에서는 단백질과 같은 고분자 용액에 의해 특수한 형태의 삼투압을 형성한다. 이렇게 형성된 교질삼투압은 혈관 안팎의 수분 이동을 조절하고 혈당의 부피를 결정하는 데 중요한 기능을 한다.
- **삼투**(osmosis) : 수용액 속에 분자량이 큰 용질이 용해되어 있을 때 반투막을 사이에 두고 물 분자는 쉽게 통과하지만 크기가 큰 용질 입자는 통과하지 못하는 현상을 말한다.
- **삼투압**(osmotic pressure) : 삼투 현상을 통하여 물이 농도가 낮은 쪽에서 높은 쪽으로 이동할 때 생겨나는 압력을 말한다.
- **소수성**(hydrophobic) : 물 분자와 쉽게 결합하지 않는 성질을 말한다. 소수성 물질은 물과 잘 섞이지 않으며, 그 표면의 물은 높은 표면장력 때문에 동그란 물방울을 만든다. 일반적으로 극성을 띠지 않는 물질이 소수성을 띠게 된다.
- **용매**(solvent) : 용질을 녹여서 용액을 만드는 액체로, 고체와 액체의 혼합물에서는 액체가 용매이고 고체가 용질이며, 액체끼리 혼합된 용액에서는 더 많은 물질이 용매이고 적은 물질이 용질이다.
- **용매화**(solvation) : 용질 분자나 이온이 용매 분자와 상호작용하여 용액 속에서 안정화되는 것을 말하며, 특히 용매가 물인 경우 다른 경우와 구별하여 수화(hydration)라고 한다.
- **용액**(solution) : 두 가지 이상의 물질이 균질하게 섞인 혼합물을 말하며, 보통은 액체상 혼합물을 가리킨다.
- **용질**(solute) : 용액에 녹아 있는 물질로, 액체에 다른 액체가 녹아 있을 때에는 양이 적은 쪽을 가리킨다.
- **용해**(dissolution) : 물질이 액체 속에서 균일하게 녹아 용액이 만들어지는 현상을 말한다.
- **용혈**(hemolysis) : 적혈구의 세포막이 파괴되어 그 속에 있던 헤모글로빈이 혈구 밖으로 나오는 현상을 말한다. 용혈소 작용에 의한 항원항체반응 외에 삼투압 저하, 세균이 분비하는 독소, 약물 등의 여러 가지 원인으로 일어난다.
- **전리도**(degree of ionization) : 이온화하기 전 물질의 양에 대한 이온화한 물질의 양 비율이다. 전해질의 종류에 따라 다르며 같은 물질에서도 농도와 온도에 따라 다르다.
- **총괄성**(colligative property) : 용액이 가진 중요한 성질 가운데 하나로, 녹아 있는 물질(용질)의 종류와 무관하게 오직 용질의 입자수에 의해서만 결정되는 속성을 일컫는다. 예를 들어 증기압 내림, 끓는점 오름, 어는점 내림, 삼투압 등이 있다.
- **친수성**(hydrophilic) : 물 분자와 쉽게 결합하는 성질을 말하며, 극성 원자(polar element)가 있으면 친수성 성향을 띠게 된다.
- **콜로이드**(colloid) : 기체, 액체, 고체 속에 분산 상태로 있고 확산속도가 느리며 현미경으로는 볼 수 없지만, 원자나 저분자보다는 커서 반투막을 통과할 수 없는 물질을 말한다.
- **퍼센트농도**(percent concentration) : 단위 질량의 용액 속에 녹아 있는 용질의 질량을 백분율로 나타낸 농도로, 단위는 %를 쓴다.

1 용해와 용해도

용매(solvent)는 어떠한 물질을 녹이는 데 사용하는 물질을 의미한다. 이때 용매에 녹는 물질을 **용질**(solute)이라고 한다. 이 과정을 **용해**(dissolution)라고 하며 용질을 포함한 용매를 **용액**(solution)이라고 한다.

극성 용매는 주로 극성을 띠는 용질을 용해한다. 예를 들어 대표적인 극성 용매인 물은 NaCl과 같은 이온결합 물질이나 글루코오스(glucose)와 같은 분자가 극성을 띄는 물질을 녹일 수 있다. 한편, 무극성 용매는 주로 극성을 띄지 않는 용질을 용해한다. 예를 들어 대표적인 무극성 용매인 헥세인(hexane)은 극성을 띠지 않는 지방과 같은 물질을 녹일 수 있다.

분자 구조에서 극성을 띠는 친수기(OH, COOH, NH_2, SO_3Na 등의 원자단)가 있으면 그 화합물(극성 물질)은 물에 녹는다. 예를 들어 에탄올(C_2H_5OH)이 물에 녹는 경우, 용질인 에탄올 분자가 용매인 물 분자와 수소결합을 하여 물 분자에 둘러싸여(**수화**, hydration) 용매 속으로 분산된다. 이것을 **용매화**(solvation)라고 한다.

분자 구조에서 극성을 나타내는 부분이 없는 비극성 물질(탄화수소 등)은 비극성 용매(사염화탄소, 벤젠 등)에 잘 용해된다. 일반적으로 '녹는다'는 현상은 용질 분자와 용매 분자가 서로 비슷한 성질을 가질 때 일어난다. 물에 녹기 쉬운 물질은 **친수성**(hydrophilic), 물에 잘 녹지 않는 성질은 **소수성**(hydrophobic), 1개의 분자 속에 친수성 영역과 소수성 영역이 함께 있는 물질은 **양친매성**(amphipathic)이라고 한다.

용액은 녹아 있는 용질의 성질과 관계 없이 용질입자의 수에만 의존하는 성질이 있다. 이러한 성질을 **총괄성**(colligative property)이라고 한다. 염화소듐(NaCl)과 수크로오스(설탕, $C_{12}H_{22}O_{11}$)도 물에 녹지만, 이들이 녹는 방식은 다르다. 이온결정인 염화소듐은 Na^+와 Cl^-의 집합체이기 때문에 이들 이온은 물 분자와 수화하여 수중으로 분산된다. 분자결정의 수크로오스는 히드록시기를 가지기 때문에 물 분자와 수소결합을 만들어 수화하여 수중으로 분산된다. 또 히드록시기를 가지지 않는 분자라도 수소결합을 만들 수 있는 극성 분자(알데히드, 케톤 등)는 물에 녹는다. 용해 현상을 에너지 측면에서 보면 용해 전 상태(결정 속에서 이온결합을 하거나 물 분자가 서로 수소결합을 한 상태)에서보다 용해 후 상태(이온이 수화되어 있는 상태)에서 에너지가 안정적이거나 거의 비슷할 때 더 잘 일어난다.

용해도(solubility)는 용매에 녹는 용질의 양으로, 일반적으로 용매 100 g에 녹는 용질의 질량(g)으로 표시한다. 일정량의 용매에 대한 물질의 용해도는 그 물질에 특징적인 물리적 성질이다. 용해도는 이용되는 용매와 온도에 의존한다. 일반적으로 온도가 높아질수록 더 많은 고체가 그 용매에 녹게 된다. 이처럼 용해도는 용매의 온도에 의존하기 때문에 일반적으로 실온이나 25℃의 용해도로 표시된다.

어떠한 온도에서도 용매는 그 이상의 고체를 녹이지 못하는 포화점(saturation point)에 도달한다. 용매가 포화점에 도달한 용액을 **포화용액**(saturated solution)이라고 하고, 포화점에 도달하지 않은 용액을 **불포화용액**(unsaturated solution)이라고 한다. 포화용액을 냉각시키면 과잉의 고체가 결정으로 석출되고, 용액은 해당 온도에서의 포화용액이 된다. 하지만 그 포화용액은 용해된 입자가 침전되는 시점에서 결정을 가지지 않는다. 이때 용액의 온도를 낮추면 결정이 생기지 않은 상태가 되며 이 용액을 **과포화**(supersaturation)라고 한다. 과포화용액은 매우 불안정하여 여기에 작은 결정이 더해지면 이 위에 용질이 침전되어 결정이 급격하게 발생하는 경우가 있다.

물에 대한 기체의 용해도는 온도와 압력에 의존한다. 용매와 반응하기 어려운 기체(산소, 이산화탄소 등)의 일정량 액체에 대한 용해량(질량)은 온도가 일정한 경우 그 분압에 정비례한다. 이것을 **헨리의 법칙**(Henry's law)이라고 하고, 비례상수를 헨리상수라고 한다.

2 물의 기능

1. 물의 구조

물(H_2O)의 구조는 그림 7-1과 같다. 물은 1개의 산소 원자가 2개의 수소 원자와 공유결합한 분자로, 산소 원자는 수소 원자와의 결합에 관여하지 않는 2쌍의 비공유전자쌍(고립전자쌍)을 가진다. 물 분자는 구부러진 구조를 취하고 2개의 수소 원자가 이루는 각도는 104.5°이며, O–H결합의 길이는 95.84 pm(1pm = 10^{-12} m)이다.

산소 원자는 수소 원자에 비해 높은 전기음성도를 띠기 때문에 수소와 산소의 공유결합에서 공유전자쌍의 구름은 산소 쪽에 치우쳐져 존재한다. 따라서 수소 원자는 양(δ+)으로, 산소 원자는 음(δ–)으로 분극되어 있다(그림 7-1). 양으로 분극된 물 분자의 수소 원자는 음으로 분극된 다른 물 분자의 산소 원자를 끌어당겨 쌍극자와 쌍극자의 상호작용으로 2개의 물 분자 간에 **수소결합**(hydrogen bond)을 형성한다(그림 7-2).

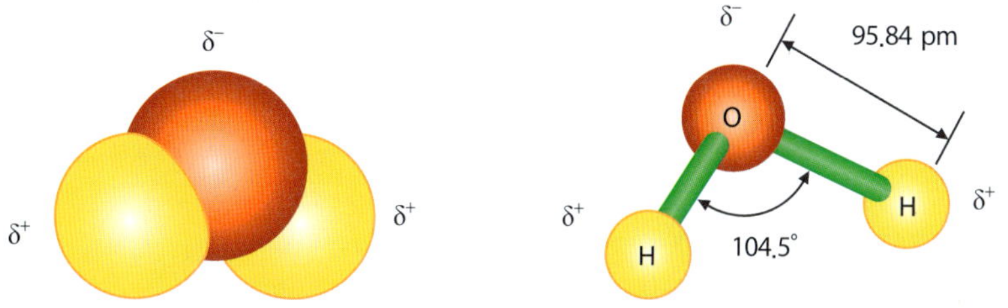

그림 7-1 물의 구조

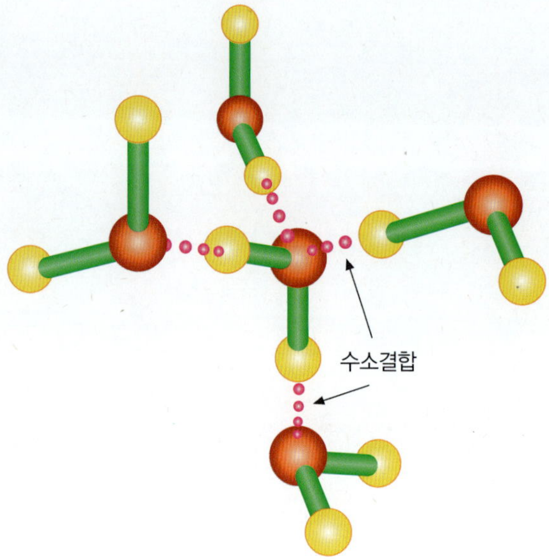

그림 7-2 물 분자의 수소결합

얼음 속의 물 분자는 서로 이웃해 있는 물 분자 간에 수소결합을 형성하여 매우 규칙적인 구조를 띤다(그림 7-3). 얼음의 결정 속에서 물 분자는 다른 4개의 물 분자와 수소결합을 하여 결정격자(crystal lattice)를 만든다. 한편, 이 결정 상태에서 물 분자는 규칙적인 입체구조를 만드는데 이 구조에 의해 물일 때보다 얼음일 때의 부피가 더 크다. 물과 얼음의 비중 차이로 고체인 얼음이 액체인 물에 뜨기 때문에 물은 위에서부터 얼게 된다. 얼음층은 물이 더욱 차가워지는 것을 막아 표면이 얼어붙은 물속에서도 생물이 살 수 있게 한다.

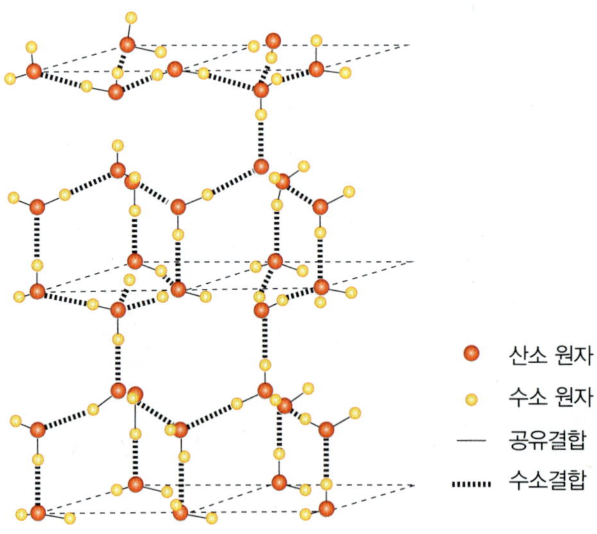

그림 7-3 얼음의 구조

2. 물의 성질

1) 끓는점(boiling point)

물은 물과 비슷한 분자량을 가지는 다른 분자와 비교하여 끓는점이 높다. 예를 들어 1기압에서 물(H_2O, 화학식량 18)의 끓는점은 100℃이지만, 메탄(CH_4, 화학식량 16)의 끓는점은 −164℃이다. 물의 끓는점이 높은 이유는 수소결합에 의한 물 분자 간의 강력한 인력 때문이다.

2) 비중(specific gravity)

얼음의 결정격자는 같은 수의 액체 물 분자보다 넓은 공간을 차지한다. 그 결과 고체인 얼음의 비중(0.916)은 액체인 물의 비중(0.9998)보다 작다. 물의 비중은 4℃에서 최고치를 보인다. 이것은 단위부피당 액체인 물 분자가 가장 조밀하게 차 있기 때문이다.

3) 표면장력(surface tension)

표면보다 안쪽에 있는 물 분자는 다른 물 분자와의 수소결합에 의해 사방으로 강하게 당겨진다. 하지만 표면의 물 분자의 경우 비극성인 공기 분자에는 당겨지지 않기 때문에 이 표면 분자는 아래의 안쪽 물 방향으로 당겨진다. 이 표면장력은 표면에 엳은 탄성막 효과를 주면서 표면 분자를 함께 잡아당긴다. 이렇게 물 분자 간의 인력에 의해 물방울은 그 표면적을 최소화하며 최종적으로 구형태를 띠게 된다.

4) 증발열(vaporization heat)

물은 큰 증발열을 가진다(2,255 J/g). 물 분자 간의 강한 인력은 물을 천천히 끓여 증발시킨다. 1 L의 물을 100℃에서 끓여 증발시키는 에너지는 동일한 양의 물을 21℃(실온)에서 100℃까지 가열하는 데 필요한 에너지의 거의 7배이다. 증발은 액체인 물을 천천히 기체로 변화시킴으로써 끓어오르면서 많은 에너지(열)을 소비한다.

5) 융해열(heat of fusion)

물은 큰 융해열을 가진다(335 J/g). 얼음이 생길 때는 많은 열이 방출된다. 0℃에서 물 1 kg을 얼음 1 kg으로 바꾸려면 같은 양의 물을 21℃에서 0℃로 냉각시키는 데 필요한 열의 거의 4배가 필요하다.

6) 비열(specific heat)

액체의 비열은 1 g의 해당 액체의 온도를 1℃ 올리는 데 필요한 열량이다. 비열은 물에서 1.0 cal/g인 데 반해, 에탄올에서 0.58 cal/g, 아세톤에서 0.53 cal/g, 클로로포름에서 0.23 cal/g이며, 물은 다른 액체보다 비열이 크다. 생물이 내적 또는 외적 열의 변동을 받았을 때 물의 비열이 큰 것이 그 생물의 체온을 비교적 일정하게 유지하는 데 효과적인 역할을 한다.

7) 용매(solvent)

물은 가장 좋은 용매로, 다양한 용질을 녹일 수 있다. 물은 극성 분자로 큰 **쌍극자모멘트**(dipole moment)를 가진다. 물 분자 속 O−H결합의 쌍극자모멘트는 1.53 D(debye; 쌍극자모멘트의 단위)이며, S−H결합(0.68 D), H−Cl결합(1.03 D), H−F결합(1.41 D) 등에 비해 크다. 물 분자 전체의 쌍극자모멘트는 2.1 D(실측치 1.87 D)이다. 이렇게 큰 쌍극자모멘트를 물 분자가 가지고 있어 이온이나 극성이 높은 물질을 쉽게 녹일 수 있는 것이다.

염화소듐 결정을 물에 넣으면 Na^+과 Cl^-의 이온은 물에 녹는다. 결정 안에서 Na^+과 Cl^-은 이온결합을 하지만, 주변이 물에 둘러싸이면 각 이온과 물의 쌍극자 간에 상호작용이 발생해 이온결합을 한 Na^+과 Cl^-은 점차 분리되어 여러 개의 물 분자가 하나의 이온을 둘러싸듯이 결합하여 **수화**(hydration)가 발생하여 용해된다(그림 7−4). 수화된 이온은 더 이상 반대 전하를 가진 이온과 정전기적으로 상호작용을 할 수 없다.

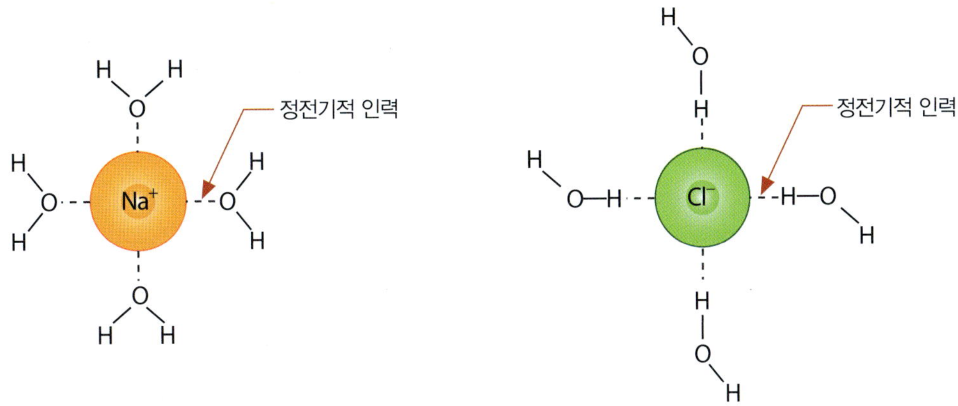

그림 7-4 Na^+과 Cl^-에서의 물 분자 결합(수화)

3. 물의 순도

불순물을 전혀 함유하지 않은 순도 100%의 물[이론상 순수(pure water)라고 함]은 만들 수 없고 존재하지도 않는다. 금속이온, 미생물 등의 불순물을 거의 함유하지 않는 순도 100%에 가까운 높은 순도의 순수(초순수, ultrapure water)는 만들 수 있는데, 이것은 반도체 제조공정에서 실리콘웨이퍼(silicon wafer)를 세정하거나 의약품을 제조하는 데 이용된다.

3 전해질용액

염화소듐처럼 Na^+과 Cl^-의 하전입자를 형성해서 물에 녹는 물질을 **전해질**(electrolyte)이라고 하고, 수크로오스처럼 물에 녹더라도 하전되지 않는 입자분자의 물질을 **비전해질**(nonelectrolyte)이라고 한다. 전해질용액은 그 용액 속에 이온이 존재하기 때문에 전기전도성이 있다. 용질이 이온으로 해리되는 비율을 **전리도**(degree of ionization; α로 표시)라고 하며, α가 1에 가까운 전해질을 **강전해질**(strong electrolyte), α가 0.2 이하인 전해질을 **약전해질**(weak electrolyte)이라고 한다. 비전해질은 α가 0이다.

4 콜로이드용액

콜로이드(colloid; 콜로이드 분산계)는 입자의 크기가 용액을 형성하는 분자나 이온보다 크지만, 침전하는 큰 입자를 포함한 불균일한 성분으로 이루어진 혼합물[이 혼합물 용액을 **현탁액**(suspension)이라고 함]보다는 작아서 지름이 1~1,000 nm이다. 이 혼합물이 물에 녹으면 **콜로이드용액**[colloid solution; 졸(sol)이라고도 함] 상태가 된다. 보통 용액 속의 콜로이드는 균일하여 여과지를 통과할 수 있지만 반투막은 통과할 수 없다. 예를 들어 우유는 물속에 유지방을 가지는 콜로이드로 여과지를 통과한다. 콜로이드용액과 같은 액체 분산매(dispersion medium)의 콜로이드이지만, 분산질(dispersoid)의 네트워크에 의해 높은 점성을 가지고 유동성을 상실해서 시스템 전체가 고체 상태가 된 것을 **겔**(gel)이라고 한다. 분산질이 이어져 네트워크를 만드는 현상을 가교(cross linking)라고 하며, 가교 방법에 따라 겔은 화학겔(공유결합)과 물리겔(분자력 등)로 분류된다.

콜로이드는 용매(또는 분산계)와 콜로이드물질(또는 분산질)의 종류에 따라 다음의 8가지로 분류된다.

① 고체 속의 고체(예 : 색유리, 어떤 종류의 합금 등)
② 액체 속의 고체(예 : 물속의 젤라틴, 단백질, 전분 등의 고분자화합물)
③ 기체 속의 고체(예 : 공기 속의 먼지 등)
④ 고체 속의 액체(예 : 젤리, 버터, 치즈 등)
⑤ 액체 속의 액체(예 : 에멀전, 우유, 마요네즈, 원형질 등)
⑥ 기체 속의 액체(예 : 아지랑이, 안개, 구름 등)
⑦ 고체 속의 기체(예 : 활성탄, 발포스티롤, 마시멜로 등)
⑧ 액체 속의 기체[예 : 거품, 거품크림(whipped cream), 비누 속 거품 등] 등이다.

콜로이드용액은 ②와 ⑤의 분류에 속한다.

콜로이드 속 입자의 무질서하고 불규칙한 운동을 **브라운운동**(Brownian motion)이라고 한다. 이 운동은 콜로이드 속의 입자에 용매분자가 충돌하여 일어난다. 이 용매분자에 의한 일정한 충돌은 콜로이드입자가 가라앉는 것을 막아준다. 또 콜로이드 입자에 의해 빛이 산란되어 콜로이드에서 광선의 광로가 보이는 현상을 **틴달현상**(Tyndall's phenomenon)이라고 한다. 콜로이드용액에 전기장을 가하면 콜로이드 입자는 그 전하의 부호와 반대 극성을 가진 전극을 향해 이동한다(**전기영동**, electrophoresis).

콜로이드 입자에는 물 분자와 결합하기 쉬운 **친수콜로이드**와 그렇지 않은 **소수콜로이드**가 있다. 소수콜로이드에 강전해질을 소량 추가하면 반대부호의 이온이 콜로이드 입자를 둘러싸며 전하를 중화시키기 때문에 입자 간 반발이 상실되어 침전이 발생한다(**응석**, coagulation). 한편, 친수콜로이드에는 다량의 강전해질을 추가하지 않는 이상 침전은 발생하지 않는다(**염석**, salting out).

단백질 분리에 염석의 원리가 이용된다. 콜로이드 입자보다 작은 입자(이온이나 작은 분자)를 불순물로 포함한 콜로이드용액을 **반투막**(semipermeable membrane; 셀로판 막 등) 주머니에 넣어 물속에 두면 불순물만 막을 통과해 물로 이동하여 콜로이드 용액 속의 불순물은 제거된다. 이것을 **투석**(dialysis)이라고 한다. 투석은 단백질이나 효소의 정제뿐만 아니라 인공투석(혈액투석) 등에도 이용된다.

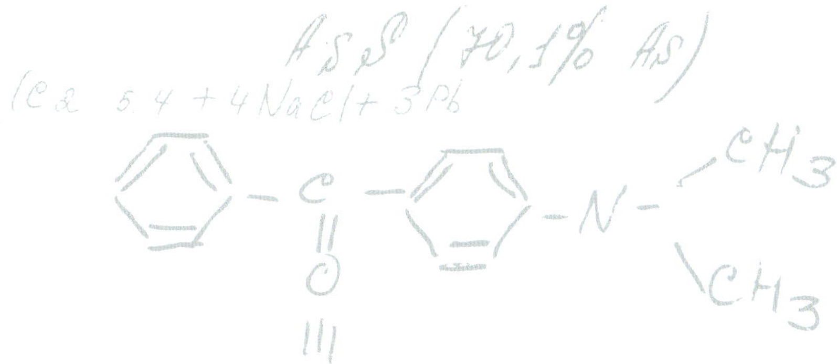

5 용액의 농도

1. 퍼센트농도

용액의 중량 또는 용량(부피)의 100에 대한 용질의 중량 또는 용량으로 표시되는 농도를 퍼센트농도(percent concentration)라고 한다. 미지의 분자량을 가지는 물질의 농도를 표시할 때 유용하다. 퍼센트농도에는 중량%, 용량%, 중량 · 용량%가 있는데, 의학 분야에서는 용량%과 중량 · 용량%가 사용된다.

① **중량/중량%(w/w%)** : 용액 100 g에 용해되어 있는 용질의 g수(중량%, $g \cdot 100\ g^{-1}$)

② **용량/용량%(v/v%)** : 용질이 액체일 때 용액 100 mL를 만드는 데 이용된 용질의 용량 mL(용량%, $mL \cdot 100\ mL^{-1}$)

③ **중량/용량%(w/v%)** : 용액 100 mL 속에 용해되어 있는 용질의 g수(중량 · 용량%, $g \cdot 100\ mL^{-1}$)

2. 몰농도

몰농도에는 질량 몰농도(몰랄농도, molality)와 용량 몰농도(molarity)가 있는데 의료 분야에서는 용량 몰농도가 사용된다.

① **질량 몰농도**(몰랄농도, molality) : 용매 1 kg에 들어 있는 용질의 몰수이며, mol/kg의 단위로 표시된다.

② **용량 몰농도**(Molarity) : SI 단위에서는 용액(1 m^3)에 들어 있는 용질의 몰수로 mol/m^3이지만, 보통은 mol/L가 사용된다. 또한, 실용적으로는 부피의 단위로서 리터(L)를 이용한 몰농도 mol/L(M)가 이용된다(dm^{-3} = L^{-1}이다).

3. 노르말농도

당량(equivalent, Eq)이라는 단위를 이용해 표시할 수 있는 용액의 농도를 노르말농도(당량농도, normality)라고 한다. 노르말농도는 체액 속의 전해질 농도를 나타내는 데 이용된다.

1당량(Eq) = 1 mol의 전하(+ 또는 −)

당량은 다음과 같이 구할 수 있다.

① **산 · 염기의 경우** : 당량 = 분자량/치환할 수 있는 H 또는 OH

② **중화반응으로 생성되는 염의 경우** : 당량 = 분자량/총 양전하

③ **산화 · 환원반응의 경우** : 당량 = 분자량/받아들인(또는 상실한) 전자의 총수

예를 들어 1 mol의 소듐이온(Na^+)은 1 mol의 양전하를 포함하므로 그 1 mol은 1당량과 같다. 1 mol의 마그네슘이온(Mg^{2+})은 2 mol의 양전하를 포함하므로 그 1/2 mol이 1당량이다. 1 mol의 탄산수소이온(HCO_3^-)은 1 mol의 음전하를 포함하므로 그 1 mol은 1당량과 같다.

화합물의 **그램당량**(gram equivalent)은 1 g 원자의 수소를 주고받을 수 있는 중량을 나타낸다.

1그램당량 = 물질의 질량(g)/1당량

예를 들어 소듐이온(Na^+)의 1당량은 1 mol이므로 1그램당량은 23 g이다. 마그네슘이온(Mg^{2+})의 1당량은 2 mol이므로 1그램당량은 24/2 g = 12 g이다. 탄산수소이온 (HCO_3^-)의 1당량은 1 mol이므로 1그램당량은 61 g이다.

노르말농도는 용액 1 L 속에 들어 있는 용질의 그램당량 수이며 Eq/L로 표시한다(1 Eq/L = 1,000 mEq/L).

4. 삼투압농도

삼투압농도(osmolality)는 용매 1 kg 속에 존재하는 입자(해리된 이온이나 비해리된 분자도 포함)의 총몰수로 측정되며, 용매 1 kg 속에 1 mol의 입자가 들어 있을 때 1오스몰(Osm)이라고 표시한다. 삼투압농도는 용액의 어는점이 용질의 양에 따라 변화하는 성질을 이용해서 측정한다. 1 L의 용액 속에 존재하는 입자의 몰수로 정의되는 삼투압농도는 **오스몰농도**(osmolarity)라고 한다. 의학 분야에서는 1 Osm의 1,000분의 1인 밀리오스몰(mOsm)이 사용된다.

예를 들어 포도당(글루코오스)은 비전해질로 용액 속에서 해리되지 않으므로 그 1 mol/L 용액은 1 Osm 용액에 해당한다. NaCl은 용액 속에서 Na^+과 Cl^- 2개의 이온으로 해리되기 때문에 그 1 mol/L용액은 2 Osm 용액에 해당한다(단, NaCl이 완전히 해리되었다고 가정했을 경우). 또 1 mol/L의 KCl용액 1 L의 삼투압농도(오스몰농도)는 1 mol의 K^+과 1 mol의 Cl^-, 즉 2 mol의 입자가 생성되기 때문에 2 Osm이다.

정상적인 사람의 경우 혈청의 오스몰농도는 275~295 mOsm, 소변의 오스몰농도는 300~1,000 mOsm이다.

예제 수산화소듐(NaOH = 40 g/mol) 4 g을 물에 녹여서 100 mL를 만들었다. 이 용액의 % 농도, 몰농도, 몰랄농도를 구하시오.

풀이 %농도 = (용질의 g/용액의 mL)×100이므로, (4g/100 mL)×100 = 4%

M농도 = 용질의 mol/용액의 L이므로 (4 g/40 g/mol)/0.1 L = 1 M

m농도 = 용질의 mol/용매의 kg이므로 (4 g/40 g/mol)/0.096 kg = 1.04 m

이 용액은 물이 용매이고, 밀도가 따로 주어지지 않았기 때문에 용액 1 L = 용액 1 kg이다.

따라서 용액 = 용질 + 용매이므로, 용액 100 mL = 용액 100 g = 용질 4 g + 용매 96 g

6 삼투압

농도가 다른 용액을 혼합하면 용질과 용매가 서로 섞이면서 농도가 균일한 용액이 된다. 하지만 농도가 다른 두 용액이 용질 분자를 통과하지 않는 반투막으로 나누면 두 용액의 농도는 평균화된다. 그 농도의 평균화는 용매의 이동으로 이루어지는데, 그때 용매는 저농도 용액에서 고농도 용액으로 일방적으로 이동한다. 그 결과 고농도 용액의 액체 표면은 상승한다. 이것이 **삼투**(osmosis)이고, 삼투에 의해 액면을 밀어 올리는 압력을 **삼투압**(osmotic pressure)이라고 한다(그림 7–5).

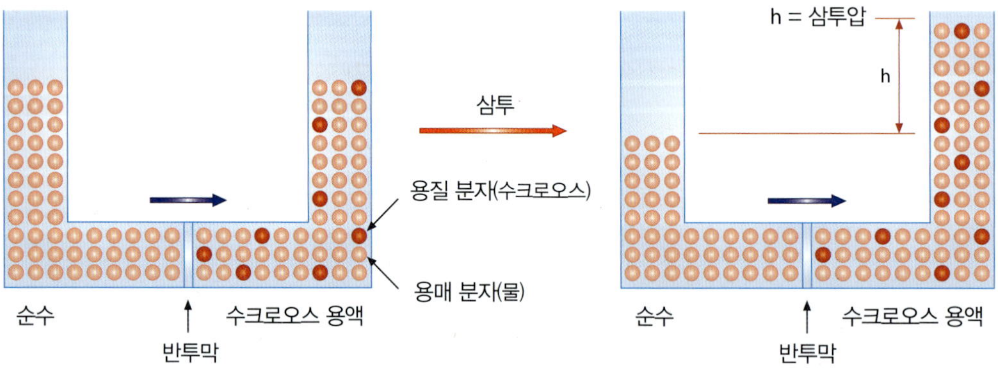

그림 7–5 **삼투압**

몸속에서는 세포막이 반투막 성질을 가지며 세포 안팎에서 용액 농도에 차이가 있으면 세포막을 통해 물이 이동하게 된다. 혈액에는 전해질(Na^+, K^+, Ca^{2+}, Mg^{2+}, Cl^-, HCO_3^-, HPO_4^{2-} 등)이나 알부민, 글로불린 등의 단백질이 용해되어 있기 때문에 혈액에서 삼투압이 나타난다. 알부민, 글로불린 등의 단백질에 의한 혈액삼투압(25~30 mmHg)을 **교질삼투압**(colloid oncotic pressure)이라고 한다. 모세혈관벽은 반투성을 가지고 있어 혈관 내의 콜로이드 입자가 조직 안으로 나가는 것을 막는 교질삼투압이 생기고 조직 안의 수분을 회수하는 활동을 한다. 이 수분의 회수량이 감소하면 부종이 일어난다. 혈장이 현저하게 부족하면 교질삼투압을 높이기 위해 대용혈장(덱스트란, 젤라틴 등을 포함한 용액)이 긴급하게 이용된다.

묽은 용액의 삼투압 크기는 용질의 종류와 상관없이 용질의 전체 농도, 즉 존재하는 입자나 이온의 수에 의존한다. 용질의 농도와 삼투압의 관계는 다음의 **반트호프식**(Van't Hoff's law)으로 표시된다.

$$\Pi = cRT \tag{1}$$

여기에서 Π는 삼투압(atm), c는 용질의 몰농도(mol/L), R은 기체상수(0.082057 L · atm/K · mol), T(K)는 절대온도를 가리킨다. 또 용질이 전해질인 경우에는 (1) 대신 다음 식이 성립된다.

$$\Pi V = icRT \tag{2}$$

i는 반트호프의 계수로 전리(해리)에 의해 용질입자가 몇 배로 증가했는지를 나타 내며, V는 부피(L)를 나타낸다.

2종류의 용액을 비교했을 때 삼투압이 높은 쪽의 용액을 **고장액**(hypertonic solution), 삼투압이 낮은 쪽의 용액을 **저장액**(hypotonic solution)이라고 하며, 똑같은 삼투압을 나타내는 용액을 **등장액**(isotonic solution)이라고 한다. 적혈구를 고장액에 넣으면 적혈구 안의 물이 고장액 쪽으로 나와 버리고 적혈구는 수축된다. 반대로 적혈구를 저장액에 넣으면 적혈구 안으로 물이 들어와 적혈구는 팽창하고 적혈구막이 파괴되어 헤모글로빈이 나오는 **용혈**(hemolysis) 현상이 발생한다.

점안액, 주사액(피하주사용, 정맥주사용) 등은 체액과 삼투압이 같은 농도로 조제된다. 황산마그네슘이 설사제로 이용되는 이유는 장관벽이 황산마그네슘을 쉽게 통과시키지 못해 장관 내 삼투압이 상승하고, 혈액 속의 물이 장 내로 들어가 장을 자극해서 설사를 일으키기 때문이다.

예제 20℃에서 설탕 용액 1 M 농도와 염화소듐(NaCl) 용액 1 M 농도의 삼투압을 계산해보시오.

풀이 삼투압은 icRT이고, 설탕 용액은 비전해질이므로 $i = 1$이다.

$1 \times 1\ \text{mol/L} \times 0.082\ \text{L} \cdot \text{atm/mol} \cdot \text{K} \times 298\ \text{K} = 2.44\ \text{atm}$

염화소듐은 전해질 용액이므로 $NaCl \rightarrow Na^{+1} + Cl^{-1}$이므로 $i = 2$이다.

$2 \times 1\ \text{mol/L} \times 0.082\ \text{L} \cdot \text{atm/mol} \cdot \text{K} \times 298\ \text{K} = 4.88\ \text{atm}$

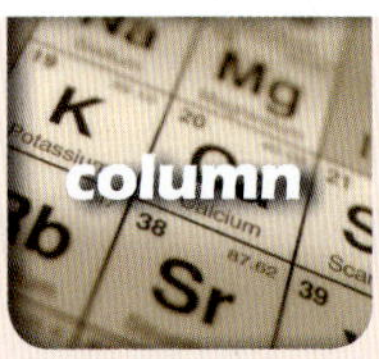

정맥주사액의 삼투압은 어떻게 정해질까?

환자의 정맥에 정맥주사액을 주사할 때, 그 주사액의 종류는 어떻게 정해지는 것일까? 정맥주사액에는 저장, 등장, 고장 중 어느 것이나 있을 수 있다. 보통은 정맥주사액으로서 오스몰농도가 혈액이나 체액과 똑같은 등장용액인 5% 포도당용액이나 0.9% NaCl용액이 이용된다. 환자가 탈수증상을 보이는 경우에는 정맥주사액으로서 저장액인 0.45% NaCl용액을 이용하면 된다. 또 환자가 부종(조직에 과잉의 물이 고여 있는 상태)을 보이는 경우에는 정맥주사액으로서 고장액인 10% 포도당용액이나 5% 포도당을 포함하는 0.5% NaCl용액을 이용하면 된다.

연습문제

1. 전해질(Na^+와 Cl^-)과 비전해질(포도당)은 어떻게 물에 용해되어 용액이 되는 것인가?

2. 물의 구조를 그림으로 그리고 그 구조에서 물의 성질에 대해 설명하시오.

3. 콜로이드용액을 예를 들어 설명하시오. 또 콜로이드용액의 성질에 대해서도 설명하시오.

4. 삼투압은 어떻게 생기는 것인가? 또 혈액에서의 교질삼투압에 대해 설명하시오.

5. 다음 용액에 관한 물음에 답하시오. 단, 필요한 원자의 원자량은 아래의 괄호 안 수치를 이용하시오.(H = 1.0, C = 12.0, O = 16.0, Na = 23.0, K = 39.1, Ca = 40.1, Cl = 35.5, P = 40.0, S = 32.1)

   (1) 혈장과 같은 삼투압을 가진 생리식염수의 NaCl농도는 0.15 M이다. 이 용액을 1 L 만드는 데 몇 g의 NaCl이 필요한가? 또 이 용액은 몇 %(용량%)의 용액인가?

   (2) 다음 화합물의 1 g 당량은 몇 g인가?

   ① HPO_4^{2-}　② HCO_3^-　③ SO_4^{2-}　④ Ca^{2+}

   (3) 정상적인 사람의 체액 1 L 속 HPO_4^{2-}의 농도는 140 mEq이다. 체액 1 L 속에 몇 g의 HPO_4^{2-}가 존재하는가?

   (4) 다음 중 어느 것이 0.1 mol/L NaCl용액과 동일한 삼투압농도를 가지고 있는가?

   ① 0.1 mol/L $CaCl_2$ 용액　② 0.05 mol/L Na_2CO_3 용액
   ③ 0.1 mol/L NaOH 용액

   (5) 경구수액제(ORS) 1포에는 포도당이 20.0 g, $NaHCO_3$가 2.5 g, NaCl이 3.5 g, KCl이 1.5 g 들어있다. 그 1포를 증류수에 녹여 1 L의 용액을 만들어야 한다. 단, 전해질은 100% 해리되어 있는 것으로 계산하시오.

   ① ORS 성분의 각 용량 퍼센트농도는 얼마인가?

   ② ORS 성분의 각 용량 몰농도는 얼마인가?

   ③ ORS 용액의 삼투압농도(오스몰농도)는 얼마인가? mOsm으로 나타내시오.

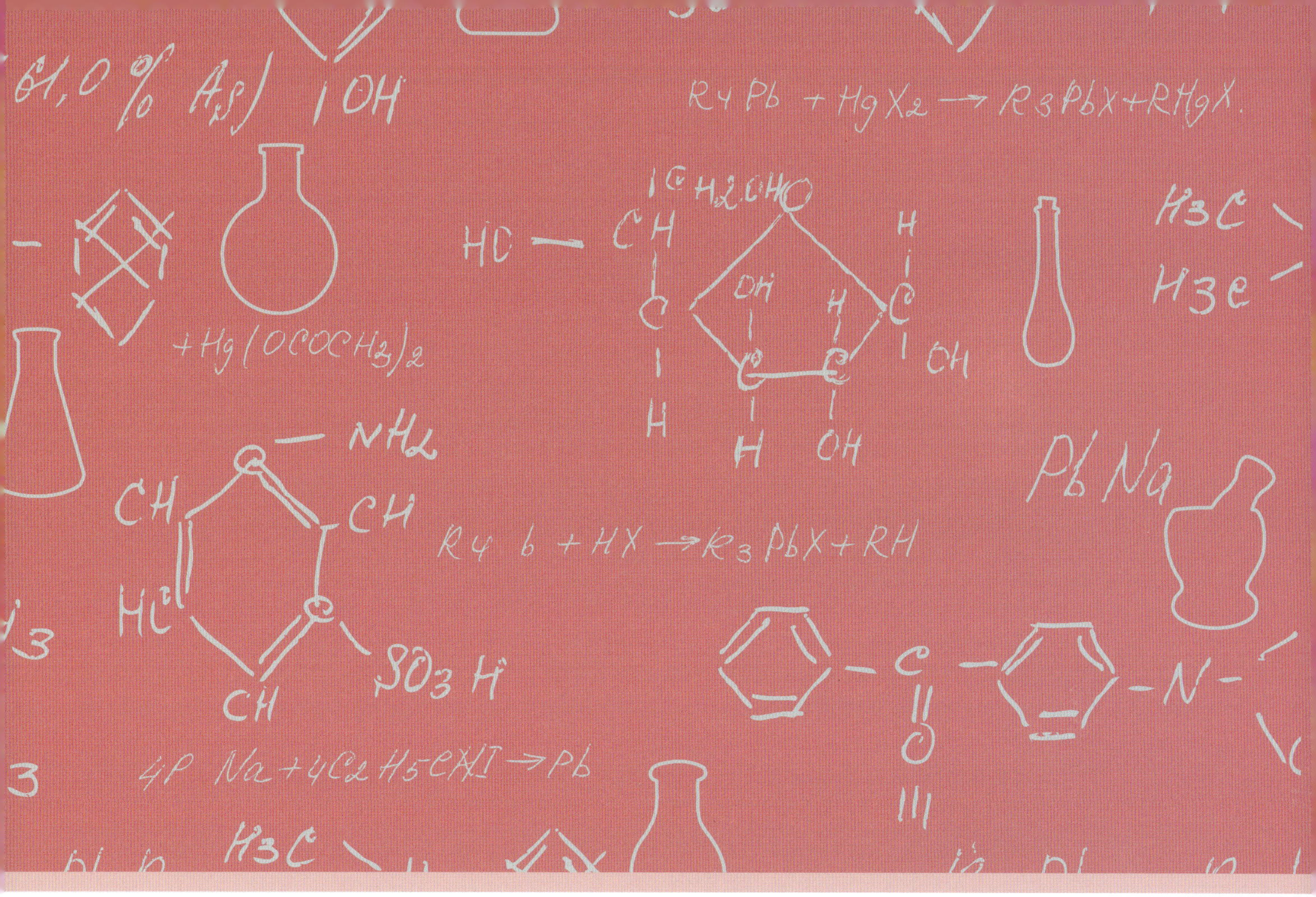

제8장

반응속도와 자유에너지

핵심용어해설

- **가역반응**(reversible reaction) : 화학반응 시 정반응과 역반응이 동시에 일어나는 반응이다. 화학평형이 유지되는 반응이라고도 할 수 있으며, 화학반응식으로 나타낼 때 화살표 ⇄를 쓴다.
- **깁스에너지**(Gibbs' free energy) : 일정한 온도와 압력에서 열역학계가 할 수 있는 가역적인 일의 최댓값을 계산하기 위해 사용되는 열역학 함수로, 깁스자유에너지라고도 한다.
- **내부에너지**(internal energy) : 역학적으로 평형상태를 가진 물체 내부에 모여 있는 에너지이다. 외부 힘에 의한 위치에너지나 전체로서의 운동에너지를 제외하고, 물질을 구성하는 분자나 원자 등의 위치에너지와 운동에너지를 이른다.
- **반감기**(half-life, $t_{1/2}$) : 어떤 양이 초기 값의 절반이 되는 데 걸리는 시간이다.
- **비가역반응**(irreversible reaction) : 화학반응 중 화학평형이 뚜렷하게 생성계에 치우쳐 있어 역반응이 일어나기 어려운 반응을 말한다. 예를 들어 연소반응, 기체발생반응, 앙금이 생기는 반응, 강산과 강염기의 중화반응 등이 있다. 정반응만 일어나며 한번 반응이 일어나면 돌이킬 수 없다.
- **속도결정단계**(rate-determining step) : 한 반응이 연속된 일련의 단일단계반응(elementary reaction)을 거쳐 일어날 때 전체 반응속도에 가장 큰 영향을 주는 반응단계를 말한다.
- **엔트로피**(entropy) : 열의 이동과 더불어 유효하게 이용할 수 있는 에너지의 감소 정도나 무효에너지의 증가 정도를 나타내는 양을 말한다.
- **열역학 제1법칙**(first law of thermodynamics) : 어떤 고립된 계의 총 내부에너지는 일정하다는 법칙이다.
- **열역학 제2법칙**(second law of thermodynamics) : 어떤 고립된 계에서 총 엔트로피의 변화는 항상 증가하거나 일정하며 절대로 감소하지 않는다는 법칙이다.
- **전이상태**(transition state) : 화학반응에서 계가 반응계에서 생성계로 변화하는 도중 계의 자유에너지가 최대로 되는 상태를 말한다. 에너지가 가장 높은 상태이며, 이 단계에서 반응물질이 절단되거나 생성된다.
- **정압변화**(isobaric process) : 일정한 압력 하에서 일어나는 기체의 상태 변화를 말한다.
- **정적변화**(isovolumetric process) : 체적이 일정하게 유지되는 조건에서 일어나는 변화를 말한다.
- **촉매**(catalyst) : 자신은 변하지 않으면서 다른 물질의 화학반응을 매개하여 반응속도를 빠르게 하거나 늦추는 현상 또는 그 물질을 말한다. 반응을 빠르게 하는 정촉매와 반응을 늦추는 부촉매가 있다.
- **화학반응식**(reaction formula, chemical equation) : 화학반응이 일어날 때 반응하는 물질과 생성되는 물질을 화학식으로 나타낸 것을 말하며, 화살표(→)를 경계로 왼쪽은 반응물, 오른쪽은 생성물이다.
- **활성화에너지**(activation energy) : 화학반응을 일으키기 위해 반응물에 공급해야 하는 최소 에너지를 말한다.

1 화학반응식

화학반응은 원자의 결합이 재조합되면서 이와 동반하여 일어난다. 수소와 산소가 반응해서 물이 생성되는 식은

$$2H_2 + O_2 \rightarrow 2H_2O$$

이다. 이처럼 화학식을 이용해서 화학반응을 나타내는 식을 **화학반응식**이라고 한다. 여기서 좌변의 H_2나 O_2와 같이 반응 전 물질을 **반응물**(reactant), H_2O와 같이 반응 후 물질을 **생성물**(product)이라고 한다.

위 식에서는 각 원소의 원자수가 좌변과 우변에서 같아지도록 화학식 앞에 계수가 붙어 있다. 이는 일반 화학반응에서는 원자가 파괴되거나 새로 생성되지 않고 반응 전후에 원자 결합의 재조합만 일어나기 때문이다. 또한, 계수는 간단한 정수비가 되도록 한다.

1. 화학반응식 기록법

프로판(C_3H_8)이 산소(O_2)와 반응해서 이산화탄소(CO_2)와 물(H_2O)이 생성되는 반응(C_3H_8의 완전연소반응)을 예로 화학반응식 기록법을 설명한다.

① 반응물과 생성물의 화학식을 계수를 붙이지 않고 기록하고, 변화의 방향을 나타내는 화

살표로 연결한다.

$$C_3H_8 + O_2 \rightarrow CO_2 + H_2O$$

② C_3H_8의 계수를 1로 하면 CO_2와 H_2O의 계수가 다음과 같이 결정된다(계수 1은 생략). O_2의 계수는 공란으로 비워 둔다.

$$C_3H_8 + (\ )O_2 \rightarrow 3CO_2 + 4H_2O$$

③ 우변의 계수에서 구한 O 원자의 수에서 좌변의 O_2 계수가 5가 되므로 다음 식을 얻을 수 있다.

$$C_3H_8 + 5O_2 \rightarrow 3CO_2 + 4H_2O$$

또한, 반응 전후에 변하지 않은 물질(촉매, 용액 중의 물 등)은 반응식 안에 기록하지 않는다.

복잡한 반응, 예를 들어 구리(Cu)에 아세트산(HNO_3)을 첨가하면 일산화질소(NO), 아세트산구리 ($Cu(NO_3)_2$) 및 물(H_2O)이 생성되는 반응인 경우

$$aCu + bHNO_3 \rightarrow cNO + dCu(NO_3)_2 + eH_2O$$

와 같이 계수를 a, b, c, d, e로 두고 방정식을 사용하여 계수를 구한다. 양변에서 원자수가 같으므로 다음 식이 성립한다.

Cu 원자에 대해	$a = d$	(1)
H 원자에 대해	$b = 2e$	(2)
N 원자에 대해	$b = c + 2d$	(3)
O 원자에 대해	$3b = c + 6d + e$	(4)

이들 식에서 a = 1이라고 하면 식 (1), (3), (4)에서

$$a = d = 1 \quad (5)$$

$$c = b - 2 \quad (6)$$

$$3b = c + 6 + e \quad (7)$$

식 (7)에 식 (2), (5), (6)을 대입해서

$$6e = 2e - 2 + 6 + e$$

이를 풀어 e = 4/3, e의 값을 식 (2)에 넣어 b = 8/3, 이 값에서 식 (6)으로부터 c = 2/3을 얻는다. 이상의 결과에서

$$Cu + \frac{8}{3}HNO_3 \rightarrow \frac{2}{3}NO + Cu(NO_3)_2 + \frac{4}{3}H_2O$$

가 된다. 이 식의 양변을 3배 하면 다음의 식을 구할 수 있다.

$$3Cu + 8HNO_3 \rightarrow 2NO + 3Cu(NO_3)_2 + 4H_2O$$

2. 이온반응식

질산은($AgNO_3$) 수용액에 식염(NaCl) 수용액을 첨가하면 염화은이 침전하는 반응을

$$AgNO_3 + NaCl \rightarrow NaNO_3 + AgCl \downarrow$$

로 나타낸다. 단, ↓는 침전을 의미한다. 수용액 중에서 AgCl 이외에는 이온으로 나뉘므로 위 식은 다음과 같이 나타낼 수 있다.

$$Ag^+ + NO_3^- + Na^+ + Cl^- \rightarrow Na^+ + NO_3^- + AgCl \downarrow$$

이 식의 양변에서 반응에 관여하지 않는 이온을 제거하면

$$Ag^+ + Cl^- \rightarrow AgCl \downarrow$$

이 된다. 이처럼 반응에 관여하는 이온만 이용한 식을 **이온식**이라고 하며, 이온식에서는 각 원자의 수뿐만 아니라 전하의 총합도 양변이 같다.

3. 화학반응식의 양적관계

화학반응식은 반응물과 생성물의 양적관계도 나타낸다. 질소와 수소에서 암모니아가 생성되는 반응을 예로 들면

$$N_2 + 3H_2 \rightarrow 2NH_3$$

이 반응식은 질소 1분자와 수소 3분자가 반응해서 물 2분자가 생성됨을 의미한다. 이것을 아보가드로수 단위로 생각하면 질소 1 mol(6.02×10^{23}개)과 수소 3 mol($6.02 \times 10^{23} \times 3$개)이 반응해서 암모니아 2 mol($6.02 \times 10^{23} \times 2$개)이 생성된다.

2 기본적인 반응

반응속도를 나타내는 표현법은 여러 가지가 있지만 시각적으로는 농도변화 그래프, 정량적으로는 반응속도식으로 표시하는 것이 편리하다.

1. 반응속도와 농도변화

반응 A → B는 가장 단순하고 기초적인 반응이다. 이 반응에서 반응개시 시 계열 내에 존재하는 것은 A뿐이며, 시간이 지나면 B가 증가해 최종적으로는 모두 B가 된다. 그 농도변화는 그림 8–1과 같다. A, B의 농도를 각각 [A], [B], 반응개시 시 A의 농도(초기 농도)를 $[A]_0$이라고 하면 항상 $[A] + [B] = [A]_0$이 된다.

빠른 반응이란 [A]의 감소속도 또는 [B]의 증가속도가 빠른 반응을 말한다.

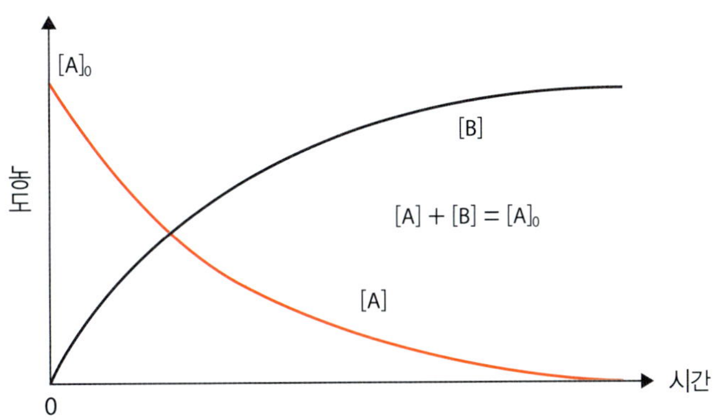

그림 8–1 반응에 따른 [A]와 [B]의 변화

2. 반응속도식

반응속도는 (반응)속도식을 이용해 표시하면 해석하는 데 편리하다.

반응 A → B의 반응속도는 A의 감소속도를 이용해 (8)의 식으로 표시하는 경우가 많다. 이 식을 **속도식**(rate equation)이라고 하며, 비례상수 *k*를 **속도상수**(rate constant)라고 한다. *k*가 큰 반응이 빠른 반응이다(그림 8-2). 이렇게 속도식이 농도의 일차식으로 표시되는 반응을 **일차반응**(first order reaction)이라고 한다(반응 A → B가 항상 일차반응인 것은 아님).

$$A \rightarrow B \qquad v = \frac{d[B]}{dt} = -\frac{d[A]}{dt} = k[A] \qquad (8)$$

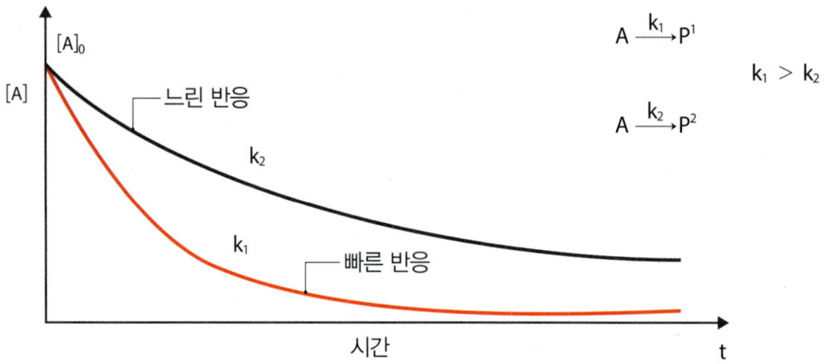

그림 8-2 **빠른 반응과 느린 반응**

한편, 반응 2A → C의 속도식은 (9)의 식과 같이 표시하는 경우가 많다. 이렇게 속도식이 농도의 이차식으로 표시되는 반응을 **이차반응**(second order reaction)이라고 한다. 반응 A + B → D의 속도식은 (10)으로 표시되는 경우가 많으며, 이것도 이차반응이다.

$$2A \rightarrow C \qquad v = \frac{d[C]}{dt} = -\frac{1}{2}\frac{d[A]}{dt} = k[A]^2 \qquad (9)$$

$$A + B \rightarrow D \qquad v = \frac{d[D]}{dt} = k[A][B] \qquad (10)$$

3. 반감기

일차반응 A → B는 출발분자 A가 자기 마음대로 파괴되는 반응이며, 상대를 필요로 하지 않는다. 이 반응에서는 시간이 경과됨에 따라 A의 농도는 감소하는데 그래프로 나타내면 그림 8-3과 같다. 여기에서 [A]가 초기 농도$[A]_0$의 절반이 되는 데 필요한 시간을 **반감기**(half-life, $t_{1/2}$)라고 한다. 시간이 다시 반감기만큼 경과하면 [A]는 1/2의 1/2, 즉 1/4이 된다. 반감기는 반응속도를 조사하는 데 편리한 수치이다.

이차반응에서 농도변화는 그림 8-4와 같이 반감기는 시간이 경과함에 따라 길어진다. 즉, 제1반감기 < 제2반감기 < 제3반감기가 된다. 이것은 A + B → C의 반응으로, 처음에는 A 주위에 많은 B가 존재하기 때문에 만날 기회가 많아 반응이 빠르게 진행하지만, 시간이 지나면 B는 반응해서 C가 되어 A 주위에 존재하는 B가 감소하여 만날 기회가 줄어들기 때문이다.

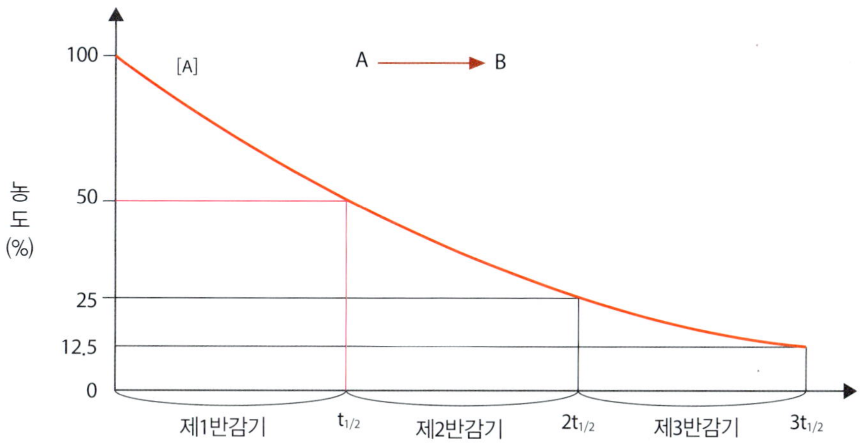

그림 8-3 **일차반응의 반응속도 변화**

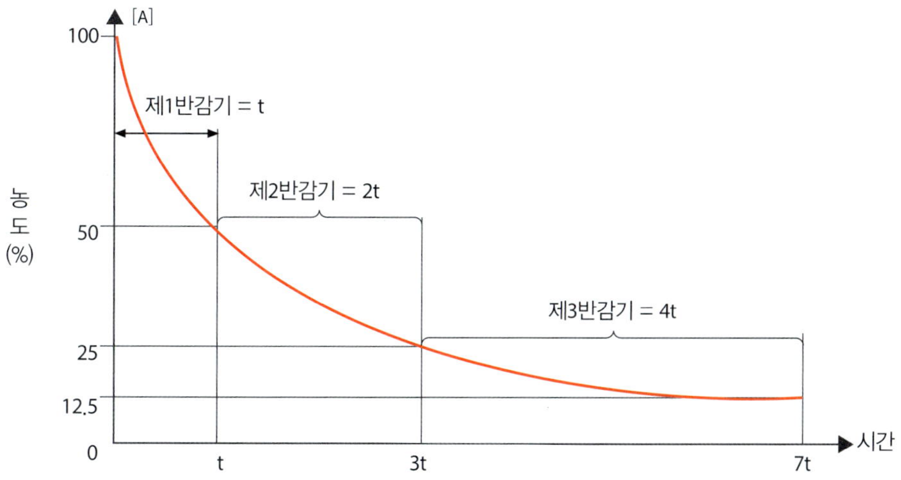

그림 8-4 **이차반응의 반응속도 변화**

3 복합반응

여러 개의 기본반응이 조합된 반응을 일반적으로 복합반응(compound reaction)이라고 한다. 유기화학반응이나 생화학반응에는 복합반응이 많다. 복합반응에는 많은 종류가 있는데, 그중에서 중요한 복합반응을 설명한다.

1. 연속반응(다단계반응)

반응 A → B → C → …처럼 기본반응이 이어져 연속되는 반응을 **연속반응**(consecutive reaction) 또는 **다단계반응**이라고 한다. 유기화학반응이나 생화학반응은 이러한 연속반응이 많다. 각 단계의 기본반응은 각각 독립적인 반응이며, 그 속도상수 k_n도 독립적이다.

1) 속도결정단계(rate-determining step)

각 단계의 속도가 다를 때 연속반응 전체의 반응속도는 어느 단계의 반응에 의해 결정될까?

예를 들어 제1단계는 1초면 끝나는 빠른 반응이고, 제2단계는 1분이면 종료되지만, 제3단계는 1시간이 걸린다고 하자. 이 경우 전체의 반응시간은 1시간 1분 1초이며, 전체 시간을 결정하는 것은 가장 느린 제3단계이다. 이처럼 연속반응에서 전체 속도를 결정하는 것은 가장 느린 단계이며, 속도를 관장한다는 의미에서 이 단계를 **속도결정단계**라고 한다(그림 8-5).

그림 8–5 반응의 속도결정단계

2) 농도변화

연속반응 A → B → C에서의 농도변화를 생각해보자. 이 경우에 2개의 반응인 A → B(k_1)와 B → C(k_2)의 반응속도 차이에 따라 농도변화가 크게 달라짐을 알 수 있다.

① $k_1 \ll k_2$

농도변화는 그림 8–6과 같다. 즉, 제1단계가 느려서 B는 좀처럼 생성되지 않는다. 하지만 간신히 생성된 B는 제2단계가 빨라서 즉시 C로 변화하기 때문에 B가 계열 내에 쌓이는 경우는 없다. 이러한 반응에서는 B를 무시하고 A → C로 생각할 수 있다.

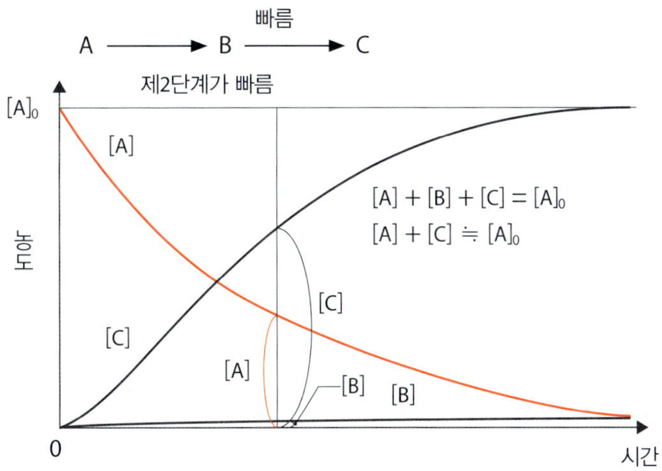

그림 8–6 연속반응의 농도변화($k_1 \ll k_2$인 경우)

② $k_1 \gg k_2$

반응이 빠른 제1단계에 의해 B가 계열 내에 쌓인다. 제2단계의 속도는 $v = k_2[B]$로 표시되기 때문에 B가 계열 내에 쌓이고 나면 속도는 빨라진다. 따라서 [B]에는 극대치가 발생한다(그림 8–7). 이러한 반응에서 [B]를 효율적으로(고수율) 얻으려면 반응을 어느 시점에서 멈출 것인가가 중요한 문제가 된다.

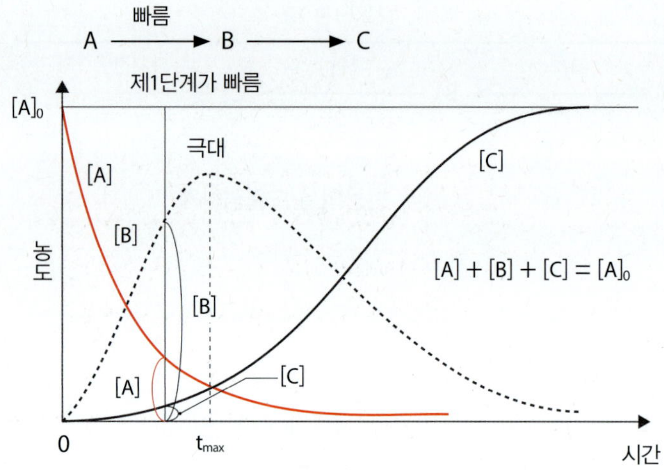

그림 8-7 연속반응의 농도변화($k_1 \gg k_2$인 경우)

2. 가역반응

A ⇄ B와 같이 반응이 오른쪽으로도 왼쪽으로도 진행하는 반응을 **가역반응**(reversible reaction)이라고 한다. 반면, A → B와 같이 한쪽 방향으로만 진행하는 반응을 **비가역반응**(irreversible reaction)이라고 한다. 가역반응에서는 일반적으로 오른쪽으로 향하는 반응을 정반응, 왼쪽으로 향하는 반응을 역반응이라고 한다. 정반응, 역반응 모두 독립된 기본반응이기 때문에 일반적으로 각각의 속도상수 $k_{정}$, $k_{역}$는 다르다.

1) 평형(equilibrium)

일반적으로 가역반응의 농도변화는 그림 8-8과 같다. 반응을 시작할 때는 [A]가 많아 정반응($v_{정} = k_{정}$[A])이 유리하고 A의 농도는 감소하는 대신 B가 나타난다. 하지만 시간이 지날수록 [B]가 증가하고 역반응($v_{역} = k_{역}$[B])이 강하게 증가해 [A]가 생성되기 시작한다. 따라서 [B]의 증가속도는 둔해지고 [A]의 감소속도도 둔해진다.

그 결과 일정 시간이 지난 후에는 [A], [B] 모두 외견상 변화가 없는 상태가 된다. 이러한 상태를 **평형상태**(equilibrium state)라고 한다. 평형상태는 변화가 일어나지 않는 상태가 아니라 변화는 일어나지만 외견상 변화가 없는 상태를 말한다.

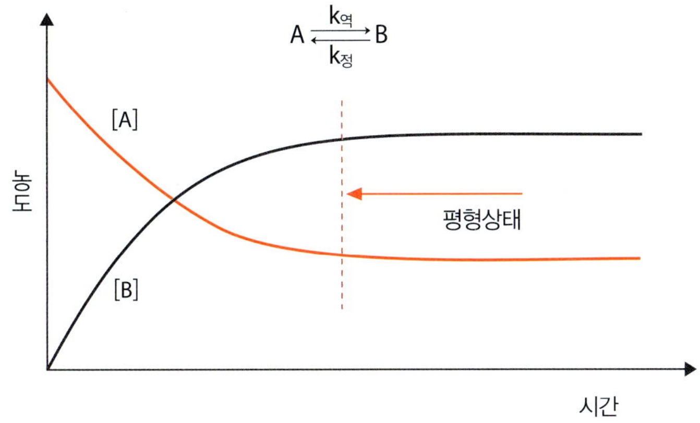

그림 8-8 가역반응의 농도변화

2) 평형상수(equilibrium constant)

평형상태에서는 정반응과 역반응의 속도가 같다. 따라서 (11)의 식이 성립한다. 평형상태에서 [A]와 [B]의 비율을 **평형상수 *K***라고 한다. (11)의 식에서 K는 속도상수의 비율임을 알 수 있다.

$$v_{\text{정}} = v_{\text{역}} = k_{\text{정}}[\mathrm{A}] = k_{\text{역}}[\mathrm{B}] \qquad (11)$$

$$\text{평형상수 } K = \frac{[B]}{[A]} = \frac{k_{\text{정}}}{k_{\text{역}}} \qquad (12)$$

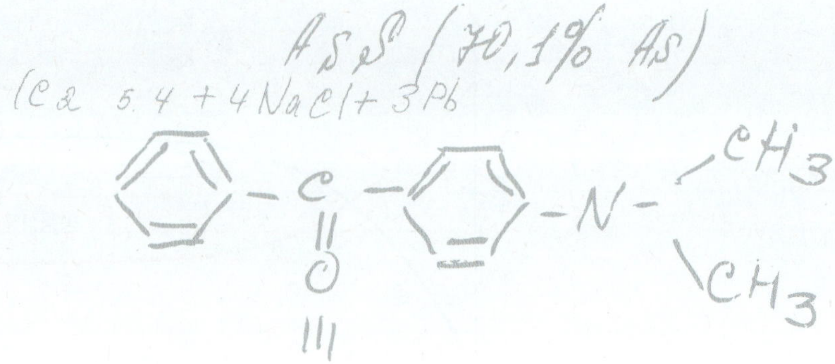

4 효소반응의 반응속도

효소반응은 열쇠와 열쇠구멍의 관계로 표현할 수 있는 특이성을 가진다. 반응속도론적으로도 특이한 기전으로 진행됨을 알 수 있다.

1. 미카엘리스-멘텐 기전

효소반응의 속도론은 미카엘리스와 멘텐에 의해 연구되었기 때문에 이 반응기전을 **미카엘리스-멘텐**(Michaelis-Menten) **기전**이라고 하며, 다음의 반응 1과 같다. 즉, 효소 E와 기질 S가 반응해서 복합체 ES를 생성하는데 이 과정이 가역반응이다. 그리고 이렇게 생성된 ES의 일부가 반응하고 분해되어 생성물 P와 회수효소 E가 된다. E는 다시 S와 반응하여 같은 반응을 몇 차례 반복한다. 따라서 효소는 소량으로도 대량의 기질을 반응시킬 수 있다.

$$S + E \underset{k_a'}{\overset{k_a}{\rightleftarrows}} ES \xrightarrow{k_b} P + E \qquad \text{반응 1}$$

이 기전을 수학적으로 해석하면 P의 생성속도식으로서 다음의 식 (13)이 도출된다. 단, 여기에서 상수 K_M을 **미카엘리스상수**(Michaelis constant)라고 하고, (14)의 식으로 나타낸다.

$$\frac{d[P]}{dt} = \frac{k_b[E]_o[S]}{k_M + [S]} \quad (13)$$

$$k_M = \frac{k_a' + k_b}{k_a} \quad (14)$$

$$\doteqdot \frac{k_a'}{k_a} \quad (15)$$

2. 미카엘리스상수의 의미

미카엘리스상수는 효소의 성질을 반영하는 중요한 상수이다. 그 의미에 대해 생각해보자.

1) 평형상수와의 관계

반응 1에서 제2단계의 속도상수 k_b가 평형반응에서 역반응의 속도상수 k_a'보다 매우 작다고 가정하면 K_M은 (15)의 식이 된다. 이것은 이 평형반응의 평형상수 역수이다. 즉, 미카엘리스상수가 크다는 말은 복합체 ES가 생기기 어렵다는 것을 의미한다. 따라서 K_M이 작은 효소가 우수한 효소라고 할 수 있다.

2) 반응속도와의 관계

그림 8-9는 (13)의 식을 그래프로 나타낸 것이다. 효소농도 [E]를 일정하게 해서 기질농도 [S]를 증가시키면 생성물 P의 생성속도는 상승한다. 하지만 효소농도가 일정하기 때문에 속도에는 한계가 있다. 이 속도를 최대속도 V_{max}라고 한다. 여기에서 K_M = [S]라고 하면 P의 생성속도는 V_{max}의 1/2이 된다. 즉, K_M은 생성물의 생성속도를 최대속도의 절반으로까지 높이기 위해 필요한 농도이며, K_M이 작을수록 우수한 효소라고 할 수 있다.

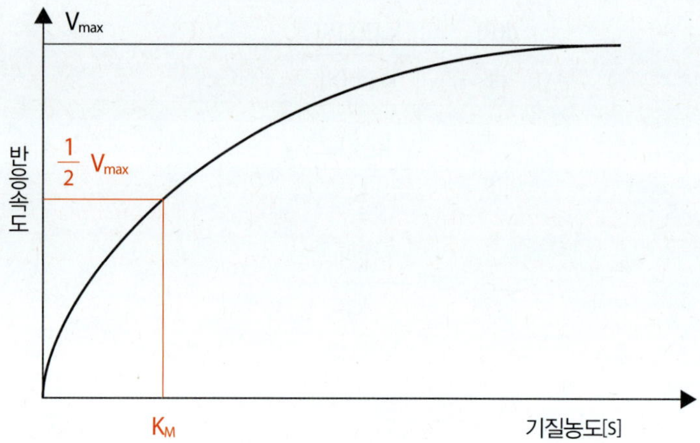

그림 8-9 미카엘리스상수

5 전이상태와 활성화에너지

화학반응에는 물질변화와 에너지변화라의 2가지 변화가 일어난다. 여기에서는 반응에 따른 에너지변화를 설명한다.

1. 반응에너지

제9장에서도 설명하겠지만 화학변화에는 에너지변화를 동반한다. 반응 A → B에서 A가 고에너지, B가 저에너지라고 하자. 이 경우 반응이 진행되면 양쪽 에너지 차이인 ΔE가 필요 없게 되어 외부로 방출되는데 이것이 발열반응(exothermic reaction)이다. 반대로 A가 저에너지, B가 고에너지인 경우에는 반응이 진행되기 위해서 외부에서 ΔE를 흡수해야 하는데 이것이 흡열반응(endothermic reaction)이다. 이처럼 반응에 따라 들어오고 나가는 에너지를 일반적으로 **반응에너지**(reaction energy)라고 한다.

2. 활성화에너지

숯을 태워 열을 취하는 반응에서는 출발계(A에 해당)는 탄소(C)와 산소(O_2)이고, 생성계(B에 해당)는 이산화탄소(CO_2)이다. 그리고 A가 B보다 고에너지이기 때문에 ΔE가 연소열로서 방출된다.

하지만 공기 중에는 산소가 충분히 있음에도 불구하고 숯을 공기 중에 방치하는 것만으로는 연소되지 않는다. 숯을 연소시키려면 성냥으로 불을 피워 열에너지를 공급해야 한다. '에너지를 방출하는 반응을 진행하기 위해 에너지를 공급한다'라는 사실은 자기모순처럼 느껴진다. 그렇다면 왜 에너지를 공급해야 하는 것일까?

그림 8-10은 숯의 연소에 따른 에너지변화를 나타내었다. $C + O_2$ 상태와 CO_2 상태의 에너지관계는 앞서 살펴본 것과 같이 반응이 진행되면 ΔE가 방출된다. 그런데 이 반응이 진행되려면 먼저 에너지가 높은 상태에 도달해야 함을 알 수 있다. 이것을 위한 에너지를 **활성화에너지**(activation energy, E_a)라고 한다. 성냥불(열에너지)은 이 활성화에너지를 공급하기 위한 것이었다. 하지만 반응이 진행되면 ΔE가 방출되기 때문에 ΔE의 일부를 E_a로 충당할 수 있으면 외부로부터 에너지 공급은 필요 없다.

활성화에너지가 큰 반응은 진행되기 어렵고, 반대로 활성화에너지가 작은 반응은 진행되기 쉽다.

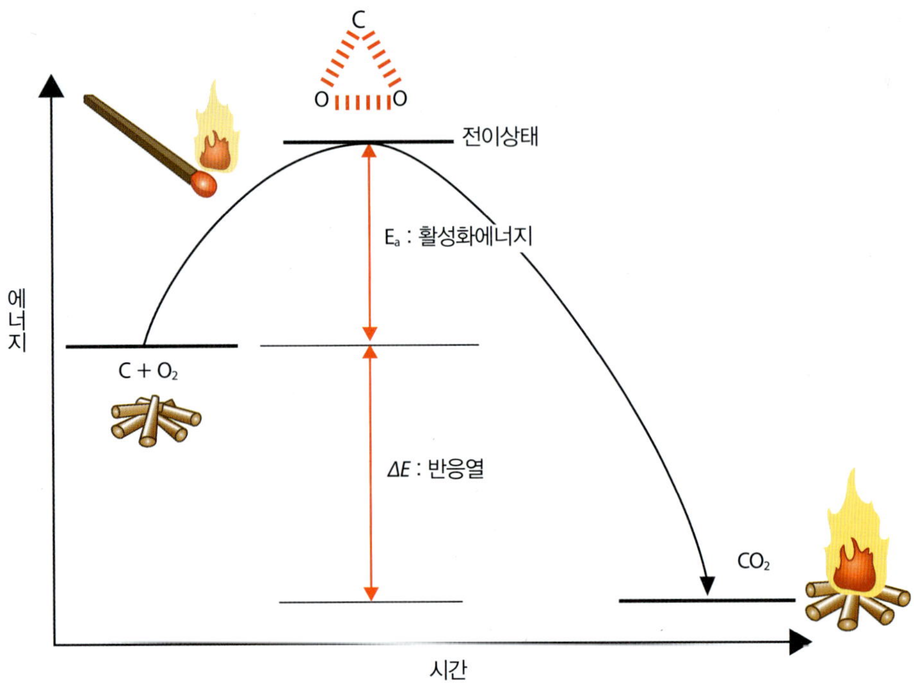

그림 8-10 숯의 연소에 따른 에너지변화

3. 전이상태

그림 8–10에서 산 정상에 해당하는 부분을 **전이상태**(transition state)라고 한다. 탄소의 산화에서는 그림처럼 삼각형 구조일 것으로 예측된다. 이 상태는 O_2의 이중결합(의 π결합)은 끊어지려고 하여 불안정하고, C–O의 σ결합도 생성 도중이라 불안정하다. 즉, 어떤 의미에서든 불안정하고 고에너지이며 반응의 에너지도표에서 극대 위치에 있다. 따라서 전이상태를 단독으로 분리해서 연구하는 일은 원리적으로 불가능하다. 전이상태에 대한 연구는 반응속도론에 의한 열역학적인 해석에 의존하게 된다.

한편, 2단계 반응 A → B → C에서는 각각의 기본반응에 독립적인 전이상태가 존재하고, 그 에너지관계는 그림 8–11과 같다. 이때 도중에 생기는 생성물 B를 중간체라고 한다. 그림에서 알 수 있듯이 B는 에너지도표의 극소 위치에 있다. 따라서 단독으로 분리해서 연구하는 일도 원리적으로 가능하다. 이처럼 중간체와 전이상태는 전혀 다른 상태이다.

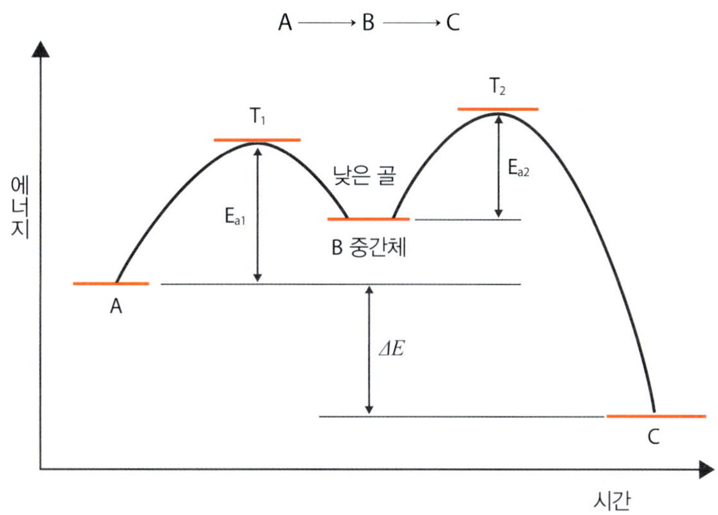

그림 8–11 2단계 반응의 전이상태

4. 촉매반응과 활성화에너지

촉매(catalyst)란 자신은 반응이 일어나는 동안 변하지 않지만 반응속도를 변화시키는 물질로 정의할 수 있다. 효소는 단백질로 된 촉매라고 볼 수도 있다.

촉매반응의 에너지관계를 나타내면 그림 8-12와 같다. 그림에서 알 수 있듯이 촉매란 출발계와 생성계에 영향을 주지 않고 전이상태를 안정화시켜 활성화에너지를 낮추는 물질이다.

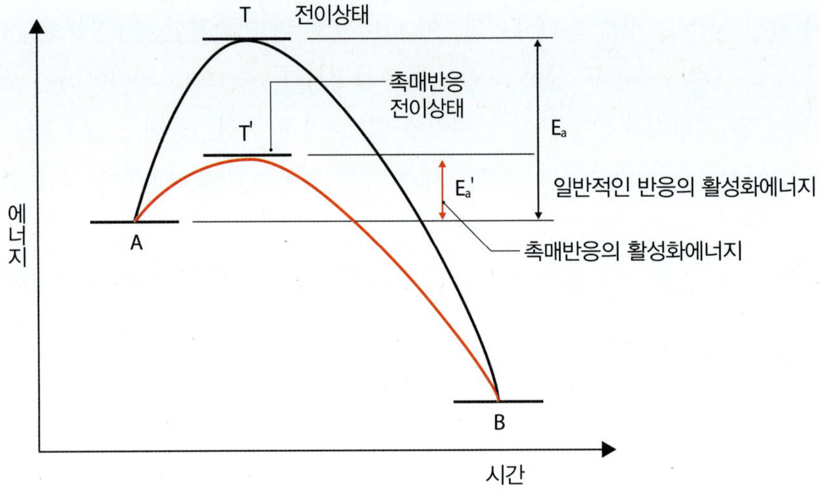

그림 8-12 **촉매반응의 에너지관계**

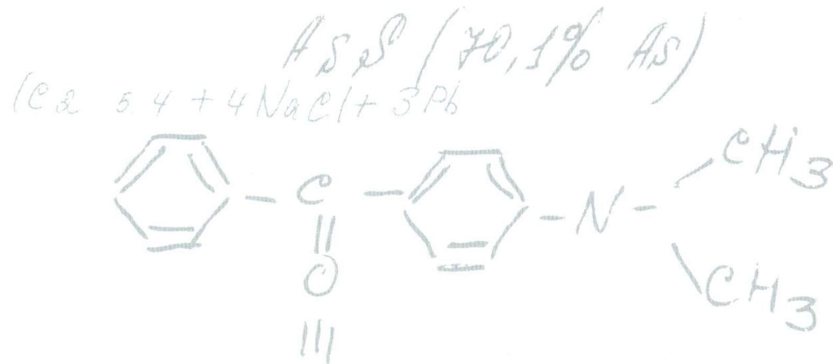

6 반응속도를 결정하는 것

스웨덴의 과학자 아레니우스(Arrhenius)는 반응속도 실험을 통해 활성화에너지와 속도상수 간에 간단한 관계가 있음을 발견했다. 이것을 아레니우스식이라고 한다.

1. 아레니우스식

(16)의 식이 **아레니우스식**(Arrhenius equation)이다(k는 반응속도상수). 계수 A는 빈도 인자이고, R은 기체상수, E_a는 활성화에너지이다.

(16)의 식을 로그형으로 바꾸면 (17)의 식이 되고, 그래프로 표현하면 그림 8-13이 된다. 이 그래프를 아레니우스 플롯(Ahrrenius plot)이라고 하며, 활성화에너지나 빈도인자를 구할 때 사용한다. 그래프에서 속도상수의 로그와 절대온도의 역수 간에 반비례관계가 있음을 알 수 있다. 즉, 온도가 높아지면 속도상수는 커지고 반응속도는 빨라진다.

$$k = A\,exp\left(-\frac{E_a}{RT}\right) \qquad (16)$$

A : 빈도인자

E_a : 활성화에너지

$$In\ k = In\ A - \frac{E_a}{R}\frac{1}{T} \qquad (17)$$

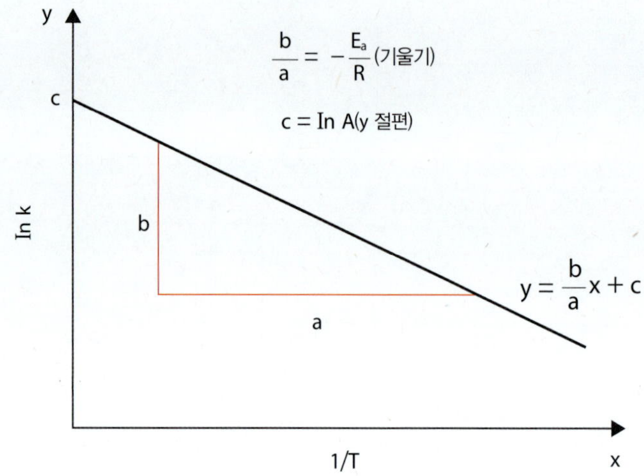

그림 8-13 아레니우스식의 그래프(아레니우스 플롯)

2. 화학반응의 의미

화학반응은 자동차의 충돌사고에 비유할 수 있다. 사고 빈도를 부여하는 것이 빈도인자 A이다. A가 커지면 단위시간당 충돌회수, 즉 반응속도는 빨라진다. 하지만 천천히 운전하는 차는 충돌하더라도 대형사고로 이어지지 않듯이 분자가 변형되는 화학반응에는 이르지 않는다. 충돌이 반응에 이르려면 분자가 활성화에너지(E_a) 이상의 에너지를 가지는 것이 중요하다.

3. 볼츠만분포

그림 8-14는 분자 에너지의 **볼츠만분포**(Boltzmann distribution)라는 것이다. 분자집단을 생각할 때 집단을 구성하는 모든 분자가 같은 에너지를 가지는 것은 아니다. 분자는 충돌 등에 의해 에너지 주고받기를 반복하고, 어떤 분자는 높은 에너지를 가지며 어떤 분자는 낮은 에너지만 가진다. 그 비율을 나타낸 것이 볼츠만분포이다.

이에 따르면 분자는 낮은 에너지일수록 그 비율이 크고, 높은 에너지일수록 그 비율은 적다. 하지만 에너지의 총합은 온도에 따라 변화하여 온도가 높아지면 고에너지를 가지는 분자의 비율이 커진다. 그리고 에너지 E_a 이상을 가지는 비율은 (17)의 식으로 주어진다.

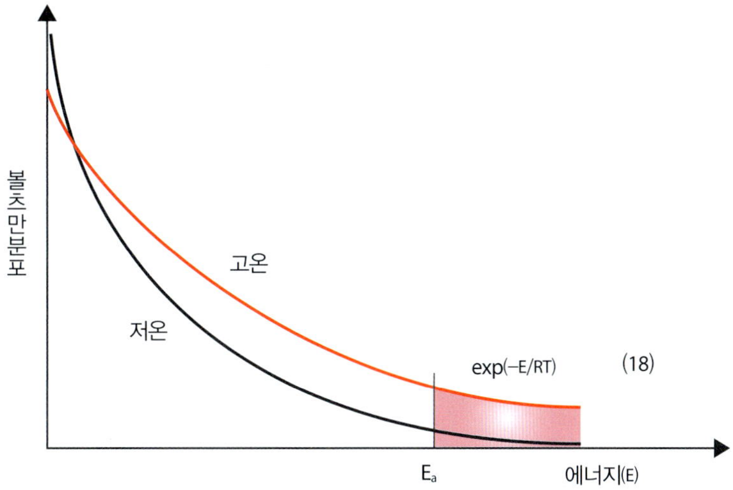

그림 8-14 **분자 에너지의 볼츠만분포**

그림 8-14의 (18) 식은 아레니우스식[(16)의 식]의 exp항과 같다. 즉, 아레니우스식은 '반응속도는 충돌빈도와 활성화에너지 이상의 에너지를 가지는 분자 비율과의 곱으로 결정된다'는 사실을 나타낸다.

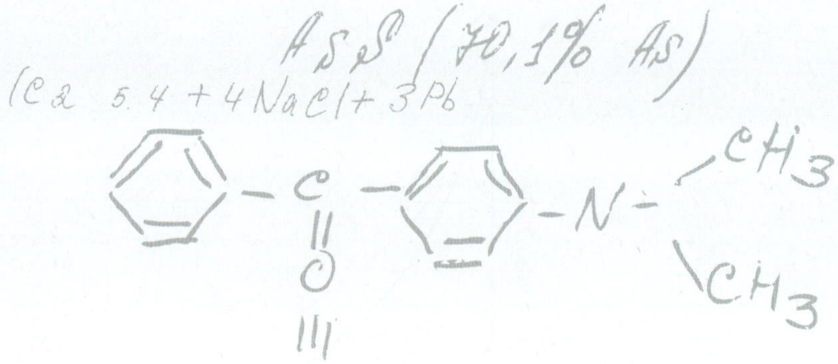

7 에너지와 엔탈피

화학변화에는 물질변화와 에너지변화의 2가지 측면이 있다. 화학현상을 에너지 측면에서 해석하는 연구 분야를 (화학)열역학이라고 한다.

1. 내부에너지

원자, 분자는 에너지 E의 집단이다. 원자핵에너지, 전자에너지, 결합에너지, 결합신축에너지 등 많은 종류의 에너지를 가진다(그림 8-15). 이들 중 병진운동(translational motion; 평행이동을 하는 운동)에 기초한 운동에너지 이외의 에너지 총합을 내부에너지(internal energy, U)라고 한다. 원자, 분자는 고유의 내부에너지를 가지지만 그 종류가 워낙 다양해서 총합의 절대치를 알기란 불가능하다. 하지만 내부에너지의 변화량(ΔU)은 측정할 수 있다(그림 8-16).

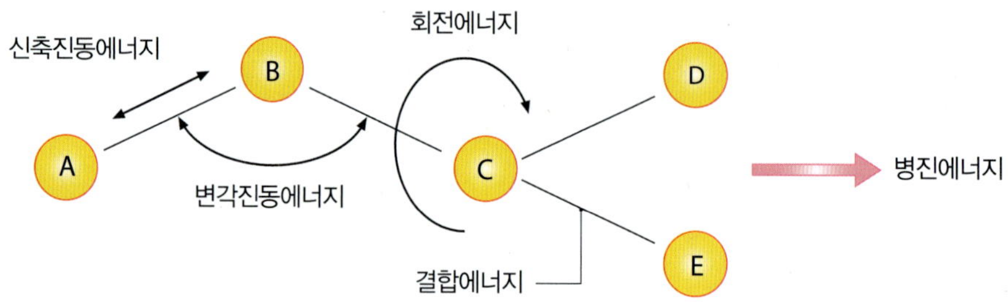

그림 8-15 원자 · 분자의 다양한 내부에너지

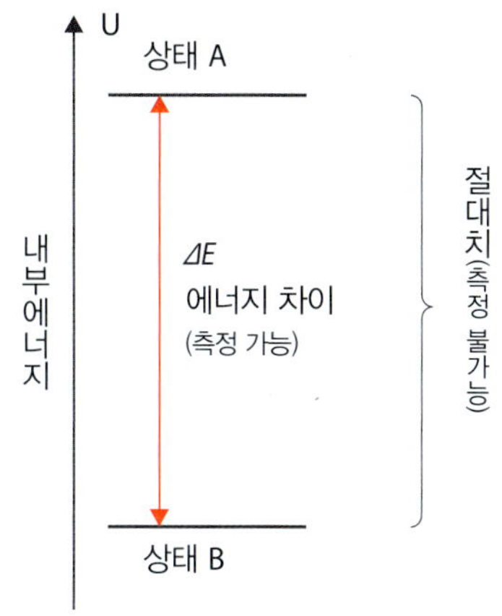

그림 8-16 측정할 수 없는 내부에너지의 절대치

2. 열역학 제1법칙

열역학의 근간을 이루는 법칙이 **열역학 제1법칙**(first law of thermodynamics)이며 다음과 같다.

열이나 일도 에너지의 한 형태이며 에너지의 총합은 일정하게 고정된다.

이 법칙의 전반부는 열과 일, 에너지가 동일함을 나타내고, 후반부는 에너지 보존법칙을 나타낸다.

내부에너지 U_1의 어떤 계열이 열 Q를 흡수하고 그것을 이용해 일 W를 한 결과 내부에너지가 U_2가 되었다면(그림 8-17), 열역학 제1법칙은 (1)의 식으로 표시된다.

$$\Delta U = U_2 - U1 = Q - W \qquad (1)$$

$$\Delta U = W \qquad (2)$$

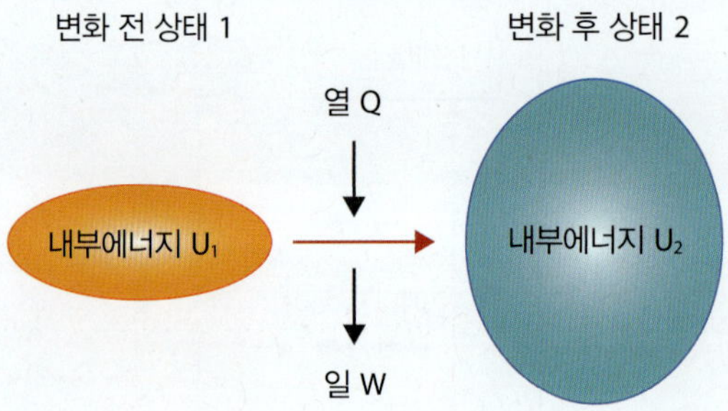

그림 8-17 계열이 열(Q)을 받아 일(W)을 해서 상태 1에서 상태 2로 변화하는 모습

3. 정적변화와 정압변화

계열이 화학변화를 일으킬 때 외적 조건이 일정한 경우에는 해석이 쉬워진다. 이러한 반응의 전형적인 것으로 정적변화와 정압변화가 있다.

1) 정적변화(isovolumetric process)

철강제의 봄베 안에서 이루어지는 반응처럼 부피가 일정한 조건 하에서 진행되는 반응이다. 이 계열은 가열되어도 팽창하지 않기 때문에 외계에서 일을 하는 경우가 없다($W = 0$). 따라서 제1법칙[(19)의 식]은 (20)의 식이 된다.

2) 정압변화(isobaric process)

자유롭게 늘어나고 줄어드는 풍선 속에서 이루어지는 반응처럼 압력이 일정한 조건 하에서 진행되는 반응이다. 대기 중의 반응은 1기압 하에서 이루어지기 때문에 정압변화로 볼 수가 있다.

4. 엔탈피

정압변화에서 부피변화를 ΔV라고 하면, 일은 $W = P\Delta V$가 된다. 따라서 제1법칙은 (21)의 식이 된다. (21)의 식을 바꾸면 (22)의 식이 되고, $\Delta U = U_2 - U_1$, $\Delta V = V_2 - V_1$을 대입하면 (23)의 식이 된다.

(23)의 식은 정리하면 (24)의 식이 된다. 여기에서 $H = U + PV$라고 정의하면, (24)의 식은 간단하게 (25)의 식이 된다. 이 H를 **엔탈피**(enthalpy)라고 한다. (25)의 식은 정압변화에서 계열로 들어가는 열량(Q)을 엔탈피 H의 차이로 계산할 수 있음을 나타낸 것이다.

$$\Delta U = Q - W = Q - P\Delta V \qquad (21)$$

$$Q = \Delta U + P\Delta V \qquad (22)$$

$$Q = U_2 - U_2 + P(V_2 - V_1) \qquad (23)$$

$$Q = (U_2 + PU_2) - (U_1 + PV_1) \qquad (24)$$

$$H = U + PV : \text{엔탈피}$$

$$Q = H_2 - H_1 = \Delta H \qquad (25)$$

5. 헤스의 법칙

다양한 물리량 중에서 그 계열의 상태로만 정해지며 그 상태에 이른 경로와는 관계가 없는 양을 상태함수(quantity of state)라고 한다. 상태함수에는 온도(T), 압력(P), 부피(V), 에너지(E) 등이 있다. 엔탈피(U)는 상태함수만으로 정의되므로 엔탈피도 상태량이다. 따라서 상태가 정해지면 엔탈피도 정해지며 그 변화(반응)경로와는 관계가 없어진다(그림 8–18). 이것이 바로 **헤스의 법칙**(Hess' law)이며 '엔탈피는 반응 전후의 상태가 동일하다면 반응 경로와는 관계가 없다'라고 표현된다. 즉, 계열이 A에서 B로 변화했을 때의 엔탈피 변화량 ΔH는 경로 I~IV의 어느 곳을 지나더라도 변화가 없다는 말이다. 예를 들어 다이아몬드와 흑연(graphite)의 연소열을 알면 다이아몬드와 흑연의 에너지 차이처럼 측정하기 어려운 양도 간단히 알 수 있다(그림 8–19).

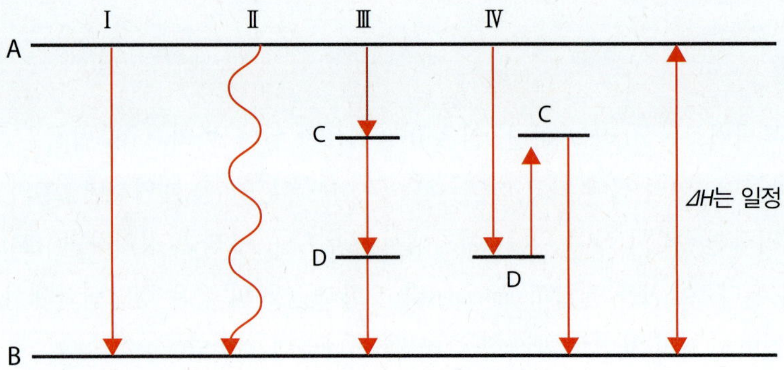

그림 8-18 헤스의 법칙

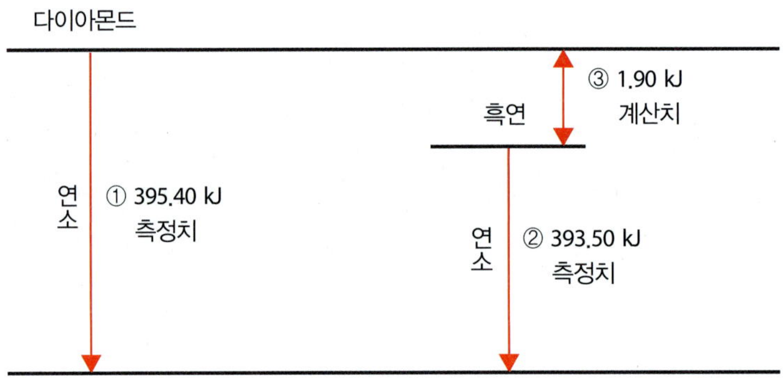

다이아몬드의 연소열 ①과 흑연의 연소열 ②를 알면 두 에너지의 차이 ③을 계산할 수 있다.

그림 8-19 반응열의 계산

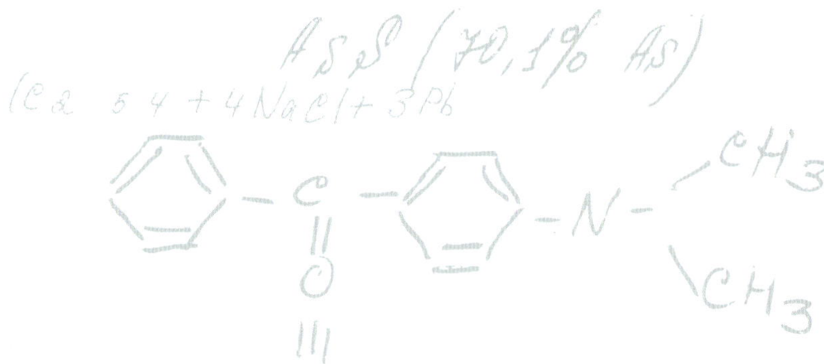

8 반응의 방향

반응 A → B에서 반응은 오른쪽으로만 진행한다. 즉, A는 B로 변화하지만, B가 A로 변화하지는 않는다. 이러한 반응의 방향은 어떤 원인에 의해 결정되는 것일까?

1. 엔트로피

컵 속의 커피향은 컵에서 흘러나와 방안을 가득 채우고 온 집안을 떠다닌다. 단, 이 반대 과정은 결코 자발적으로 일어나지 않는다. 이러한 변화는 **엔트로피**(entropy, *S*)의 변화라고 한다. 엔트로피란 무질서의 척도로, 커피향이 컵 속에 갇혀 있는 상태는 질서정연하고 *S*가 작은 상태이며, 그것이 공기와 섞이면 무질서하고 *S*가 큰 상태가 된다. 즉, 커피향이 방안에 가득 차는 변화는 엔트로피가 증가하는 변화이고, 그 반대현상이 일어나지 않는 것은 '**자연계의 변화는 엔트로피가 증가하는 방향으로 일어난다**'는 사실을 의미하며, 이를 **열역학 제2법칙**(second law of thermodynamics)이라고 한다.

온도(*T*)에 어떤 정압반응계가 엔탈피의 변화분(ΔH)을 흡수한 경우에는 계열의 입자 운동이 격렬해져 엔트로피(*S*)가 증가한다(그림 8-1). 이때의 증가분(ΔS)을 (26)의 식으로 정의한다(엔트로피에서 유래한 분량의 엔탈피를 H'라고 해서 구별).

$$\Delta S = \frac{\Delta H'}{T} \qquad (26)$$

표 8-1 여러 반응의 엔탈피 변화와 엔트로피 변화에 따른 자발성의 온도 의존성

엔탈피의 변화	엔트로피의 변화	온도 의존성
$\Delta H > 0$	$\Delta S > 0$	높은 온도일수록 자발성이 증가한다.
$\Delta H > 0$	$\Delta S < 0$	온도에 상관없이 항상 비자발적이다.
$\Delta H < 0$	$\Delta S > 0$	온도에 상관없이 항상 자발적이다.
$\Delta H < 0$	$\Delta S < 0$	낮은 온도일수록 자발성이 증가한다.

2. 깁스에너지

물이 높은 곳에서 낮은 곳으로 흐르는 것처럼 반응도 에너지가 높은 상태에서 낮은 상태로 변화한다. 하지만 반응의 방향을 결정하는 것이 에너지(정압상태에서는 엔탈피 H)만 있는 것은 아니다. 엔트로피도 그 결정에 참여해 S가 증가하는 방향으로 진행하도록 유도한다(그림 8-20).

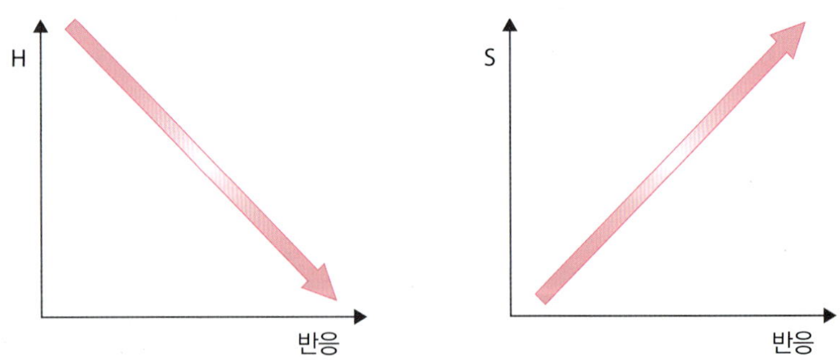

그림 8-20 엔탈피와 엔트로피

그렇다면 오른쪽 방향으로 진행하면 H도 S도 감소하는 반응은 어떻게 될까? 오른쪽으로 진행할까? 왼쪽으로 진행할까?

여기에서 도움이 되는 것이 (26)의 식이다. 이 식을 이용하면 S는 H로 변형할 수 있다[(27)의 식]. 그렇게 하면 S의 양과 H의 양을 합쳐서 생각할 수 있다. 이렇게 해서 정의된 값을 **깁스에너지** G라고 한다[(28)의 식]. 정압반응으로 깁스에너지가 정의된 것처럼 정적반응에서는 헬름홀츠에너지가 정의된다. 이 둘을 모두 자유에너지라고 하며, 각각 깁스자유에너지(Gibb's free energy), 헬름홀츠자유에너지(Helmholtz free energy)라고 한다.

$$\Delta H' = T\Delta S \tag{27}$$

$$\Delta G = \Delta H - T\Delta S \tag{28}$$

3. 반응의 방향과 깁스에너지

깁스에너지를 이용하면 반응의 방향을 간단하게 예상할 수 있다. 즉, 반응은 깁스에너지가 감소하는 방향으로 진행한다.

평형반응 A ⇄ B도 마찬가지로 생각할 수 있다. 단, 평형반응의 경우에는 깁스에너지의 최소치(극소치)를 주는 것이 출발물 A나 생성물 B가 아니라 이 둘의 혼합물이다. 즉, 이 반응의 깁스에너지 변화는 그림 8-21과 같아지며, 극소치가 A와 B의 중간에 있다. 다시 말해 물질조성이 이 비율일 때 깁스에너지는 최소가 되어 평형상태가 되는 것이다.

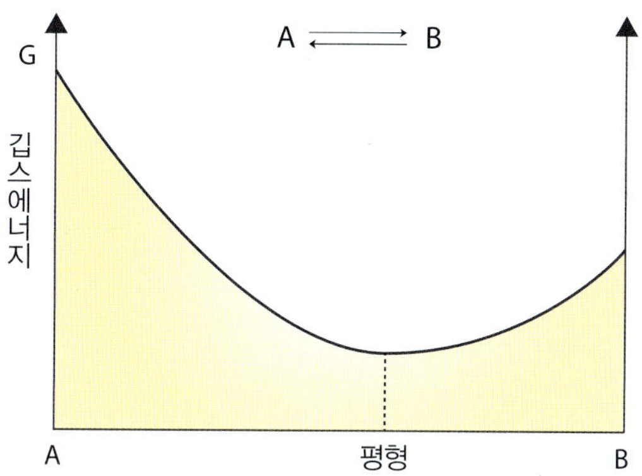

그림 8-21 평형과 깁스에너지

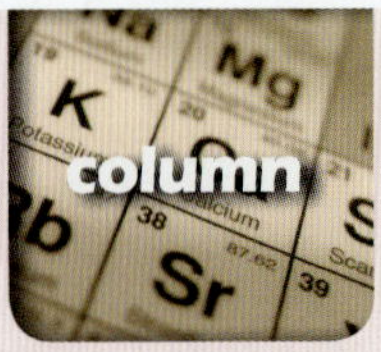

미카엘리스상수의 유도

생성물 P의 생성속도는 속도상수 k_b를 이용해 (3)의 식으로 표시할 수 있다. 효소반응에서 복합체 ES는 연이어 생성되기 때문에 그 소량이 생성물 P로 변화해도 ES의 생성속도에 영향은 주지 않고, (4)의 식이 성립한다. 이것을 정상상태로 근사했다고 한다.

(4)의 식을 변형하면 (5)의 식이 된다. E와 ES의 농도 합은 E의 초기 농도와 같기 때문에 (6)의 식이 성립한다. (6)의 식을 (5)의 식에 대입하면 (7)의 식이 되고, 정리하면 (8)의 식이 된다. (8)의 식을 (3)의 식에 대입하면 (9)의 식이 되고 정리하면 (1)의 식이 된다. 여기에서 K_M이 (2)의 식으로 부여되는 것은 본문에서 살펴본 바와 같다.

$$\mathrm{E + S} \underset{k_a'}{\overset{k_a}{\rightleftarrows}} \mathrm{ES} \xrightarrow{k_b} \mathrm{P + E}$$

(E : 효소, S : 반응기질)

$$\frac{d[\mathrm{P}]}{dt} = k_b[\mathrm{ES}] \qquad (3)$$

[ES]에 정상상태로 근사

$$\frac{d[\mathrm{ES}]}{dt} = k_a[\mathrm{E}][\mathrm{S}] - k_a'[\mathrm{ES}] - k_b[\mathrm{ES}] = 0 \qquad (4)$$

$$\therefore\ [\mathrm{ES}] = \frac{k_a}{k_a' + k_b}[\mathrm{E}][\mathrm{S}] \qquad (5)$$

여기서, $[\mathrm{E}]_0 = [\mathrm{E}] + [\mathrm{ES}]$ (6)

$$[\mathrm{ES}] = \frac{k_a}{k_a' + k_b}\{[\mathrm{E}]_0 - [\mathrm{ES}]\}[\mathrm{S}] \qquad (7)$$

$$\therefore\ [\mathrm{ES}] = \frac{k_a[\mathrm{E}]_0[\mathrm{S}]}{k_a' + k_b + k_a[\mathrm{S}]} \qquad (8)$$

$$\frac{d[\mathrm{P}]}{dt} = k_b\frac{k_a[\mathrm{E}]_0[\mathrm{S}]}{k_a' + k_b + k_a[\mathrm{S}]} \qquad (9)$$

$$= \frac{k_b[\mathrm{E}]_0[\mathrm{S}]}{K_M + [\mathrm{S}]} \qquad (1)$$

단, $K_M = \dfrac{k_a' + k_b}{k_a}$ (2)

연습문제

1. 세슘 137(^{137}Cs)은 β붕괴를 하고 그 반감기가 30년이지만, 생리적 반감기는 100일 정도이다. 생리적 반감기란 무엇인가?

2. 효소반응에서 효소기질복합체는 전이상태가 아니라 중간상태이다. 그럼에도 효소반응에서도 활성화에너지가 저하되는 이유는 무엇인가?

3. 일반적으로 반응온도가 10℃ 올라가면 반응속도는 2배가 되는 이유는 무엇인가?

4. 다이아몬드 100 g을 흑연으로 바꿨을 때 방출되는 에너지로 0℃에서 100 g의 물을 가열한다면 물은 몇 ℃가 될까?

5. 얼음을 만졌을 때 차가운 것은 손가락에서 얼음으로 열이 이동하기 때문이다. 왜 열은 손가락에서 얼음으로 이동하는가? 엔트로피의 관점에서 설명하시오.

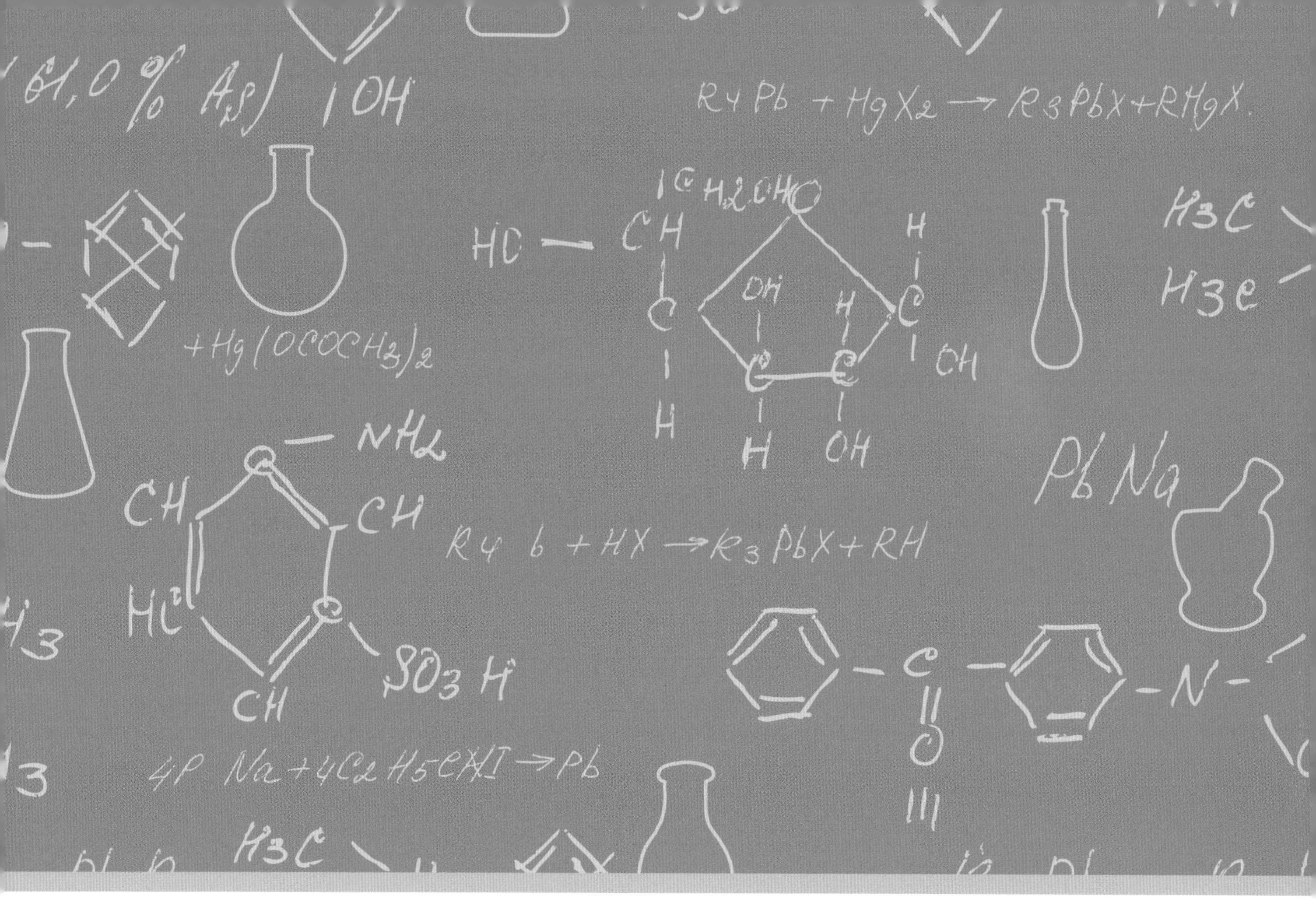

제9장

산·염기와 산화·환원

핵심용어해설

- **산화상태**(oxidation state) : 분자나 이온화합물 등의 물질 내에서 전자 교환이 일어났을 때 특정 원자가 갖게 되는 전하수를 산화수라고 말하며, 이 상태에 있는 원자를 산화상태라고 한다.
- **산화제**(oxidizing agent) : 다른 물질을 산화시킬 수 있는 혹은 상대 물질의 전자를 잃게 하는 능력을 갖는 물질이다. 산화환원반응의 한 구성 요소로서 작용하며, 산소, 과산화수소, 할로겐 등이 있다.
- **산화환원반응**(oxidation–reduction reaction) : 반응물 간의 전자이동으로 일어나는 반응으로, 산화(oxidation)와 환원(reduction)이 동시에 일어난다. 전자를 잃은 쪽을 산화되었다고 하고, 전자를 얻은 쪽을 환원되었다고 한다. 이때 잃은 전자수와 얻은 전자수는 항상 같다.
- **완충액**(buffer solution) : 강산이나 강염기의 첨가에도 수소이온 농도지수(pH)가 거의 변하지 않는 용액으로, 완충용액이라고도 한다.
- **이온곱**(ionic product) : 전해질인 물 안에서 전리평형을 이룰 때 나타나는 두 이온 농도의 곱을 말한다.
- **전해질**(electrolyte) : 물처럼 극성을 띠는 용매에 녹아서 이온을 형성함으로써 전기를 통하게 하는 물질을 말한다. 용매에 녹은 전해질은 양이온과 음이온으로 나뉘어 용액 전체에 고르게 퍼진다. 이 상태의 용액은 전기적으로 중성이다.
- **중화반응**(neutralization reaction) : 산과 염기가 반응하여 물과 염을 생성하는 반응을 말한다.
- **짝산**(conjugate acid) : 어떤 염기가 수소이온을 받아 생성된 산을 그 염기에 대하여 이르는 말이다.
- **짝염기**(conjugate base) : 어떤 양성자를 내어 놓거나 하이드록시기와 반응하여 생성된 염기를 그 산에 대하여 이르는 말이다.
- **해리**(dissociation) : 분자 등의 화학종이나 물질이 용매, 전기 등으로 인해 이온, 원자단, 다른 분자로 분해되는 현상을 말한다.
- **환원제**(reducing agent) : 화학반응에서 다른 물질을 환원하게 하고 자신은 산화되는 물질로, 수소, 탄소, 금속 나트륨, 아황산염 등이 있다.

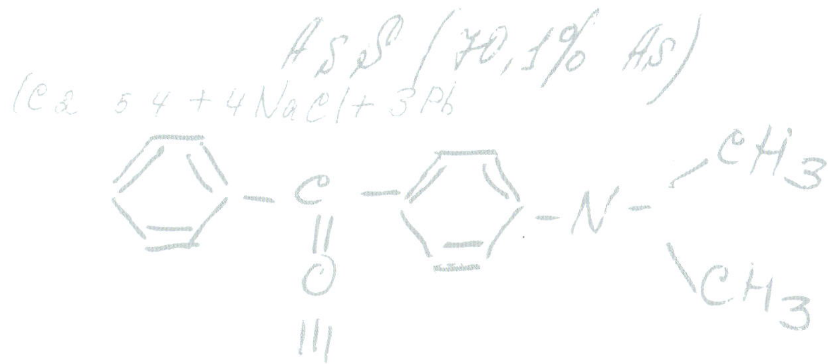

1 산과 염기의 정의

실험 화학의 초기 시대부터 과학자들은 산(acid)과 염기(base)를 그 독특한 특성에 따라 구별하였다. 산은 신맛을 가지고 어떤 염료의 색을 변화시키기도 한다. 반면, 염기는 쓴맛과 미끄러운 성질을 가진다. 비누가 그 좋은 예이다. 'base'라는 단어는 '끌어내리다'라는 뜻의 고대 영어에서 유래하였다(아직도 debase는 '가치나 품위를 끌어내리다, 저하시키다'라는 뜻으로 사용됨). 염기를 산에 첨가하면 산의 양을 '감소'시킬 수 있다. 실제로 산과 염기를 특정 비율로 섞으면 산과 염기의 성질이 모두 사라지게 된다.

산 · 염기의 개념은 매우 중요하며 물리화학, 유기화학, 무기화학 등 모든 화학분야에서 이용된다. 따라서 산 · 염기는 각 분야에서 간편하게 사용할 수 있도록 몇 가지 정의로 정립된다.

1. 아레니우스의 정의

스웨덴의 과학자 아레니우스(Arrhenius)가 주장한 정의로, 수소이온(H^+)과 수산화이온(OH^-)을 이용한 것이다.

물은 다음의 식처럼 수소이온(H^+)과 수산화이온(OH^-)을 내보내기 때문에 산인 동시에 염기이기도 하다. 이러한 물질을 양성물질(ampholite)이라고 한다.

$$H_2O \rightleftarrows H^+ + OH^-$$

산 : 수용액 속에서 수소이온(H^+)을 내보내는 물질

예 : $HCl \rightleftarrows H^+ + Cl^-$

염기 : 수용액 속에서 수산화이온(OH^+)을 내보내는 물질

예 : $NaOH \rightleftarrows Na^+ + OH^-$

2. 브뢴스테드의 정의

덴마크의 과학자 브뢴스테드(Brønsted)가 주장한 것으로, 양성자만으로 산과 염기를 정의하였다. 비수용액에도 정의를 적용할 수 있기 때문에 유기화학을 비롯해 많은 분야에서 이용된다.

브뢴스테드의 정의에 따르면 반응 $HNO_3 \rightleftarrows H^+ + NO_3^-$에서 좌변의 HNO_3은 H^+을 내보내기 때문에 산이지만, 우변의 NO_3^-은 H^+을 받아들이기 때문에 염기임을 나타낸다. 이 경우 HNO_3을 NO_3^-의 **짝산**(conjugate acid), NO_3^-을 HNO_3의 **짝염기**(conjugate base)라고 하며, 이 둘은 서로 공역 관계에 있다고 한다.

이 정의에 따르면 물은 (1)의 식에서 수소이온(H^+)을 내보내기 때문에 산이고, (2)의 식에서 수소이온을 받아들이기 때문에 염기가 된다.

$$H_2O \rightleftarrows H^+ + OH^- \qquad (1)$$

$$H_2O + H^+ \rightleftarrows H_3O^+ \qquad (2)$$

산 : 수소이온(H^+)을 내보내는 것

예 : $HNO_3 \rightleftarrows H^+ + NO_3^-$

염기 : 수소이온(H^+)을 받아들이는 것

예 : $NH_3 + H^+ \rightleftarrows NH_4^+$

3. 루이스의 정의

미국의 과학자 루이스(Lewis)가 주장한 정의이다. 배위결합 생성이 기본이 되며, 비공유전자쌍과 공오비탈로 정의한 것이다. 무기화학 또는 유기금속화학에서 이용하기 편리하다.

> 산 : 비공유전자쌍을 받아들이는 것(공오비탈을 가지는 것)
>
> 염기 : 비공유전자쌍을 공급하는 것
>
> 예 : $\underset{\text{산}}{BF_3} + \underset{\text{염기}}{NH_3} \rightleftarrows BF_3 - NH_3$

4. 산과 염기의 종류와 구조

해리에 의해 1개의 H^+을 방출하는 것을 일염기산(monobasic acid), 2개를 방출하는 것을 이염기산(dibasic acid)이라고 하고, 1개의 OH^-를 방출하는 것을 일산염기(monoacid base), 2개를 방출하는 것을 이산염기(diacid base)라고 한다.

주요 산 · 염기의 구조와 해리식은 표 9-1과 같다.

표 9-1 산과 염기의 구조와 해리식

	명칭	화학식	구조식	해리식
산	염산	HCl	H − Cl	$HCl \rightarrow H^+ + Cl^-$
	질산	HNO_3	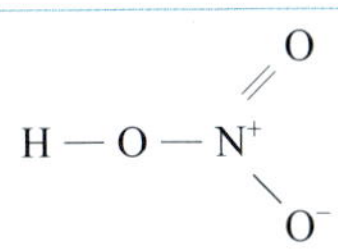	$HNO_3 \rightarrow H^+ + NO_3^-$
	아세트산	CH_3COOH	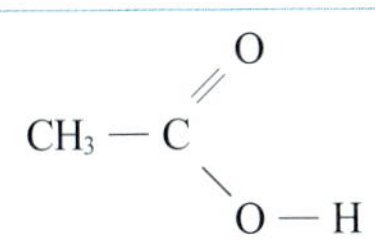	$CH_3COOH \rightarrow H^+ + CH_3COO^-$
	탄산	H_2CO_3	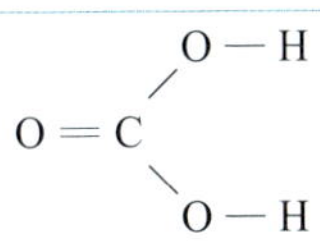	$H_2CO_3 \rightarrow H^+ + HCO_3^-$ $HCO_3^- \rightarrow H^+ + CO_3^{2-}$
	황산	H_2SO_4	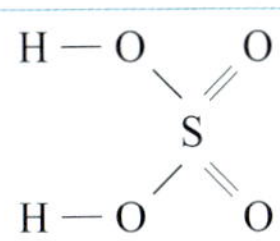	$H_2SO_4 \rightarrow H^+ + HSO_4^-$ $HSO_4^- \rightarrow H^+ + SO_4^{2-}$

표 9-1 산과 염기의 구조와 해리식 (계속)

	명칭	화학식	구조식	해리식
산	아황산	H_2SO_3	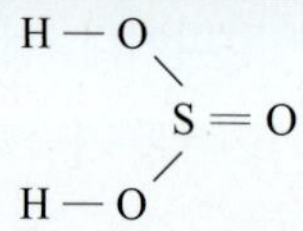	$H_2SO_3 \rightarrow H^+ + HSO_3^-$ $HSO_3^- \rightarrow H^+ + SO_3^{2-}$
	인산	H_3PO_4	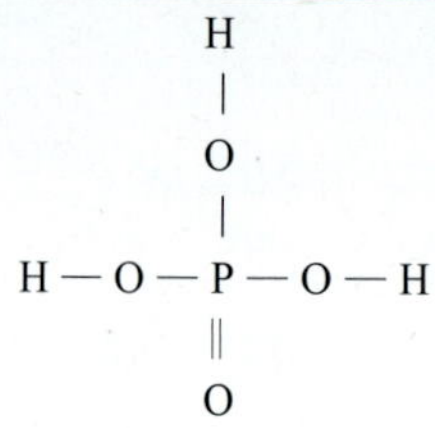	$H_3PO_4 \rightarrow H^+ + H_2PO_4^-$ $H_2PO_4^- \rightarrow H^+ + HPO_4^{2-}$ $HPO_4^{2-} \rightarrow H^+ + PO_4^{3-}$
염기	암모니아	NH_3	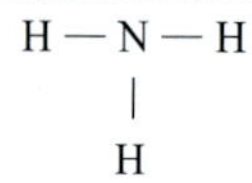	$NH_4OH \rightarrow NH_4^+ + OH^-$
	수산화소듐	NaOH	NaOH	$NaOH \rightarrow Na^+ + OH^-$
	수산화칼슘	$Ca(OH)_2$	HOCaOH	$Ca(OH)_2 \rightarrow Ca^{2+} + 2OH^-$

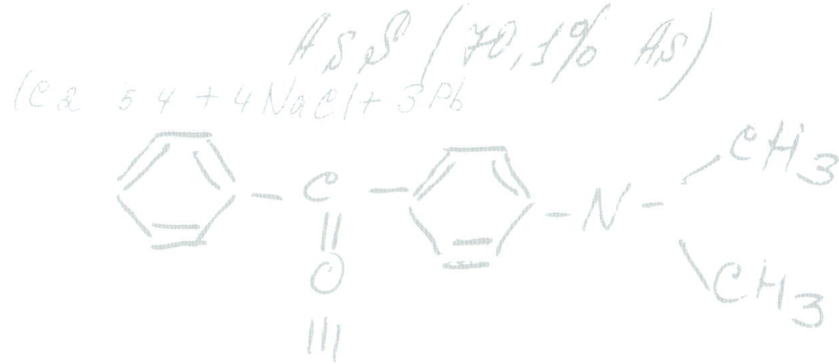

2 산과 염기의 강약

1. 전해질과 해리

산이나 염기처럼 이온으로 분해할 수 있는 물질을 일반적으로 **전해질**(electrolyte)이라고 하고, 이온으로 분해하는 것을 **해리**(dissociation)라고 한다.

1) 해리도(degree of dissociation)와 해리상수(dissociation constant)

a몰농도의 산 중에서 b몰농도만 해리되었다고 하자. 반응의 양적 관계는 다음 식과 같다. 이때 해리되기 전 산의 농도 a와 해리된 만큼의 농도 b의 비율을 해리도 α라고 한다. 모든 전해질이 완전히 해리되었을 때의 해리도는 1이 된다. 해리도가 1에 가까울수록 해리가 완전함을 나타낸다. 또 이 반응의 평형상수 *K*를 해리상수라고 한다.

$$\underset{a-b}{HA} \rightleftarrows \underset{b}{H^+} + \underset{b}{A^-}$$

$$\alpha = \frac{b}{a} \qquad K = \frac{b^2}{a-b} = \frac{a\alpha^2}{1-\alpha}$$

2) 물의 이온곱(ionic product)

물은 조금이지만 해리되어 H^+와 OH^-이 된다. 이 둘의 농도 곱을 물의 **이온곱**(K_w)이라고 한다. K_w은 온도가 일정하면 항상 일정하며, 25℃에서 10^{-14} $(mol/L)^2$이다.

$$H_2O \rightleftarrows H^+ + OH^-$$

$$[H^+] + [OH^-] = K_w = 10^{-14}\ (mol/L)^2$$

2. 산과 염기의 강약

산과 염기에는 강약이 있다. 예를 들어 염산(HCl)은 강산이지만, 아세트산(CH_3COOH)은 약산이다. 산과 염기의 강약은 해리되어 방출하는 H^+, OH^-의 농도에 따른다. 즉, 해리도 또는 해리상수가 큰 산이나 염기가 강하다.

1) 산해리상수(acid dissociation constant)

산 HA 해리식 (3)의 평형상수에 물의 농도$[H_2O]$를 곱한 것을 **산해리상수**(K_a)라고 하며, K_a가 클수록 강산이다.

$$HA + H_2O \rightleftarrows H_3O^- + A^- \qquad (3)$$

$$K = \frac{[H_3O^+]\,[A^-]}{[HA]\,[H_2O]} \qquad K_a = K[H_2O] = \frac{[H_3O^+]\,[A^-]}{[HA]}$$

하지만 K_a의 값은 크기의 폭이 크고 자릿수가 다른 것이 많아 로그($\log K_a$)로 표시하는 것이 편리하다. 또 K_a 값은 1보다 작은 것이 많기 때문에 로그의 상당수 값은 음이 된다. 따라서 미리 마이너스를 곱해서 상당수 수치를 양으로 표시하게 되며, 이렇게 표시한 지표를 pK_a(**산해리상수**)라고 한다. pK_a 값이 작은 산이 강산이 된다(그림 9-1).

$$pK_a = -\log k_a$$

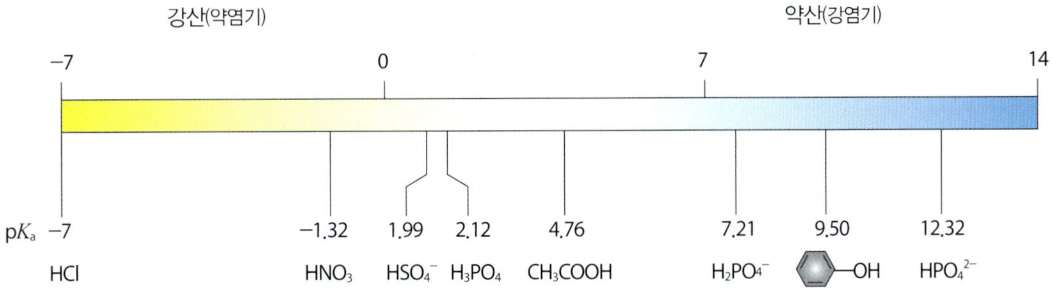

그림 9-1 **다양한 화합물에서 산의 강도**

2) 염기해리상수(base dissociation constant)

염기에서도 마찬가지로 **염기해리상수**(K_b)와 **염기해리지수**(pK_b)가 정의된다. 산 HA의 짝염기 A^-의 K_b는 다음 식과 같다. 따라서 HA의 K_a와 A^-의 K_b의 곱은 물의 이온곱과 같아지고, 또 pK_a와 pK_b의 합은 14가 된다. 따라서 K_a, K_b 중 하나를 알면 다른 한쪽의 값은 자동으로 구할 수 있게 된다.

$$A^- + H_2O \rightleftarrows HA + OH^-$$

$$K = \frac{[HA][OH^-]}{[A^-][H_2O]} \qquad K_b = K[H_2O] = \frac{[HA][OH^-]}{[A^-]}$$

$$\therefore K_b \times K_b = \frac{[H_3O^+][A^-]}{[HA]} \times \frac{[HA][OH^-]}{[A^-]} = [H_3O^+][OH^-] = K_w$$

3) 염기의 강도 표현

최근 염기의 강도 역시 pK_a로 표기하는 경우가 많아졌는데, 이것은 염기 B의 짝산 BH^+의 강도로 B의 염기로서 강도를 표시하려는 것이다. 따라서 BH^+이 해리되기 어려울수록, 다시 말해 약산일수록 B는 강염기가 된다. 즉, pK_a가 클수록 강염기가 된다.

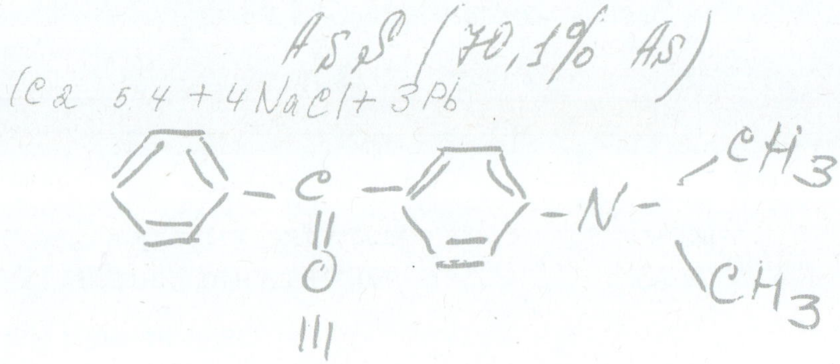

3 산성과 염기성

수소이온농도[H^+]와 수산화이온농도[OH^-]가 똑같은 용액을 **중성**(neutral)이라고 한다. 반면 [H^+]가 [OH^-]보다 높은 용액을 **산성**(acidic), 반대로 [OH^-]가 [H^+]보다 높은 용액을 **염기성**(basic)이라고 한다(그림 9–2). 산성 및 염기성의 정도를 나타내는 지표를 수소이온지수(pH)라고 한다.

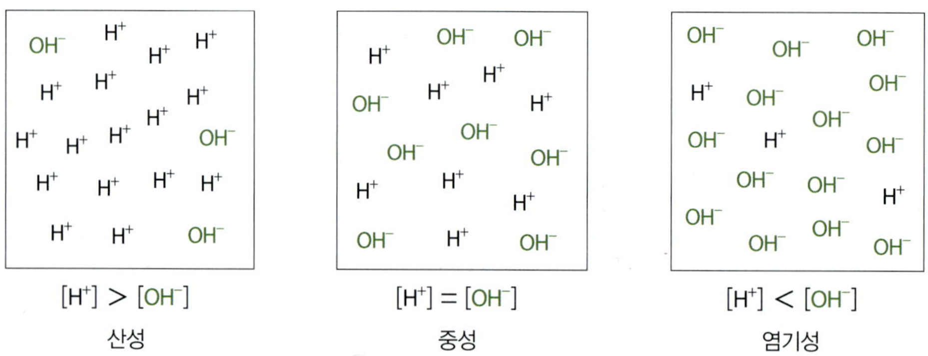

그림 9–2 **산성 · 중성 · 염기성**

1. 수소이온농도

앞에서 설명한 것처럼 물의 이온곱(K_w)은 일정하고 중성인 물에서는 H^+과 OH^-의 농도는 같기 때문에 각각의 농도는 $[H^+] = [OH^-] = \sqrt{10^{-14}\ (mol/L)^2} = 10^{-7}$ mol/L이 된다.

중성인 물에 산을 더하면 $[H^+]$는 상승하고 염기를 더하면 $[OH^-]$가 상승한다. 따라서 산성이란 $[H^+]$가 10^{-7} mol/L보다 높은 상태를 말하고, 염기성이란 $[OH^-]$가 10^{-7} mol/L보다 높은 상태를 말한다(그림 9-3).

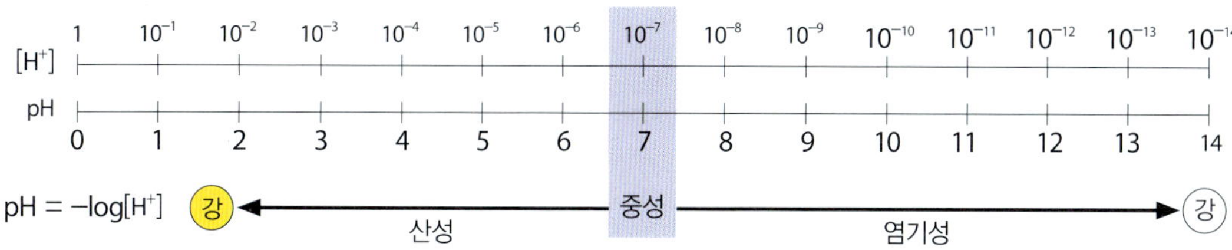

그림 9-3 **산성과 염기성 및 수소이온농도**

2. 수소이온지수

$[H^+]$와 $[OH^-]$의 곱은 물의 이온곱으로서 일정하기 때문에 $[H^+]$를 알면 $[OH^-]$도 알 수 있다. 따라서 용액이 산성인지 염기성인지를 파악하려면 $[H^+]$나 $[OH^-]$ 중 하나를 알면 되는데, 화학에서는 $[H^+]$로 표시하기로 약속되어 있다. 이것이 수소이온지수(pH)의 원점이다.

p.173의 '산과 염기의 강약'에서 살펴본 산해리상수(K_a)와 마찬가지로 $[H^+]$ 값의 진폭은 크고 게다가 1보다 작다. 따라서 $[H^+]$의 로그값에 마이너스를 붙인 $-\log[H^+]$로 표시하는 것이 편리하다. 이것이 수소이온지수(pH)의 정의($pH = -\log[H^+]$)이다.

3. 산성과 염기성 및 pH

용액의 산성과 염기성 및 pH의 관계를 간단하게 정리해보면 다음과 같다.

① 중성 용액은 $pH = 7$이다.
② 산성 용액은 $pH < 7$이다.
③ 염기성 용액은 $pH > 7$이다.
④ pH 값이 1이 차이가 나면 H^+의 농도는 10배 달라진다.
⑤ 약산 및 약염기의 농도는 변해도 pH는 크게 변하지 않지만, 강산 및 강염기의 농도가 변하면 pH는 크게 변한다.

또한, 산성 및 염기성 물질의 예는 그림 9-4와 같다.

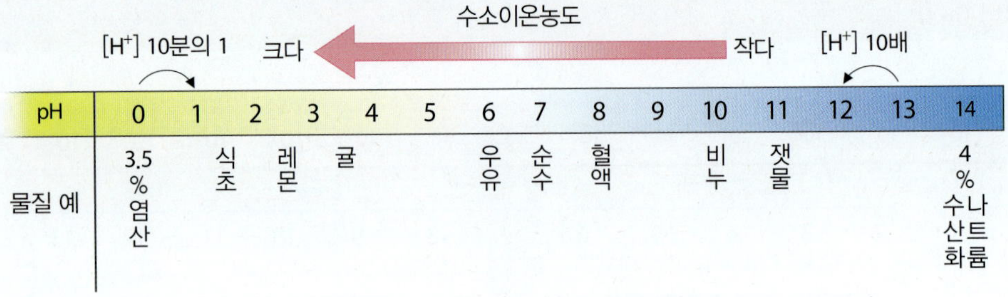

그림 9-4 산성 및 염기성 물질의 예

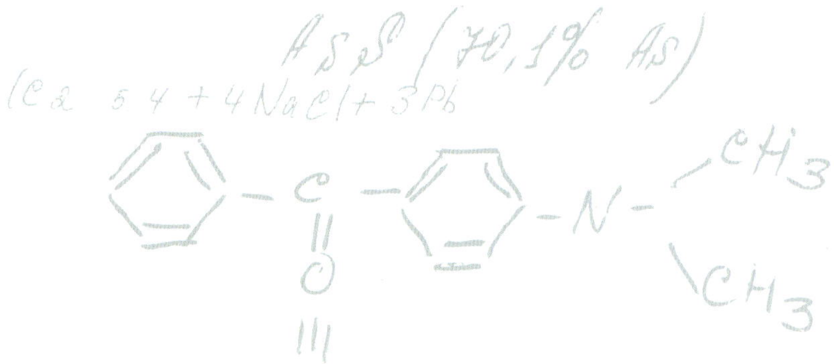

4 중화와 염

일반적으로 산과 염기 사이에서 일어나는 반응을 **중화반응**(neutralization reaction)이라고 하며, 생성물 중 물 이외의 것을 **염**(salt)이라고 한다.

1. 중화반응

산과 염기 사이에서 일어나는 반응을 중화반응라고 한다. 염산(HCl)과 수산화소듐(NaOH) 간의 중화반응에서는 물과 함께 염화소듐(NaCl)이 생성된다. 이때 생성된 물질 중 물 이외의 물질을 일반적으로 염이라고 한다.

$$HCl + NaOH \rightleftarrows \underset{\text{염}}{NaCl} + H_2O$$

염을 물과 반응시키면 원래의 산과 염기가 생성되는데 이 반응을 특히 (염의) **가수분해**(hydrolysis)라고 한다.

1) 산성염(acid salt)

황산(H_2SO_4)과 수산화소듐(NaOH)을 1몰씩 반응시키면 황산수소소듐($NaHSO_4$)이 생성되고,

이것을 가수분해하면 수소이온(H^+)이 발생한다. 이렇게 H^+이 될 수 있는 H를 가지는 염을 특히 산성염이라고 한다. 하지만 황산(H_2SO_4) 1몰에 대해 수산화소듐(NaOH) 2몰을 반응시키면 황산소듐(Na_2SO_4)이 생성되지만, 이것은 H^+이 될 수 있는 H를 가지고 있지 않다. 이러한 염을 정염(normal salt)이라고 한다. NaCl은 정염의 일종이다.

$$H_2SO_4 + NaOH \rightleftarrows \underset{\text{산성염}}{NaHSO_4} + H_2O$$

$$H_2SO_4 + 2NaOH \rightleftarrows \underset{\text{정염}}{Na_2SO_4} + 2H_2O$$

2) 염기성염(basic salt)

이와 반대로 수산화칼슘($Ca(OH)_2$)과 염산(HCl)을 1몰씩 반응시키면 Ca(OH)Cl이 생성되며, 이를 가수분해하면 OH^-를 발생시킨다. 이러한 염을 염기성염이라고 한다.

$$Ca(OH)_2 + HCl \rightleftarrows \underset{\text{염기성염}}{Ca(OH)Cl} + H_2O$$

$$Ca(OH)_2 + 2HCl \rightleftarrows \underset{\text{정염}}{CaCl_2} + 2H_2O$$

2. 염의 성질

약산인 탄산(H_2CO_3)과 강염기인 NaOH를 1몰씩 반응시켜 얻을 수 있는 염인 탄산수소소듐($NaHCO_3$)은 H^+이 될 수 있는 H를 가지므로 산성염이다. 하지만 이것을 가수분해하면 강염기인 NaOH와 약산인 H_2CO_3이 생성되기 때문에 용액은 염기성이 된다. 이처럼 염의 분류인 '산성염'이나 '염기성염'과 그 수용액의 성질(산성 및 염기성) 간에는 관계가 없음에 주의해야 한다.

일반적으로 염은 그것을 발생시킨 산과 염기 중 강한 쪽의 성질을 이어받는다. 즉, 강산과 약염기 간에 생긴 염은 산성이고, 약산과 강염기 간에 생긴 염은 염기성이다. 그리고 강산과 강염기, 약산과 약염기 간에 생긴 염은 중성이다(표 9-2).

표 9-2 **염의 성질**

산	염기	염
강	약	산성
약	강	염기성
강	강	중성
약	약	중성

3. 완충액

물에 산을 더하면 pH가 내려가 산성이 되고, 염기를 더하면 pH는 올라가 염기성이 된다. 그런데 산을 추가하거나 염기를 추가해도 pH가 거의 변하지 않는 용액이 있다. 이러한 용액을 **완충액**(buffer solution)이라 하며, 몸의 체액은 대부분 완충액이다.

완충액은 일반적으로 대량의 약산과 그 염 또는 대량의 약염기와 그 염으로 구성된 용액이다. 예를 들어 아세트산(약산, CH_3COOH)과 아세트산소듐(염, CH_3COONa)으로 이루어진 완충액을 살펴보자.

아세트산은 약산이기 때문에 거의 해리되지 않는다. 한편, 아세트산소듐은 염이기 때문에 해리되어 아세트산이온(CH_3COO^-)과 소듐이온(Na^+)이 된다. 이 용액에 산(H^+)을 추가하면 아세트산이온(CH_3COO^-)과 반응해 아세트산(CH_3COOH)이 되어 수소이온(H^+)이 소실된다. 반면, 염기(OH^-)를 추가하면 아세트산(CH_3COOH)이 반응해 아세트산이온(CH_3COO^-)이 되어 OH^-은 소실된다.

$$\begin{cases} CH_3COOH \rightleftarrows CH_3COO^- + H^+ \\ CH_3COONa \longrightarrow CH_3COO^- + Na^+ \end{cases}$$

H^+를 추가하면 $CH_3COO^- + H^+ \rightarrow CH_3COOH$

OH^-를 추가하면 $CH_3COOH + OH^- \rightarrow CH_3COO^- + H_2O$

이러한 기전에 따라 각 계열에 추가된 H^+, OH^-이 소비되기 때문에 pH가 변하지 않는 것이다.

5 산화와 환원

1. 산화 · 환원반응

앞에서 설명했듯이 많은 물질은 이온성을 띤다. 예를 들어 염화소듐은 소듐과 염소 기체 사이의 반응으로 만들어진다.

$$2Na(s) + Cl_2(g) \rightarrow 2NaCl(s)$$

이 반응에서 중성 소듐 원자를 함유한 고체 소듐과 이원자 분자인 Cl_2를 함유한 염소 기체가 반응하여 이온성 고체인 NaCl을 형성하는데, 이 생성물에는 Na^+과 Cl^-이 존재한다. 이처럼 반응 중에 1개 이상의 전자가 이동하는 반응을 **산화 · 환원반응**(oxidation–reduction, redox reaction)이라고 한다.

많은 중요한 화학반응에서 산화 · 환원반응이 일어난다. 식물에서 이산화탄소와 물을 당 분자로 변화시켜 태양으로부터의 에너지를 저장하는 광합성반응은 매우 중요한 산화 · 환원반응 중 하나이다. 실제로 에너지를 만들어내는 데 이용되는 대부분의 반응이 산화 · 환원반응이다. 예를 들면 메탄과 산소의 반응이 있다.

$$CH_4(g) + 2O_2(g) \rightarrow CO_2(g) + 2H_2O(g) + \text{에너지}$$

비록 이 반응에 관여하는 반응물이나 생성물이 이온성은 아니더라도 이 반응에는 탄소 원자로

부터 산소 원자로 전자이동이 관여한다. 이러한 사실을 이해하려면 산화상태의 개념을 알아야 한다.

2. 산화상태

산화 · 환원반응에서 전자이동을 이해하려면 **산화상태**[oxidation state; 산화수(oxidation number)라고도 함]의 개념을 이용하면 된다. 공유결합 화합물에서 전자는 두 원자 사이에 공유된다. 공유결합 화합물의 산화상태는 공유하는 전자를 임의로 각 원자에 할당하는 방법으로 결정한다. 즉, 두 동일한 원자 사이의 공유결합은 전자를 두 원자 사이에 똑같이 분배한다.

두 원자가 다를 경우에는(전자들이 균등하게 공유되지 않을 때) 전자에 대해 보다 강한 친화력을 가진 원자에 모든 전자를 할당한다. 예를 들어 물 분자에서 산소와 수소 원자의 산화상태를 결정할 때 산소 원자가 모든 전자를 가진 것으로 가정하면 중성 수소 원자는 1개의 전자를 가지므로, 물 분자에서 산소는 형식적으로 2개의 전자를 수소 원자로부터 받아 2개의 과잉 전자를 가지며(산소의 산화상태는 −2), 수소 원자들은 전자를 가지지 않아 산화상태는 +1이 된다.

이처럼 공유결합 화합물에서 원자들의 산화상태(또는 산화수)는 결합된 두 원자가 같을 경우에는 공유한 전자를 동등하게 나누어 가질 때 원자가 가진 전하로 나타내고, 원자들이 다를 경우에는 각각의 결합에 관여한 원자 중 전자에 대한 친화력이 큰 원자가 모든 결합전자를 가질 때 원자들이 나타내는 전하로 정의한다. 물론 단일 원자이온을 포함한 이온결합 화합물에서는 그 이온의 전하가 산화상태와 같다.

이러한 원칙에서 얻은 산화상태를 정하는 규칙을 표 10−3에 정리하였다. 이 간단한 규칙을 이용하면 대부분의 화합물에 대해 산화상태를 정할 수 있다. 이 규칙을 적용하려면 전기적으로 중성인 화합물의 산화상태 합은 0이 되어야 한다. 이온의 경우에는 산화상태의 합이 이온의 전하와 같아야 한다.

여기에서 한 가지 주목해야 할 사실은 이온의 실제 전하는 +나 − 부호 앞에 숫자를 써서 n^+ 또는 n^-와 같은 식으로 쓰는 데 반해, 산화상태(이는 실제 전하가 아님)는 + 또는 − 부호 뒤에 써서 ^+n 또는 ^-n으로 쓴다는 것이다.

다음으로 Fe_3O_4 화합물에서 각 원자들의 산화상태를 살펴보면, 이 화합물은 자철광의 주성분으로 여러 가지 암석과 흙에서 볼 수 있는 붉은 빛깔을 내는 철광석이다. 먼저 각 산소 원자의 산화상태는 −2이다. 3개의 철 원자는 4개 산소 원자의 산화상태 합인 −8과 균형을 맞추기 위해 +8의 산화상태를 가져야 한다. 이것은 각 철 원자의 산화상태가 $+\frac{3}{8}$ 임을 의미한다. 산화상태를 정수가 아닌 값으로 나타나는 것이 이상할 수 있다. 왜냐하면 전하는 정수로 표현하기 때문이다. 그러나 드물기는 하나 정수가 아닌 산화상태가 존재하는데, 표 9-3의 규칙에 따라 전자를 분할하는 방법이 다소 임의성을 띠기 때문이다. Fe_3O_4를 예로 들면 이 화합물에는 4개의 O^{2-}가 있으므로 모든 철 원자는 2개의 Fe^{3+}과 1개의 Fe^{2+}으로 분자식을 구성한다고 볼 수 있다(철의 평균 전하는 위에서 결정한 산화상태인 $+\frac{3}{8}$ 임을 주의). 정수가 아닌 산화상태가 이상할지도 모르나 전자 이동을 알아보는 데에는 정수인 산화상태와 함께 정수가 아닌 산화상태도 사용할 수 있다.

표 9-3 **산화상태를 결정하는 규칙**

산화상태	염
원소에 있는 원자는 0	Na(s), O_2(g), O_3(g), Hg(l)
단원자 이온은 그 이온의 전하와 같음	Na^+, Cl^-
화합물에 있는 플루오린은 −1	HF, PF_3
화합물에 있는 산소는 보통 −2 예외) O_2^{2-}을 포함하는 과산화물에 있는 산소는 −1	H_2O, CO_2
공유결합에 있는 수소는 +1	H_3O, HCl, NH_3

3. 산화 · 환원반응의 특징

산화 · 환원반응의 특징은 전자이동에 있다. 몇몇 경우에는 전자이동이 일어나서 이온이 만들어지는데, 다음 반응이 그 예이다.

$$2Na(s) + Cl_2(g) \rightarrow 2NaCl(s)$$

그러나 어떤 경우에는 전자의 이동이 분명하지 않다. 예를 들어 메탄의 연소반응을 살펴보면(각 원소의 산화상태를 나타냄)

$$CH_4(g) + 2O_2(g) \rightarrow CO_2(g) + 2H_2O(g)$$

산화상태: −4, +1 (각 H) | 0 | +4, −2 (각 O) | +1 (각 H), −2

O_2에서 산소는 원소 형태로 존재하기 때문에 산소 원자의 산화상태는 0임을 유의해야 한다. 이 반응식은 이온결합 화합물이 하나도 없지만, 그래도 반응을 전자의 이동으로 설명할 수 있다. 탄소 원자의 경우 CH_4에서는 −4인 상태이나 CO_2에서는 +4임에 유의해야 한다. 이러한 변화는 8개 전자의 손실로 설명할 수 있다(e^-기호는 전자를 나타냄).

$$\underset{-4}{CH_4} \rightarrow \underset{+4}{CO_2} + 8e^-$$

한편, 각 산소 원자의 산화상태는 O_2의 0 상태에서 H_2O와 CO_2의 −2 상태로 변하므로 각 원자는 2개의 전자를 얻게 된다. 4개의 산소 원자가 관여하므로 8개의 전자를 얻게 된다.

$$\underset{0}{2O_2(g)} + 8e^- \rightarrow \underbrace{CO_2 + 2H_2O}_{4(-2)\,=\,-8}$$

수소 원자는 형식적으로 전자이동에 관여하지 않았으므로 산화상태는 변하지 않는다.

이러한 사실을 근거로 몇 가지를 정의할 수 있다. **산화**(oxidation)란 산화상태의 증가(전자를 잃어버림)이고, **환원**(reduction)이란 산화상태의 감소(전자를 얻음)를 나타낸다. 따라서 다음 반응에서

$$\underset{0}{2Na(s)} + \underset{0}{Cl_2(g)} \rightarrow 2\underset{+1}{Na}\underset{-1}{Cl}(s)$$

소듐은 산화되었고 염소는 환원되었다. 덧붙이자면 Cl_2를 **산화제**(oxidizing agent; 전자받개, electron acceptor)라고 하고, Na를 **환원제**(reducing agent; 전자주개, electron donor)라고 한다(그림 9-5).

다음 반응에 관하여 다음과 같은 사실을 말할 수 있다.

$$\underset{-4}{C}\underset{+1}{H_4}(g) + 2\underset{0}{O_2}(g) \rightarrow \underset{+4}{C}\underset{-2}{O_2}(g) + 2\underset{+1}{H_2}\underset{-2}{O}(g)$$

- 메탄은 산화되었다. 왜냐하면 탄소의 산화상태(탄소는 형식적으로 전자를 잃었다)가 증가했기 때문이다.
- 산소는 환원되었다. 왜냐하면 산화상태가 감소했기 때문이다(산소는 형식적으로 전자를 얻었다).
- CH_4는 환원제이다.
- O_2는 산화제이다.

산화제 또는 환원제라고 부를 때에는 산화상태의 변화를 일으키는 원소뿐만 아니라 화합물 분자 전체를 뜻한다는 사실에 유의해야 한다.

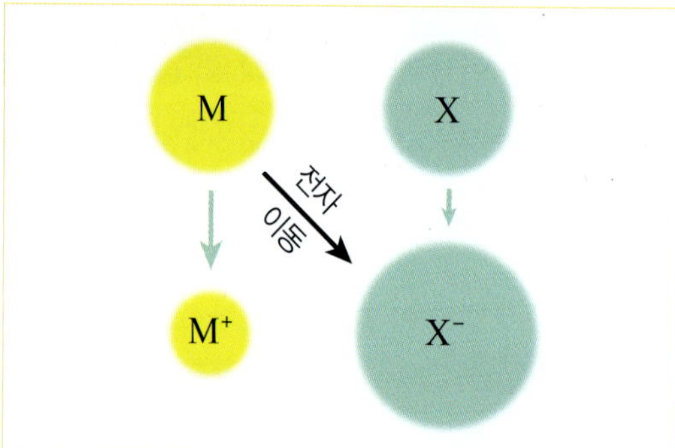

산화됨 전자를 잃음 산화상태 증가 환원제	환원됨 전자를 얻음 산화상태 감소 산화제

그림 9–5 산화 · 환원반응의 과정

4. 산화 · 환원반응식

산화 · 환원반응식은 균형을 맞추는 것이 중요하다. 균형을 맞추는 데에는 ① 산화상태를 이용하거나 ② 반응을 2개의 반쪽반응으로 분리하여 맞추는 방법이 있다. 여기에서는 산화상태를 이용하여 산화 · 환원반응의 균형을 맞추는 방법에 대해 설명한다.

수용액 속의 고체 구리와 은이온 사이 반응을 예로 들어 보자.

$$Cu(s) + Ag^{+}(aq) \rightarrow Ag(s) + Cu^{2+}(aq)$$

다음 식과 같이 산화상태를 결정함으로써 이 반응에서 산화 · 환원반응이 이루어짐을 알 수 있다.

1e⁻ 얻음

$$\underset{0}{Cu} + \underset{+1}{Ag^+} \rightarrow \underset{0}{Ag} + \underset{+2}{Cu^{2+}}$$

2e⁻ 잃음

산화 · 환원반응에서는 잃고 얻은 전자의 수가 같아야 하는데, 이 원리를 산화 · 환원반응식의 균형을 맞추는 데 이용할 수 있다. 예를 들어 이 경우에 1원자의 Cu가 산화될 때마다 2원자의 Ag^+이 환원되어야 한다.

$$Cu(s) + 2Ag^+(aq) \rightarrow 2Ag(s) + Cu^{2+}(aq)$$

조금 더 복잡한 반응식을 살펴보면

$$H^+(aq) + Cl^-(aq) + Sn(s) + NO_3^-(aq) \rightarrow SnCl_6^{2-}(aq) + NO_2(g) + H_2O(l)$$

산화상태로 이 반응식의 균형을 맞추려면 먼저 반응물과 생성물에 포함된 모든 원자들의 산화상태를 결정할 필요가 있다.

$$\underset{+1}{H^+} + \underset{-1}{Cl^-} + \overset{0}{Sn} + \overset{+5}{\underset{-2}{NO_3^-}} \rightarrow \overset{+4}{\underset{-1}{SnCl_6^{2-}}} + \overset{+4}{\underset{-2}{NO_2}} + \overset{+1}{\underset{-2}{H_2O}}$$

수소, 염소 및 산소의 산화상태는 변하지 않고 전자교환에 관여하지 않는다. 그러므로 주석(Sn)과 질소(N)의 산화상태 변화에만 집중하면 된다.

4e⁻ 잃음

$$\overset{0}{Sn} + \underset{+5}{NO_3^-} \rightarrow \overset{+4}{SnCl_6^{2-}} + \underset{+4}{NO_2}$$

1e⁻ 얻음

위의 반응식에서 N을 포함하는 화학종에 4의 계수가 필요함을 알 수 있다.

$$H^+ + Cl^- + Sn + 4NO_3^- \rightarrow SnCl_6^{2-} + 4NO_2 + H_2O$$

나머지 반응식에 있는 나머지 화학종들의 균형을 맞추면

① Cl^-:

$$H^+ + 6Cl^- + Sn + 4NO_3^- \rightarrow SnCl_6^{2-} + 4NO_2 + H_2O$$

② O :

$$H^+ + 6Cl^- + Sn + 4NO_3^- \rightarrow SnCl_6^{2-} + 4NO_2 + 4H_2O$$

③ H :

$$8H^+ + 6Cl^- + Sn + 4NO_3^- \rightarrow SnCl_6^{2-} + 4NO_2 + 4H_2O$$

마지막으로 반응식에 나타난 화학종의 상태를 표시하면

$$8H^+(aq) + 6Cl^-(aq) + Sn(s) + 4NO_3^-(aq) \rightarrow SnCl_6^{2-}(aq) + 4NO_2(s) + 4H_2O(l)$$

이 된다.

산화상태를 이용하여 산화 · 환원반응식의 균형을 맞추는 방법을 정리하면 다음과 같다.

① 균형이 맞추어지지 않은 반응식을 쓴다.
② 반응물과 생성물에 포함된 모든 원자의 산화상태를 결정한다.
③ 묶음 선을 이용하여 잃고 얻은 전자를 나타낸다.
④ 잃고 얻은 전자 수가 같아지도록 하기 위해 계수를 사용한다.
⑤ 반응식의 나머지 화학종의 균형을 맞춘다.
⑥ 적당한 상태를 표시한다.

HSAB이론

루이스의 정의에 따라 산과 염기가 반응할 때, 반응하기 쉬운 조합과 반응하기 어려운 조합이 있다. 이때 산과 염기 중 어떤 조합이 반응하기 쉬운지를 구분하는 이론을 HSAB(hard and soft acid and base)이론이라고 한다.

이 이론에 따르면 '산, 염기에는 각각 단단한 것과 말랑한 것이 있으며, 단단한 것끼리와 말랑한 것끼리는 반응하기 쉽지만, 단단한 것과 말랑한 것은 반응하기 어렵다'라고 한다.

단단한 것, 말랑한 것은 각각 표에 정리한 바와 같지만, 일반적으로 전자구름이 두꺼운 것은 말랑하고, 전자구름이 얇은 것은 단단하다.

이것은 두꺼운 전자구름은 변형되기 쉽기 때문에 공유결합하기 쉽고, 말랑한 것끼리는 공유결합으로 결합하고, 반대로 얇은 것끼리는 이온결합으로 결합하는 것에서 유래한다.

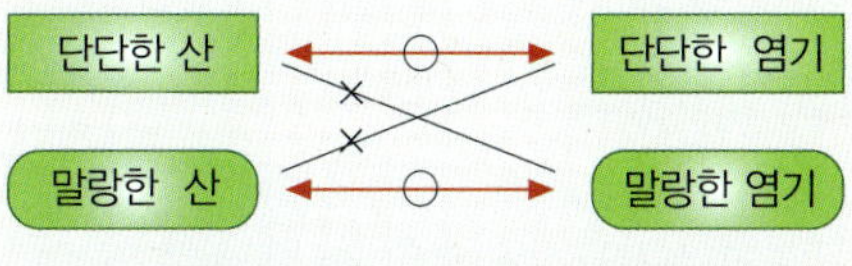

○ : 반응하기 쉽다. × : 반응하기 어렵다.

	산	염기
단단하다	H^+, BF_3, Mg^{2+}, Ca^{2+}	F^-, $R-NH_2$, H_2O
말랑하다	Cu^+, Cu^{2+}, BH_3	I^-, R_2S, CN^-

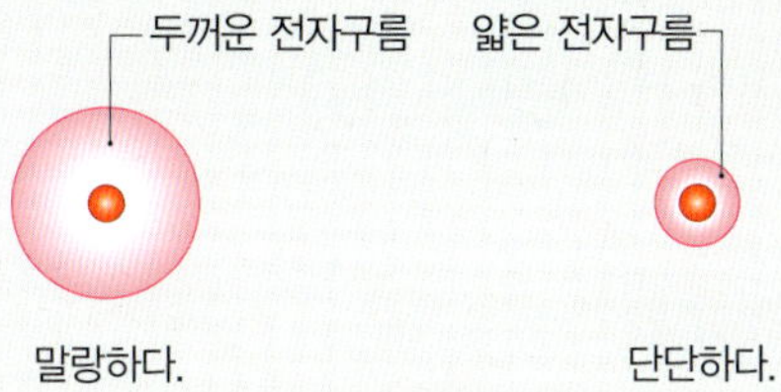

연습문제

1. 다음 용액의 pH를 계산하시오.

   A. 염산의 10^{-3} mol/L 수용액　　　B. 수산화소듐의 10^{-3} mol/L 수용액

2. 인산(H_3PO_4)과 수산화칼슘($Ca(OH)_2$) 간에 생성되는 정염의 시성식을 나타내시오.

3. 다음 분자에서 탄소의 산화수를 계산하고, 산화수가 큰 것부터 순서대로 부등호 또는 등호를 붙여 나열하시오.

   CH_4　　CH_3OH　　CH_2O　　$HCOOH$　　CO　　CO_2

4. $2Na + Cl_2 \rightarrow 2NaCl$

   상기의 반응에서 산화된 것, 환원된 것은 각각 무엇인가? 또 산화제, 환원제로 작용한 것은 각각 무엇인가?

5. 황산에 아연판을 담그는 실험에서 용액 속에 존재하여 전자를 받아들일 수 있는 양이온에는 Zn^{2+}와 H^+의 2종류가 있다. 하지만 실제로 전자를 받는 것은 H^+뿐이다. 그 이유를 설명하시오.

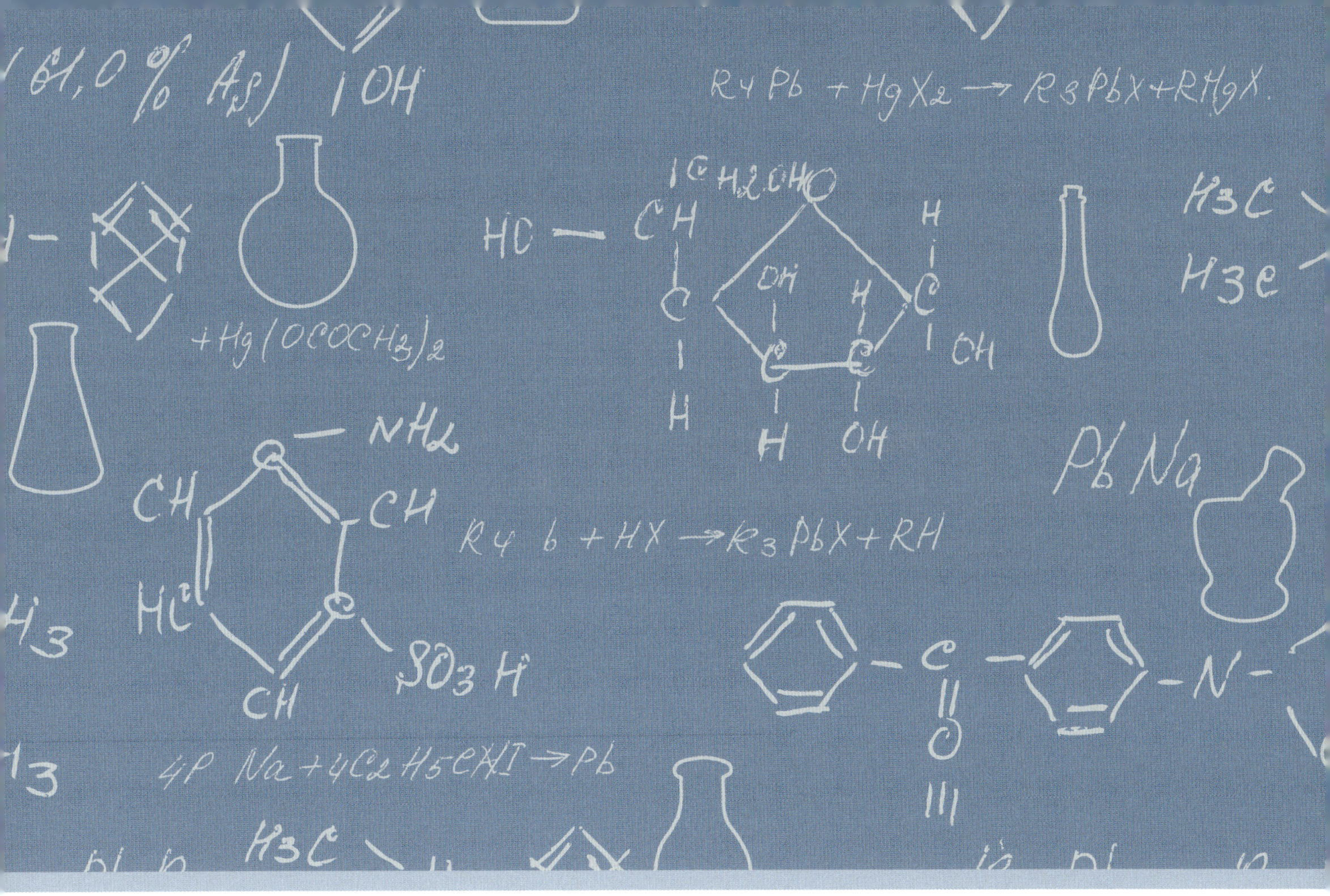

제10장

유기화합물의 구조와 종류

핵심용어해설

- **구조식**(structural formula) : 분자를 구성하는 원자와 원자 간의 결합 모양이나 배열 상태를 결합선을 사용하여 선으로 나타낸 화학식을 말한다. 화합물을 구성하는 원자는 원자가만큼의 결합선을 가진다. 즉, 두 원자가 1쌍의 전자를 공유하여 하나의 결합이 이루어지면 이를 하나의 선으로 나타내고, 2쌍의 전자를 공유하는 이중결합은 2개의 선으로, 3쌍의 전자를 공유하는 삼중결합은 3개의 선으로 나타낸다.
- **디술피드결합**(disulfide bond) : 펩티드 또는 단백질 분자 중에 있는 시스틴 잔기가 가진 SH기 간에 산화적으로 형성된 유황 원자 간의 결합을 말한다.
- **방향족성**(aromaticity) : 평면구조를 가진 고리형 짝이중결합 화합물의 π전자수가 $4n+2$($n=1,2,3,\cdots$)인 경우 같은 탄소수의 폴리엔(polyene)에 비해 특별한 안정도를 갖는 성질(휘켈 규칙)을 말한다.
- **방향족화합물**(aromatic compound) : 분자 속에 벤젠, 나프탈렌, 안트라센 등의 방향족 고리를 가지는 유기화합물을 일컫는 말로, 고리에 있는 π전자수에 의하여 방향족의 성질이 결정된다.
- **비누화**(saponification) : 에스터화의 역반응으로 에스터가 가수분해를 일으켜 카복실산과 알코올을 생성하는 반응을 말한다.
- **이성질체**(isomer) : 분자식은 같지만 분자 내에 있는 구성 원자의 연결방식이나 공간배열이 동일하지 않은 화합물을 말한다. 분자식이 같은 화합물이라도 어떤 방식으로 배치되느냐에 따라 그 성질은 크게 달라질 수 있다.
- **전자공여성**(electron-donating) : 유기화합물의 치환기에 탄소보다 전기음성도가 작은 원자 혹은 음전하를 갖는 원자단이 있을 때 그 치환기는 전자공여성을 가진다고 표현한다.
- **전자구인성**(electron-withdrawing) : 유기화합물의 치환기에 탄소보다 전기음성도가 큰 원자 혹은 양전하를 갖는 원자단이 있을 때 그 치환기는 전자구인성을 가진다고 표현한다.
- **펩티드결합**(peptide bond) : 두 아미노산 분자 간에 한쪽 아미노기와 다른 쪽 카복시기가 물 분자를 잃고 이루어진 결합을 말하며, 단백질의 대표적인 결합방식이다.
- **호변이성**(tautomerism) : 수소 원자의 위치가 변함으로써 생기는 2가지 이성질체가 서로 변화하여 균형을 유지하는 현상을 말한다. 아세토아세트산에틸의 케토형과 에놀형을 예로 들 수 있다. 또한, 호변이성을 일으키는 화합물을 호변이성체(tautomer)라고 한다.
- **활성수소**(active hydrogen) : 자외선을 받거나 방전할 때 화학반응을 일으키기 쉬운 수소를 말하며, 산화물을 환원하는 힘이 강하다.

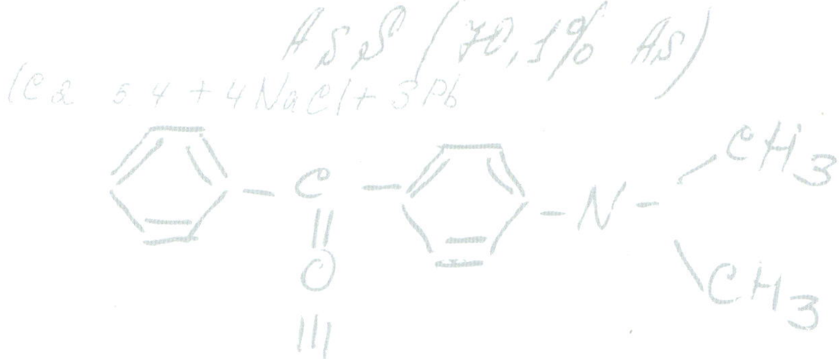

1 유기화합물의 표현

유기화합물의 분자구조를 나타낼 때는 복잡함을 피하면서 정확하게 표현하기 위한 다양한 표기법이 있다. 이들 표기법은 상황에 따라 구분해서 사용된다.

1. 유기화합물 표기법

유기화합물에서 그 구조는 매우 중요하다. 유기화합물은 동일한 원자 개수로 이루어진 물질이어도 그 특성과 반응이 다르다. 이성질체가 존재하기 때문인데, 동일한 원자의 개수로 이루어졌으나 다른 구조를 가진 물질들을 **이성질체**(isomer)라고 한다. 이러한 이성질체 간의 차이를 나타내는 데에는 주로 분자 구조를 나타내는 **구조식**(structural formula)과 IUPAC명을 이용한다. 구조식에서는 원자 간의 단일결합을 1개의 선으로 연결한다. 가표(bond)는 공유전자쌍을 나타내는 것이며 전자 2개를 의미한다. 이중결합은 2개의 선으로, 삼중결합은 3개의 선으로 표시한다. 다만, 간략하게 표시하기 위해 메틸기, 히드록시기처럼 구조를 알 수 있는 부분은 가표를 생략하고 CH_3-, $-OH$처럼 표시하는 경우가 많다.

복잡한 유기화합물에서는 일반적으로 탄소 원자와 수소 원자를 생략하는 표기법을 이용한다(그림 10-1). 이때 규칙은 다음과 같다.

① 직선의 끝, 구부러진 부분, 교차부분에는 이외의 원소 표기가 없을 경우 탄소 원자가 있다.
② 작용기의 수소를 제외한 탄소와 연결된 수소는 생략한다.
③ 이중결합, 삼중결합은 생략하지 않고 2개의 선, 3개의 선으로 표시한다.

$CH_2 = C(CH_3)CH = CH_2$

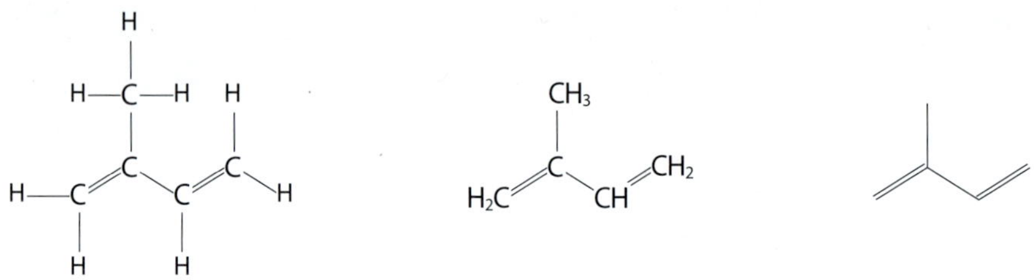

그림 10-1 **이소프렌(2-메틸-1, 3-부타디엔)의 다양한 표기법**

한편, 유기화합물의 경우 동일한 분자구조를 가졌어도 3차원적 구조에 의해 생물학적 특징에 차이가 나타나기도 한다. 따라서 앞에서 설명한 유기화합물 구조식은 분자구조를 3차원적인 입체구조로 나타내지 못한다. 이러한 이유로 아미노산이나 당과 같이 생물에서 사용되는 유기화합물을 다룰 때에는 일반적으로 3차원적 입체구조를 나타내며 그림 10-2처럼 표시한다.

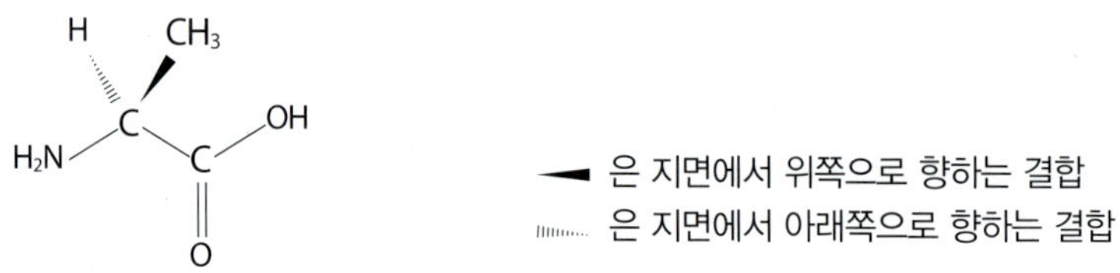

그림 10-2 **L-알라닌의 구조식**

2. 유기화합물 명명법

유기화합물의 체계적인 명명법은 IUPAC(International Union of Pure and Applied Chemistry, 국제순정·응용화학연합)의 규칙이 국제표준으로 이용된다. 기본적으로는 치환명명법에 기초한다(그림 10-

3). 이를 간단히 설명하면 탄소와 수소로 이루어지며, 가지가 없는 사슬 구조의 탄화수소를 기본 구조로 한다. 수소 대신 붙는 작용기와 탄화수소 전체를 치환기라고 하며, 이를 모체화합물이라고 한다. 여기에 결합된 다양한 작용기와 치환기의 이름은 정해져 있으며 명명법에서 우선적으로 작용기에 들어가는 순서 역시 정해져 있다(표 10-1).

IUPAC 명명법을 이용하면 모든 유기화합물을 나타낼 수 있으며, 반대로 IUPAC명을 통해 화합물의 분자구조를 알 수 있다. 하지만 구조가 복잡해질수록 명칭은 길고 복잡해져서 실제로는 **관용명**(trivial name)이 이용되는 경우가 많다. 널리 사용되는 관용명은 IUPAC에서도 보존명으로서 허용한다. 예를 들어 글루코오스(glucose)의 경우 IUPAC명을 이용할 경우 (2R,3S,4R,5R)-2,3,4,5,6-Pentahydroxyhexanal이라는 복잡한 명칭이지만, 관용명으로서 glucose를 사용한다.

각 화합물의 명명법에 대해서는 각 항목에서 다루기로 한다.

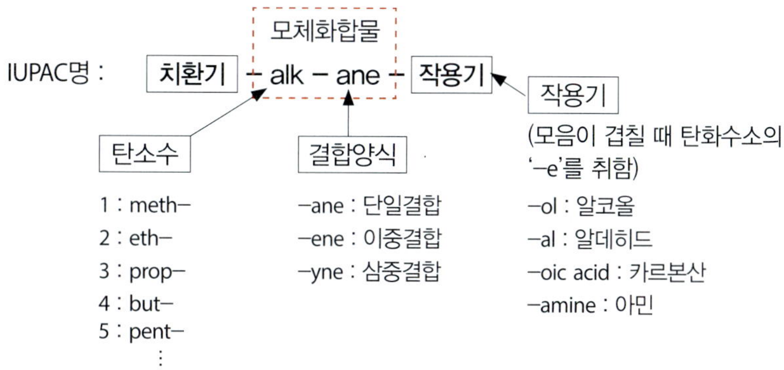

그림 10-3 IUPAC명의 기본적인 구조

표 10-1 주요 치환기와 주기(主基)가 되는 우선순위(위에 있을수록 상위) *

기	구조식	접두어		접미어	
카르복시산	-COOH	carboxy	카르복시	carboxylic acid -oic acid	카르본산 -산
에스테르	-COOR	R-oxycarbonyl	R-옥시카르보닐	R-carboxylate R-oate	-카르복시산 R -산 R
아미드	$-CONH_2$	-carbamoyl	카르바모일	-carboxyamide	-카르복사미드
니트릴	-C≡N	cyano	시아노	-carbonitrile -nitrile	-카르보니트릴 -니트릴
알데히드	-CHO	formyl	포밀	-al	-알
케톤	>C=O	oxo	옥소	-one	-온

표 10-1 주요 치환기와 주기(主基)가 되는 우선순위(위에 있을수록 상위) * (계속)

기	구조식	접두어		접미어	
알코올	$-OH$	hydroxy	히드록시	$-$ol	$-$올
페놀	$-OH$	hydroxy	히드록시	$-$ol	$-$올
아민	$-NH_2$	amino	아미노	$-$amine	$-$아민
에테르	$-OR$	R$-$oxy	R$-$옥시	$-$	
	R$-$O$-$R′	$-$		R R′ ether	R R′ 에테르

* 하나의 화합물이 복잡한 작용기를 포함할 때 순위가 상위인 작용기를 주기(主基)로 해서 표시하고, 다른 작용기는 접두어로 표시한다.

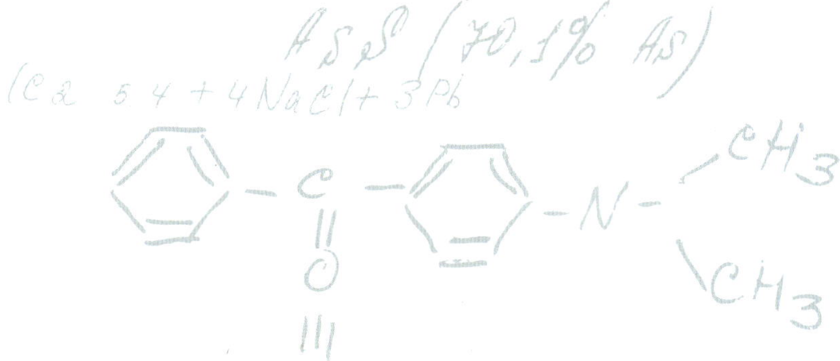

2 지방족 탄화수소화합물 - 알칸, 알켄, 알킨, 공역디엔과 폴리엔

탄화수소는 유기화합물의 기본골격이 되는 화합물로, 탄소와 수소만으로 이루어진다. 사슬 모양으로 구성된 탄화수소를 **지방족탄화수소**(aliphatic hydrocarbon)라고 한다. 탄소와 탄소 간의 결합이 모두 단일결합인 탄화수소를 **알칸**(alkane)이라 하고, C_nH_{2n+2}로 표시한다. 알칸의 IUPAC명은 탄소수를 표기하는 말에 접미어 '–ane'를 붙여 표시한다. 예를 들어 탄소수 2('eth–')의 알칸은 'ethane'이 된다(표 10–2).

표 10–2 주요 곧은 사슬의 알칸

탄소수	명칭		구조식	끓는점(℃)	녹는점(℃)
1	메탄	methane	CH_4	−161	−183
2	에탄	ethane	CH_3CH_3	−89	−183
3	프로판	propane	$CH_3CH_2CH_3$	−42	−189.7
4	부탄	butane	$CH_3(CH_2)_2CH_3$	−0.5	−138
5	펜탄	pentane	$CH_3(CH_2)_3CH_3$	36	−129
6	헥산	hexane	$CH_3(CH_2)_4CH_3$	69	−95
7	헵탄	heptane	$CH_3(CH_2)_5CH_3$	98	−91
8	옥탄	octane	$CH_3(CH_2)_6CH_3$	126	−56.8
9	노난	nonane	$CH_3(CH_2)_7CH_3$	150.8	−51
10	데칸	decane	$CH_3(CH_2)_8CH_3$	174.2	−29.7
11	언데칸	undecane	$CH_3(CH_2)_9CH_3$	196	−26

표 10-2 주요 곧은 사슬의 알칸 (계속)

탄소수	명칭		구조식	끓는점(℃)	녹는점(℃)
12	도데칸	dodecane	$CH_3(CH_2)_{10}CH_3$	214~216	−12
⋮					
20	이코산*	icosane	$CH_3(CH_2)_{18}CH_3$	342.7	36.7
⋮					

* '이코산(eicosane)'을 이용하는 경우가 많다.

알칸은 1개의 수소가 빠져 치환기가 되고 많은 유기화합물의 부분구조가 된다. 이 알칸에서 파생된 치환기를 **알킬기**(alkyl group)라고 하며, 알킬기의 IUPAC명은 알칸의 접미어 '−ane'를 '−yl'로 바꿔 표시한다. 예를 들면 에탄(ethane)에서 파생되는 알킬기는 'ethyl'이 된다.

탄소수가 4 이상인 것에서는 곧은 사슬의 탄화수소 이외에 분지가 있는 이성질체가 존재한다(그림 10-4). 가지가 있는 탄화수소의 IUPAC명은 곧은 사슬 탄화수소의 유도체로 명명한다. 분자 내 가장 긴 곧은 사슬 부분을 모체화합물로 하고, 가지를 치환기로 해서(같은 기가 2개 이상 있을 때는 그 수를 표시하는 말을 덧붙여서) 표시한다. 치환기의 위치는 모체화합물 탄소 원자의 위치번호로 표시하지만, 이 위치번호는 최소수가 되도록 선택한다. 2종류 이상의 치환기가 있는 경우에는 접두어가 되는 부분을 위치번호순이 아니라 치환기명의 알파벳순으로 한다(그림 10-5).

탄소수가 3 이상인 것에서는 고리구조를 취할 수 있는데 이것을 **시클로알칸**(cycloalkane)이라고 한다(그림 10-4).

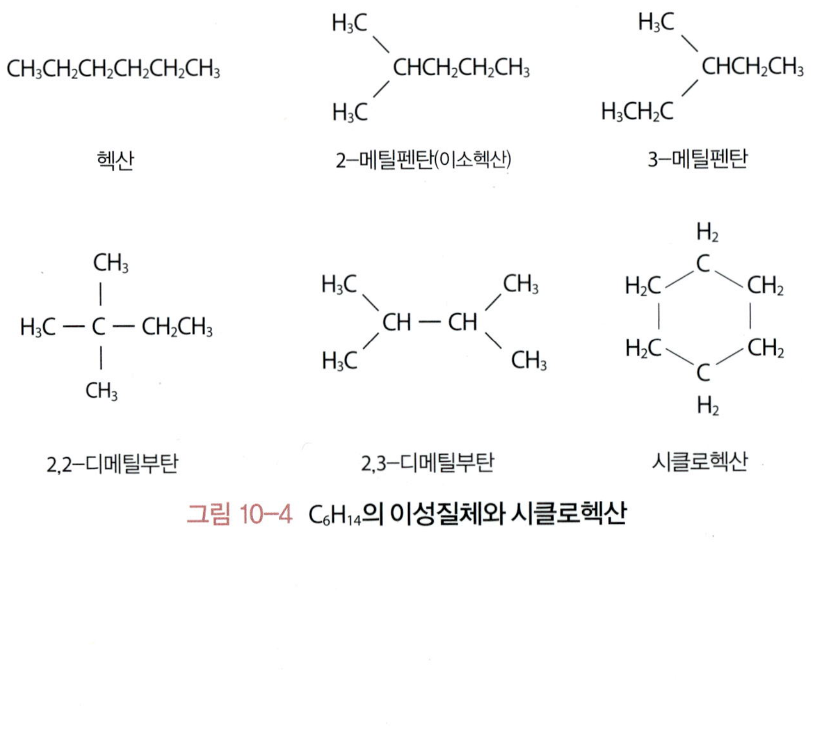

그림 10-4 C_6H_{14}의 이성질체와 시클로헥산

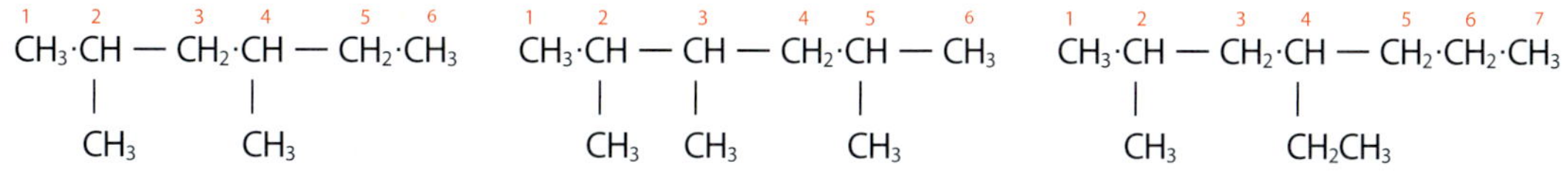

2,4-디메틸헥산
(3,5-로 하지 않음)

2,3,5-트리메틸헥산
(2,4,5-로 하지 않음)

4-에틸-2-메틸헵탄
(2-메틸-4-에틸로 하지 않음)

그림 10-5 **가지가 있는 알칸의 IUPAC 명명법**

알칸은 일반적으로 반응성이 약해서 안정적이다. 가장 간단한 알칸은 메탄(CH_4)으로, 상온상압에서 기체이다. 탄소수가 많아질수록 분자력이 강해지기 때문에 끓는점이나 녹는점은 높아진다(표 10-2). 또 가지가 많을수록 분자의 표면적이 작아지고 분자력이 작아지기 때문에 끓는점과 녹는점은 낮아지는 경향이 있다.

탄소와 탄소 간 결합에 이중결합을 가지는 탄화수소를 **알켄**(alkene), 탄소와 탄소 간 결합에 삼중결합을 가지는 탄화수소를 **알킨**(alkyne)이라고 한다. 알켄의 IUPAC명은 탄소수를 나타내는 말에 접미어 '-ene'를 붙여 표시하고, 알킨의 IUPAC명은 탄소수를 나타내는 말에 접미어 '-yne'을 붙여 표시한다. 예를 들어 탄소수 2('eth-')의 알켄은 'ethene'(에텐, 관용명은 에틸렌), 알킨은 'ethyne'(에틴, 관용명은 아세틸렌)이 된다.

알켄에서 파생된 치환기를 **알케닐기**, 알킨에서 파생된 치환기를 **알키닐기**라고 한다. 알케닐기는 '-ene', '-yne'를 '-enyl', '-ynyl'로 바꿔 표시한다.

가장 간단한 알켄은 에텐(에틸렌)으로, 탄소 원자가 sp^2 혼성오비탈을 취하기 때문에 평면구조가 되고, 가장 간단한 알킨은 에틴(아세틸렌)으로 탄소 원자가 sp 혼성오비탈을 취하기 때문에 직선구조가 된다. 알켄의 이중결합 부분이나 알킨의 삼중결합 부분에는 첨가반응이 일어나기 쉬운데, 이것은 π결합을 형성하는 이웃해 있는 탄소 원자의 p오비탈 겹침이 σ결합에 비해 작고, 결합축에서 떨어져 있어 π전자의 자유도가 높고 분극하기 쉬우므로 친전자성 시약의 공격을 받기 쉽기 때문이다.

단일결합이 이중결합에 끼여 있는 모양을 **공역디엔**(**공역이중결합**)이라고 한다. 공역디엔을 가지는 가장 간단한 화합물은 1,3-부타디엔(부탄-1,3-디엔, $CH_2=CH-CH=CH_2$)이다. 공역디엔화합물에서는 sp^2 혼성오비탈을 취하는 4가지 탄소 원자는 동일한 평면 상에 줄지어 있고, π결합을 형성하는 탄소 원자의 p오비탈은 모두 이 평면과 수직으로 늘어져 있다. π전자는 탄소 1과 2 사이, 탄소 3과 4 사이에 각각 π오비탈을 형성하게 되는데, 실제로는 평면 상에 늘어선 4개의 p오비탈이 서로 겹쳐진 **π전자구름**을 만들고(즉, 탄소 2와 탄소 3 사이에도 π전자가 분포), π전자는 분자 전체에 **비국재화**된다. 즉, 1,3-부타디엔의 구조는 그림 10-6의 (A)처럼 이중결합이 고정되어 있지 않고 [ ] 안에 표시한 극한적 구조 사이에 있어(이를 **공명**이라고 함), 구조식으로는 (B)처럼 된다. 따라서 공역디엔은 비공역계 이중결합과는 다른 반응성을 보인다. 또 공역계가 길어질수록 파장이 긴 빛을 흡수할 수 있다.

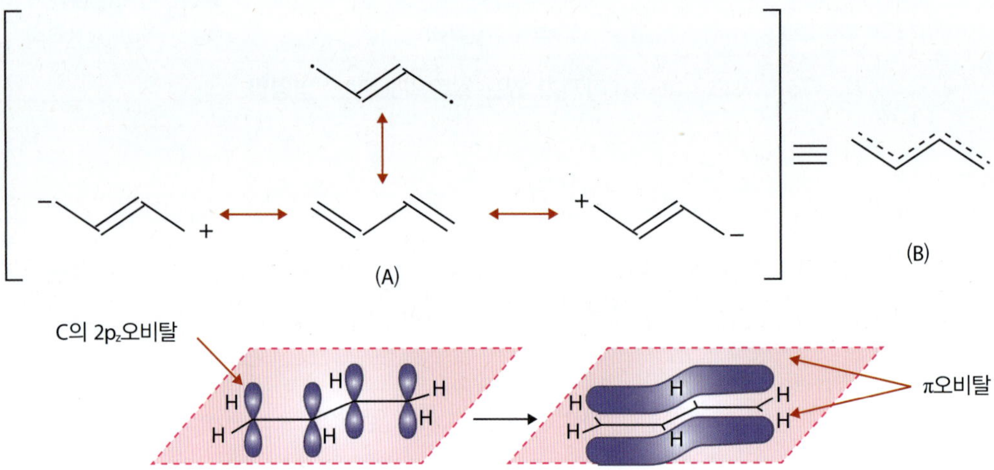

그림 10-6 **부타디엔의 공명구조**

3 방향족화합물

단일결합과 이중결합이 교대로 늘어선 고리 모양의 벤젠은 방향족화합물(aromatic compound)의 대표적인 예이다. 유기화합물이 다음의 조건(휘켈 규칙)을 만족할 때, π전자가 안정된 고리 모양의 π전자구름을 형성하고(그림 10-7), 일반적인 이중결합과는 반응성이 다른 특유의 성질(방향족성, aromaticity)을 나타낸다.

① 분자가 고리 모양이며 평면구조이다.
② 평면구조의 위아래에 비국재화된 고리 모양의 π전자구름을 가진다.
③ 이 공역 루프 안의 전자수가 $4n + 2$(n = 0, 1, 2, …)를 충족하는 수이다.

공역 루프의 전자는 π전자에 한정하지 않고, 비공유전자쌍(고립전자쌍)의 전자나 해리에 의한 전자를 주고받으며 휘켈 규칙 $4n + 2$를 충족하면 방향족성을 가지게 된다(그림 10-8).

방향족화합물의 일반명을 아렌(arene), 방향족화합물에서 파생된 기를 아릴(aryl)기라고 한다. 벤젠과 벤젠의 치환체 일부 명칭은 IUPAC 명명법으로 보존되어 있다(그림 10-9).

한편 1개의 벤젠에 2개 이상의 치환체가 붙는 경우 이성질체가 생성되며 이를 표기하기 위해 o-, m-, p- 로 표기하며 각각 ortho, meta, para로 읽을 수 있다.

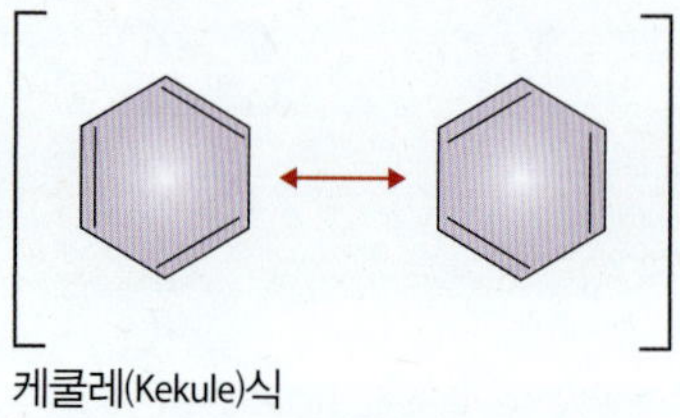

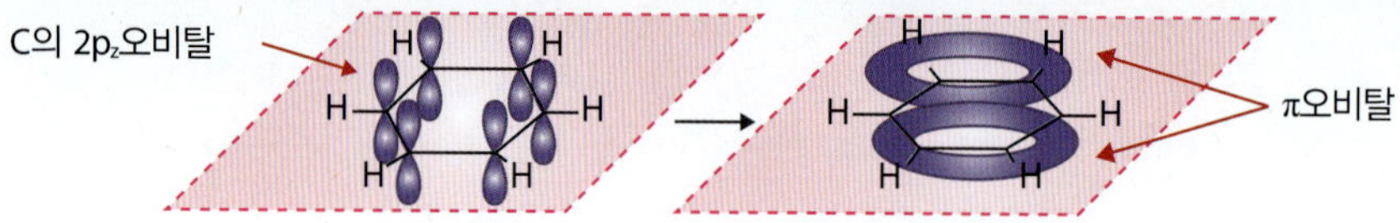

그림 10-7 **벤젠의 공명구조**

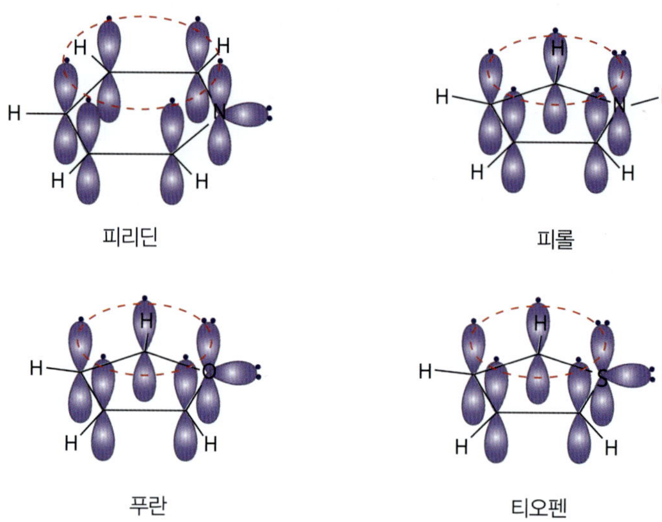

N, O, S는 모두 sp^2형이다. 피롤, 푸란, 티오펜에서는 각각 N, O, S의 비공유전자쌍 전자와 C의 π전자가 공역하여 분자평면의 위아래로 전자구름이 생긴다.

그림 10-8 **복소환식 방향족화합물의 분자오비탈**

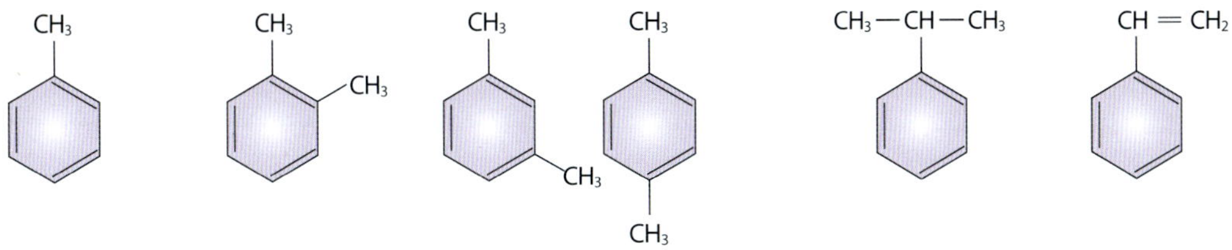

톨루엔 o–크실렌 m–크실렌 p–크실렌 쿠멘 스티렌

페닐기 벤질기

벤질기는 벤젠에서 파생된 기가 아니라 톨루엔에서 파생된 기라는 데 주의해야 한다. 벤젠에서 파생된 기는 페닐기라고 한다. 이들 명칭은 모두 IUPAC 명명법에서 인정된다.

그림 10–9 **벤젠의 치환체와 기**

4 산소를 함유하는 유기화합물

1. 알코올과 페놀

탄화수소의 수소 원자를 히드록시기(−OH)로 치환한 것을 **알코올**(alcohol)이라고 한다. 알코올의 IUPAC명은 탄화수소 끝에 '−ol'을 붙여(모음이 겹칠 때는 탄화수소의 '−e'를 뺌) 표시하거나(치환명명법) 탄화수소의 치환기명 뒤에 'alcohol'을 붙인다(작용기명명법). 예를 들어 에탄(ethane)에서 파생된 알코올은 치환명명법으로는 'ethanol', 작용기명명법으로는 'ethyl alcohol'이 된다(표 10−3).

히드록시기가 1개인 알코올을 1가 알코올, 2개인 것을 2가 알코올, 3개인 것을 3가 알코올로 분류한다(그림 10−10). 또 탄화수소 가지의 분지 방법에 따라 제1급 알코올, 제2급 알코올('*sec*−'을 붙임), 제3급 알코올('*tert*−'를 붙임)과 같은 분류를 이용하기도 한다.

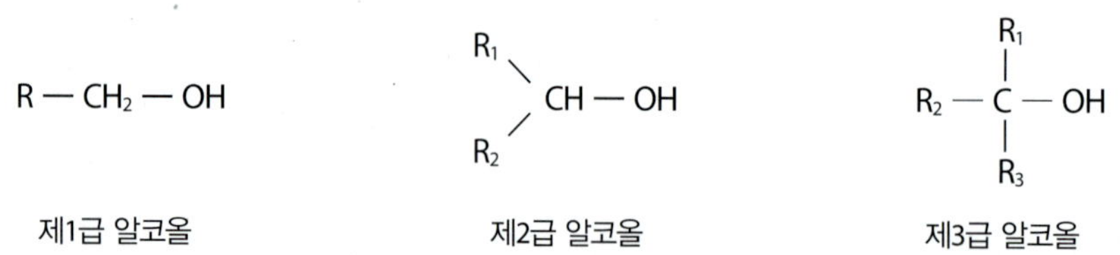

그림 10−10 탄화수소 가지의 분지방법에 따른 알코올의 분류

표 10-3 주요 알코올류

<table>
<tr><th>명칭</th><th>구조식</th><th>끓는점
(℃)</th><th>녹는점
(℃)</th><th>물에 대한 용해도
(g/100mL, 20℃)</th></tr>
<tr><td>메탄올</td><td>CH_3OH</td><td>65</td><td>−98</td><td>섞임</td></tr>
<tr><td>에탄올</td><td>CH_3CH_2OH</td><td>79</td><td>−117</td><td>섞임</td></tr>
<tr><td>1-프로파놀</td><td>$CH_3CH_2CH_2OH$</td><td>97</td><td>−127</td><td>섞임</td></tr>
<tr><td>2-프로파놀
(이소프로필알코올)</td><td>CH_3
|
$CH_3-CH-OH$</td><td>83</td><td>−90</td><td>섞임</td></tr>
<tr><td>1-부타놀</td><td>$CH_3CH_2CH_2CH_2OH$</td><td>117</td><td>−90</td><td>7.7</td></tr>
<tr><td>2-부타놀
(sec-부틸알코올)</td><td>CH_3
|
$CH_3CH_2-CH-OH$</td><td>100</td><td>−115</td><td>12.5</td></tr>
<tr><td>2-메틸-2프로파놀
(tert-부틸알코올)</td><td>CH_3
|
CH_3-C-OH
|
CH_3</td><td>83</td><td>25</td><td>섞임</td></tr>
<tr><td>1,2-에탄디올
(에틸렌글리콜)</td><td>$HO-CH_2CH_2-OH$</td><td>198</td><td>−13</td><td>섞임</td></tr>
<tr><td>1,2,3-프로판트리올
(글리세롤)</td><td>$HO-CH_2CHCH_2-OH$
|
OH</td><td>290</td><td>18</td><td>섞임</td></tr>
</table>

벤젠의 수소 원자를 히드록시기(−OH)로 치환한 것을 **페놀**(phenol)이라고 한다(표 10-4). 2가 페놀은 **카테콜**(catechol), 3가 페놀은 **피로갈롤**(pyrogallol)이라 하고, 이들을 통합해 **폴리페놀**(polyphenol)이라고 한다.

알코올이나 페놀은 히드록시기의 분극으로 인해 분자끼리 **수소결합**(hydrogen bond)을 형성한다. 따라서 같은 탄소수의 알칸에 비해 녹는점이나 끓는점이 매우 높다(표 10-3, 표 10-4). 또 히드록시기는 수소결합으로 물 분자를 결합할 수 있어 알킬기가 작은 것에서는 물에 용해된다. 하지만 알킬기의 크기가 부틸기 이상이 되면 알킬기의 소수성이 높아져 물에 잘 용해되지 않게 된다. 페놀도 페닐기의 소수성이 높아 물에 잘 용해되지 않는다. 분지가 있는 알킬기는 직쇄의 알킬기에 비해 탄화수소 간의 상호작용이 적어 같은 탄소수에서는 분지가 있는 쪽이 물에 쉽게 녹는다.

표 10-4 주요 페놀류

명칭	구조식	끓는점 (℃)	녹는점 (℃)	물에 대한 용해도 (g/100mL, 20℃)
페놀	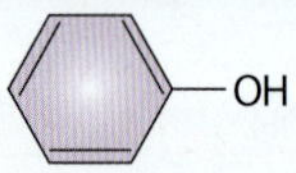	182	43	8
m-크레졸	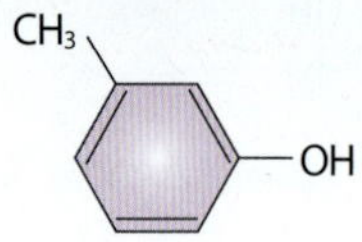	202	11~12	2.4
카테콜	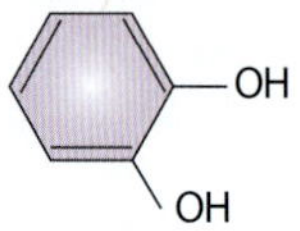	245.5	105	43
피로갈롤	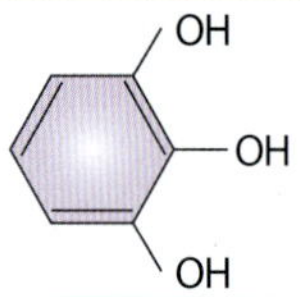	309	131~134	60

산의 촉매 하에 알코올을 가열하면 분자 간 탈수나 분자 내 탈수가 일어난다. 예를 들어 에탄올에 진한 황산을 첨가하여 약 130℃에서 가열하면 분자 간 탈수에 의해 에톡시에탄(디에틸에테르, ethoxyethane)이 생성되고, 약 170℃에서 가열하면 분자 내 탈수로 에텐(에틸렌, ethene)이 생성된다(그림 10-11).

$$CH_3CH_2{-}O{-}CH_2CH_3 \xLeftarrow[\text{분자 간 탈수}]{130℃} CH_3CH_2{-}OH \xRightarrow[\text{분자 내 탈수}]{170℃} CH_2 = CH_2$$

그림 10-11 알코올의 분자 간 탈수반응과 분자 내 탈수반응

제1급 알코올은 산화되면 알데히드가 되고, 다시 산화되면 카르복시산이 된다. 제2급 알코올은 산화되면 케톤이 되지만, 제3급 알코올은 거의 산화되지 않는다.

알코올의 수용액은 중성이지만, 페놀의 수용액은 약산성(약 pH 6.0)이며, 히드록시기가 해리되어 있다. 알코올의 히드록시가 프로톤(H^+)을 방출한 상태를 생각해보면, 음전하는 히드록시기의 산소 원자 부분에 머물러 있기만할 뿐 높은 에너지 상태를 보이며 불안정하다. 따라서 산해리상수의 값도 크다(1-부타놀에서 pK_a = 16). 하지만 페놀의 히드록시기는 프로톤을 방출해도 음전하

는 히드록시기가 결합하는 벤젠고리의 공역 루프로 분산되어 공명 안정화된다(그림 10-12). 따라서 해리로 생성된 음전하는 벤젠고리의 π전자구름으로 분산되어 비국재화되기 때문에 에너지 측면에서 안정적인 상태가 된다. 페놀의 산해리상수는 pK_a = 10이다.

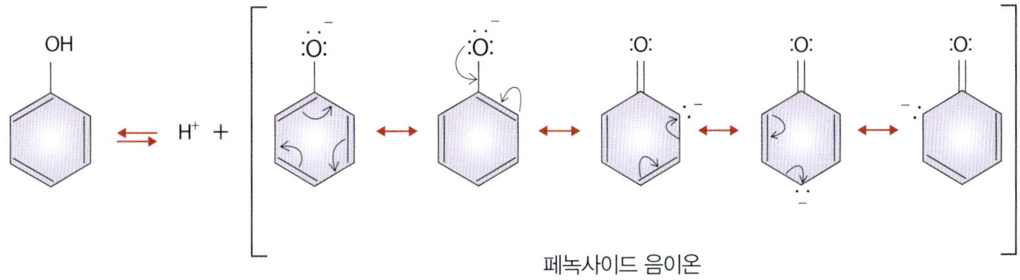

그림 10-12 페놀의 해리와 페녹사이드 음이온의 공명 안정화

2. 에테르

알킬기나 아릴기가 산소 원자로 결합된 것을 **에테르**(ether)라고 한다. 에테르의 IUPAC명은 탄소수가 적은 기 끝에 '-oxy'를 붙이고(단, methyl, ethyl, propyl, butyl, phenyl은 각각 단축형 methoxy, ethoxy, propoxy, butoxy, phenoxy로 함), RO-를 하나의 치환기로 간주해서 표시한다(치환명명법). 또는 2개의 기를 알파벳순으로 나열한 후 'ether'를 붙인다(작용기명명법). 예를 들어 메탄(methane)과 에탄(ethane)에서 파생된 에테르는 치환명명법으로는 'methoxyethane', 작용기명명법으로는 'ethyl methyl ether'가 된다(표 10-5).

2개의 같은 기를 가지는 에테르의 작용기명은 'diethyl ether'와 같지만, 'di-'는 생략해서 'ethyl ether'라고 해도 무방하다. 고리의 일부가 된 탄소 원자 2개 또는 사슬 모양의 탄소 원자 2개에 직접 붙어 있는 산소 원자는 'epoxy-'를 접두어로 붙여 표시한다(그림 10-13).

메톡시에탄
(에킬메틸에테르)

1,2-에폭시에탄
(에틸렌옥시드)

그림 10-13 사슬 모양의 에테르와 고리 모양의 에테르

에테르는 알코올과 달리 산소 원자 부분에서 분자 간 수소결합이 불가능하기 때문에 끓는점은 같은 탄소수의 알코올보다 낮아 알칸에 가까워진다(표 10-5). 하지만 산소 원자 부분에서는 물 분자가 **수소결합**할 수 있어, 물은 같은 탄소수의 알코올과 같은 용해성을 가진다. 고리 모양 에테르(cyclic ether)에서는 산소 원자가 탄화수소에서 멀어져 물 분자를 결합하기 쉬워지기 때문에 사슬 모양 에테르보다 물에 대한 용해성은 높다. 또 산소 원자가 탄화수소사슬에 끼여 있기 때문에 반응성은 낮다.

표 10-5 **주요 에테르**

명칭	구조식	끓는점 (℃)	녹는점 (℃)	물에 대한 용해도 (g/100mL, 20℃)
메톡시메탄 (디메틸에테르)	CH_3-O-CH_3	−23.6	−141.5	2.4
에톡시에탄 (디에틸에테르)	$CH_3CH_2-O-CH_2CH_3$	35	−116	6.9
1,2-에폭시에탄 (에틸렌옥시드)	O / \ CH_2-CH_2	11	−111	섞임
테트라하이드로푸란	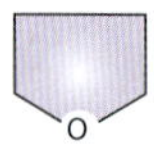	66	−108.5	섞임
18-크라운-6 (원자수 18, 산소수 6의 크라운에테르)	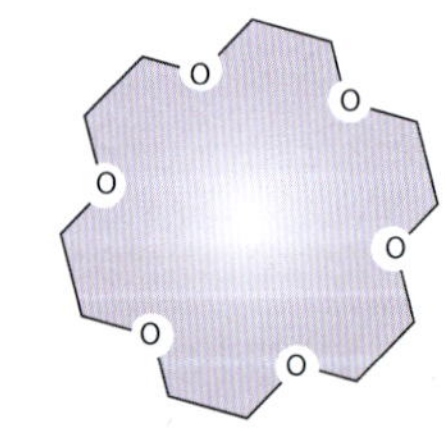	116 (0.2 mmHg)	40	7.5 (예측치)

3. 알데히드와 케톤

탄화수소의 탄소 원자에 산소 원자가 이중결합으로 결합한 것(>C = O)을 **카르보닐화합물**(carbonyl compound)이라고 한다. 이 중 R−CHO 형태를 **알데히드**(aldehyde), R−CO−R' 형태를 **케톤**(ketone)이라고 한다. 알데히드의 IUPAC명은 탄화수소 끝에 '−al'을 붙여(모음이 겹칠 때는 탄화수소의 '−e'를 뺌) 표시한다. 케톤의 IUPAC명은 탄화수소 끝에 '−one'을 붙여 표시한다. 예를 들어 프로판(propane)에서 파생된 알데히드는 'propanal', 케톤은 'propanone'이 된다(표 10-6).

카르보닐기의 탄소는 sp^2 혼성오비탈을 취하기 때문에 카르보닐기와 카르보닐기의 탄소 원자에 결합하는 원자는 동일 평면 상에 나열된다. 카르보닐기의 산소는 전기음성도가 높고 탄소 원자와 산소 원자 간 π결합을 형성하는 π전자는 산소 쪽으로 기울어 분극된다(그림 10-14).

카르보닐화합물은 쌍극자와 쌍극자의 상호작용으로 끓는점은 탄화수소나 에테르보다 높지만 알코올보다 낮다(표 10-6). 물이나 알코올과 수소결합을 할 수 있기 때문에 이들에 대해서는 비교적 잘 용해되지만 탄소수 4 이상인 것에서는 부분적으로만 용해된다.

표 10-6 **주요 알데히드와 케톤**

명칭	구조식	끓는점 (℃)	녹는점 (℃)	물에 대한 용해도 (g/100mL, 20℃)
메타날 (포름알데히드)	HCHO	−20	−92	매우 잘 녹음
에타날 (아세트알데히드)	CH_3CHO	20.2	−123	물에 섞임
프로파날	CH_3CH_2CHO	49	−81	20
부타날	$CH_3CH_2CH_2CHO$	74.8	−99	7
벤즈알데히드	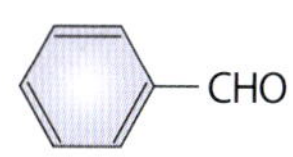	179	−26	물에 잘 녹지 않음
프로파논 (아세톤)	$CH_3C(=O)CH_3$	56	−95	물에 섞임
부타논	$CH_3CH_2C(=O)CH_3$	80	−86	29
3-펜타논	$CH_3CH_2C(=O)CH_2CH_3$	102	−42	4
1-페닐에타논 (아세트페논)	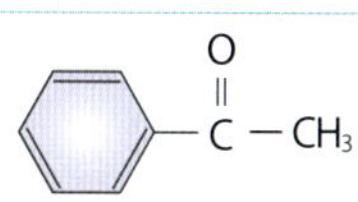	202	20	물에 잘 녹지 않음

카르보닐기 탄소 원자의 부분적 정전하(δ+) 영향은 카르보닐기의 탄소 원자에 결합하는 앞의 C−H 간 결합에도 미쳐 수소 원자는 전자결핍상태가 된다. 따라서 이 수소는 염기에 의해 프로톤으로 쉽게 빠지게 되는데, 이 수소를 **활성수소**(active hydrogen)라고 한다(그림 10-14).

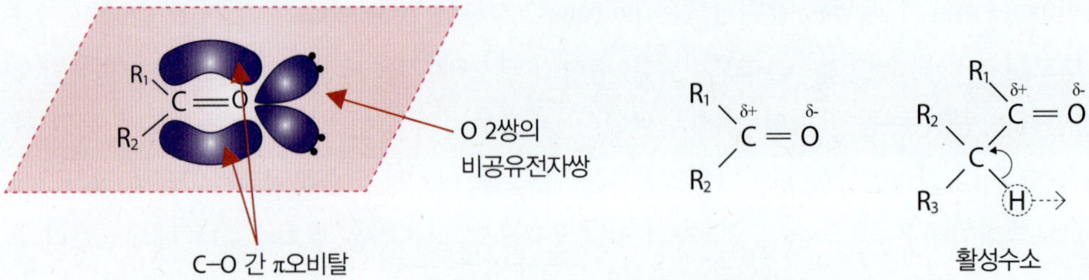

그림 10-14 **카르보닐기의 구조와 활성수소**

활성수소가 빠져 생긴 **에놀레이트음이온**(enolate anion)의 음전하는 카르보닐기의 π결합과 공역한다. 이 엔놀레이트음이온 공명 혼성체에서 프로톤화에 의해 케토형과 에놀형 등 2가지 이성질체를 생성한다(그림 10-15). 이들은 프로톤을 상실하면 공통된 에놀레이트음이온을 만들고 상호 변환할 수 있으며, 이 상호 변환은 산촉매에서도 다른 중간체를 거쳐 일어난다.

알데히드나 케톤은 각각 서로 빠르게 상호 변환하는 구조이성질체의 형태를 취할 수 있다. 이러한 상호 변환을 **호변이성**(tautomerism)이라 하고, 호변이성으로 생기는 상호 간의 이성체를 **호변이성체**(tautomer)라고 한다. 호변이성체는 빠른 **동적 평형상태**에 있지만, 한쪽으로 크게 치우쳐 있는 경우가 있다. 이 평형상태는 온도, pH, 용매의 종류와 같은 외부환경에 의해 변화한다. 예를 들어 프로파논과 2-히드록시프로판의 호변이성(**케토-에놀 호변이성**)의 평형에서는 보통 거의 전자만 존재하지만, pH가 떨어지면 후자의 비율이 증가한다. 생체 관련 물질에서 관찰되는 호변이성으로 삼탄당인 글리세르알데히드가 불안정한 중간체를 거쳐 디히드록시아세톤으로 변환되는 예가 있다(그림 10-16).

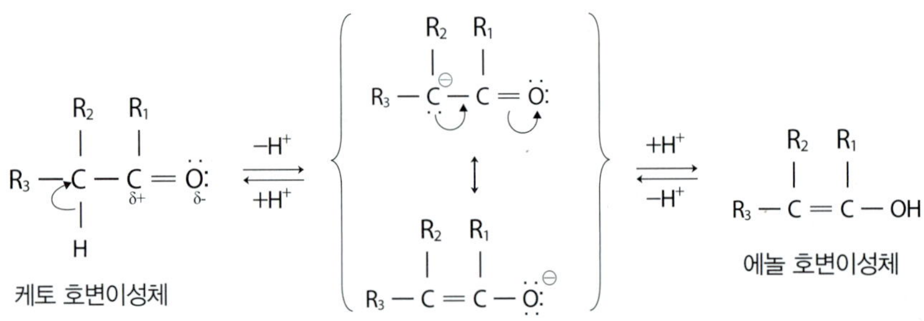

그림 10-15 **케토-에놀(keto-enol) 호변이성**

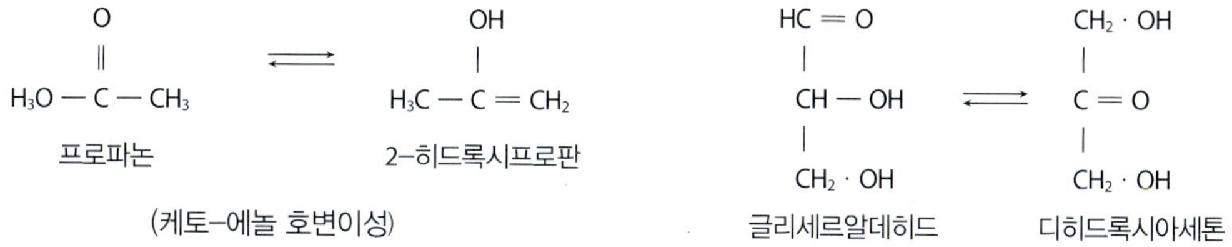

그림 10-16 **카르보닐기의 호변이성**

반응성이 높은 카르보닐기에 수소가 부가(환원)되면 알데히드에서는 제1급 알코올이 생성되고, 케톤에서는 제2급 알코올이 생성된다. 또 알데히드는 쉽게 산화되어 상대 화합물을 환원시키지만(**환원성**), 케톤은 잘 산화되지 않는다. 알데히드는 산화되면 카르복시산이 된다.

카르보닐기는 알코올과의 첨가반응도 일으키기 쉽다. 알데히드는 산촉매 하에 알코올과 첨가반응하여 **헤미아세탈**(hemiacetal)을 생성한다(그림 10-17). 헤미아세탈에 다시 알코올이 부가되면 **아세탈**(acetal)이 생성된다. 일반적으로 헤미아세탈은 불안정하지만 알도오스의 고리구조에서는 안정된 헤미아세탈 구조를 취한다.

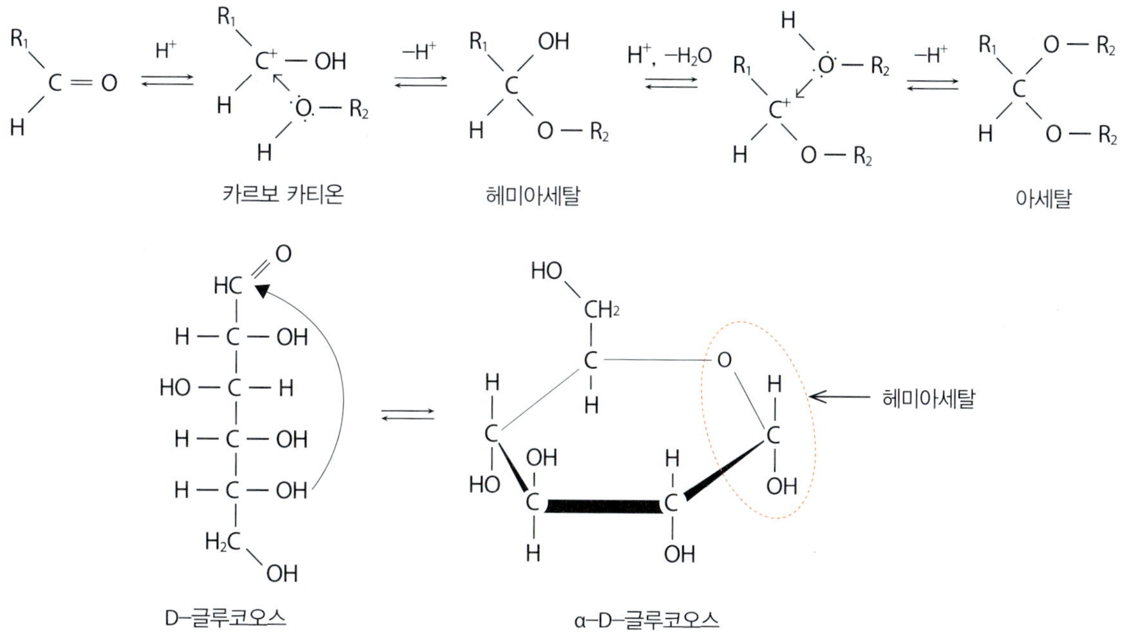

그림 10-17 **헤미아세탈과 아세탈의 생성**

4. 카르복시산

탄화수소의 카르보닐기에 히드록시기가 결합한 것을 **카르복시산**(carboxylic acid)이라고 한다. 카르복시산의 IUPAC명은 카르보닐기와 히드록시기의 결합을 하나의 기로 간주하여 탄화수소 끝에 '–oic acid'를 붙여 표기한다. 예를 들면 에탄(ethane)에서 파생된 카르복시산은 'ethanoic acid'가 된다(표 10–7). 또 고리 모양 화합물에서는 치환기(카르복시기)로 표시하는 방법이 있다. 예를 들면 벤젠(benzene)에서 파생된 C_6H_5–COOH는 benzenecarboxylic acid가 된다. IUPAC에서는 상당수 카르복시산에 대해 관용명을 인정하는데, 예를 들면 지질을 구성하는 **지방산**(fatty acid)에서는 관용명이 이용되는 경우가 많다.

표 10–7 주요 에테르

명칭	구조식	끓는점 (℃)	녹는점 (℃)	물에 대한 용해도 (g/100mL, 20℃)
메탄산(포름산)	HCOOH	101	8	섞임
에탄산(아세트산)	CH_3COOH	118	16.7	섞임
프로판산 (프로피온산)	CH_3CH_2COOH	141	–21	매우 잘 녹음
부티르산(낙산)	$CH_3CH_2CH_2COOH$	164	–7.9	섞임
안식향산	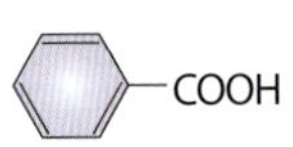	249	122	0.29
에탄이산(수산)	HOOC–COOH		190(분해)	9~10
프로판이산 (말론산)	HOOC–CH_2–COOH		135(분해)	139
부탄이산(호박산)	HOOC–CH_2CH_2–COOH	235	189	6
cis–부텐이산 (말레인산)	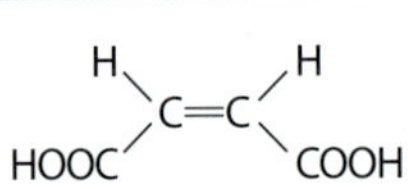	135(분해)	131	78
trans–부텐이산(푸말산)	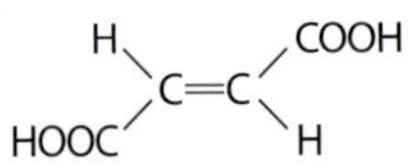	(승화)	287	0.63
1,2–벤젠디카르복실산 (프탈산)	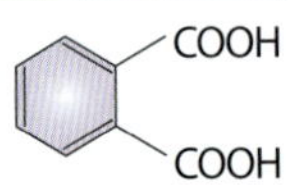		230	0.63

카르복시기의 탄소 원자는 sp^2 혼성오비탈을 취하고 있어 탄소 원자와 산소 원자는 평면 상에 있다. 산소 원자는 전기음성도가 높아 C=O 간, O−H 간에 분극되어 있다. 따라서 H^+을 방출하면 공명 안정화할 수 있으므로 카르복시기를 가지는 화합물은 **산성**을 띤다(그림 10−18). 또 이 분극으로 인해 **수소결합**이 가능하고, 카르복시산의 끓는점은 카르복시산끼리의 수소결합(그림 10−19) 때문에 높아져 물 분자나 알코올 분자와 수소결합을 형성할 수 있으며, 탄소수 1~4 정도의 카르복시산은 물과 자유롭게 섞일 수 있다(표 10−7).

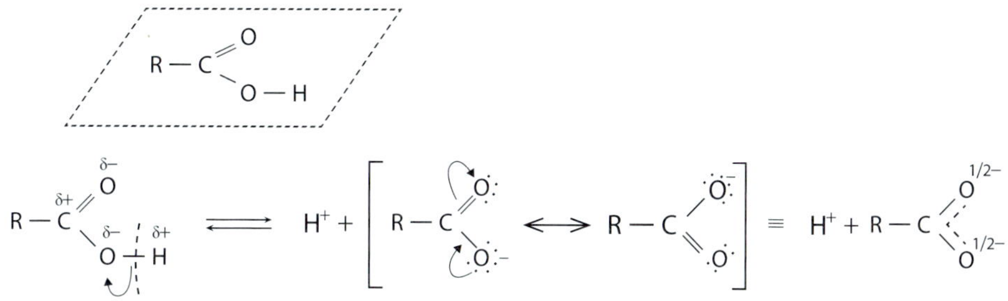

그림 10−18 **카르복시기의 해리와 공명 안정화**

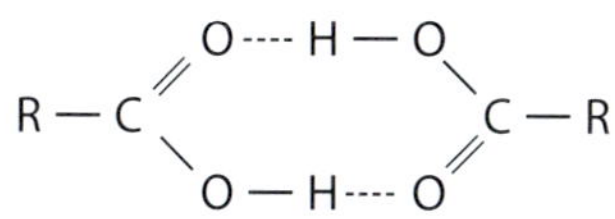

그림 10−19 **수소결합으로 형성된 카르복시산의 이량체**

카르복시산 R−COOH의 산성도는 R의 성질에 크게 영향을 받는다. 예를 들어 아세트산(CH_3COOH)의 산성도에 비해 모노클로로아세트산($ClCH_2COOH$)의 산성도는 크다(표 10−8). 이것은 클로로아세트산의 Cl가 전기음성도가 높고 카르복시기에서 전자를 끌어당기는 성질(**전자구인성**, electron−withdrawing)이 강해서 카르복시기의 전자가 분산되기 때문이다. 또 알킬사슬이 커질수록 산성도가 작아진다. 이것은 알킬사슬이 커질수록 전자를 밀어내는 성질(**전자공여성**, electron−donating)이 강해져 전자가 카르복시기에 밀려나가기 때문이다(그림 10−20).

카르복시산의 유도체에는 **산할로겐화물**, **산무수물**, **에스테르**, **아미드** 등이 있으며(그림 10−21), 에스테르, 아미드는 생체 관련 물질에서 잘 관찰되는 카르복시산 유도체이다.

아세트산　　　　　　　　　　트리클로로아세트산

그림 10-20 아세트산과 트리클로로아세트산의 전자 편향

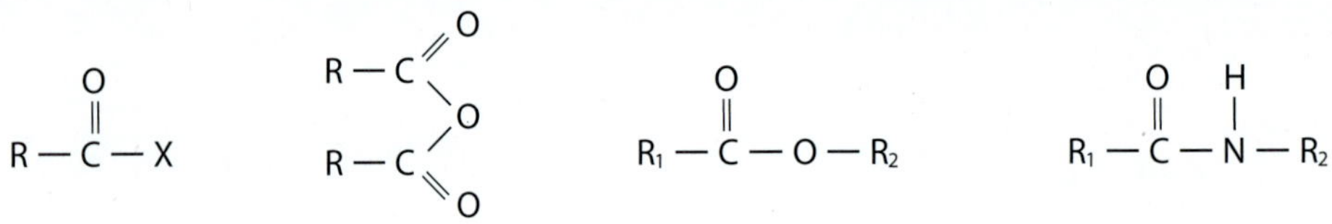

산할로겐화물　　　　산무수물　　　　에스테르　　　　아미드

그림 10-21 카르복시산의 유도체

표 10-8 카르복시산의 산성도

<table>
<tr><th>명칭</th><th>구조식</th><th>pK_a*</th></tr>
<tr><td>염산</td><td>HCl</td><td>−7</td></tr>
<tr><td>메탄산(포름산)</td><td>HCOOH</td><td>0.70</td></tr>
<tr><td>트리클로로아세트산</td><td>Cl
|
Cl — C — COOH
|
Cl</td><td>1.48</td></tr>
<tr><td>디클로로아세트산</td><td>H
|
Cl — C — COOH
|
Cl</td><td>2.85</td></tr>
<tr><td>모노클로로아세트산</td><td>H
|
Cl — C — COOH
|
H</td><td>3.75</td></tr>
<tr><td>에탄산(아세트산)</td><td>CH_3COOH</td><td>4.75</td></tr>
<tr><td>프로판산(프로피온산)</td><td>CH_3CH_2COOH</td><td>4.88</td></tr>
</table>

* pK_a(산해리상수)가 작을수록 산성도가 크다.

에스테르는 카르복시산과 알코올이 탈수축합한 것(그림 10–22)으로, 에스테르의 IUPAC명은 알코올의 알킬기 명칭 뒤에 카르복시산의 '–ic acid'를 '–ate'로 바꿔 표기한다. 예를 들어 아세트산(acetic acid)과 에탄올(ethanol)에서 파생된 에스테르는 'ethyl acetate(아세트산에틸)'가 되며, 에스테르는 염기성 조건 하에 가수분해되면 알코올과 카르복시산의 염으로 분해되는데(그림 10–22), 이 조작을 **비누화**(saponification)라고 한다.

카르복시산의 카르복시기에서 히드록시기가 떨어진 형태 RCO–를 **아실기**(acyl residue)라고 한다.

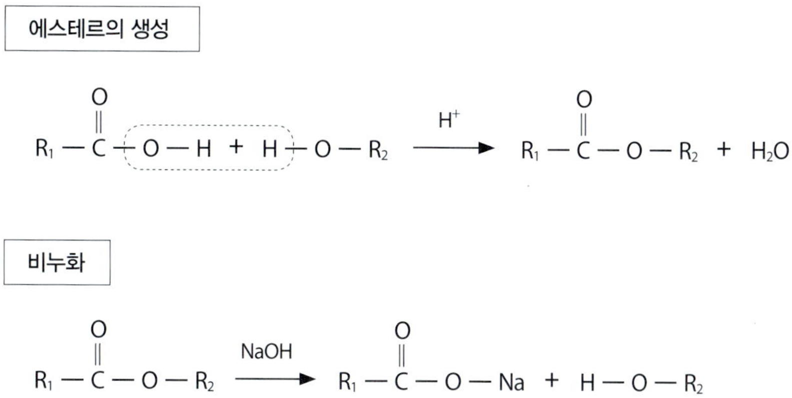

그림 10–22 **에스테르의 생성과 비누화**

5 질소를 함유하는 유기화합물

1. 아민

암모니아(NH_3)의 H를 알킬기나 아릴기로 치환한 화합물을 **아민**(amine)이라고 한다. 치환된 수에 따라 제1급 아민, 제2급 아민, 제3급 아민이 있고, 암모늄이온(NH_4^+)형인 아민을 제4급 암모늄이온이라고 한다. 아민의 IUPAC명은 제1급 아민에서는 알킬기나 아릴기의 명칭 뒤에 '−amine'을 붙여 표기한다(표 10−9). 대칭으로 치환된 제2급 아민이나 제3급 아민에서는 치환기의 수를 표시하는 접두어 'di−'나 'tri−'를 치환기명 앞에 붙이고, 치환기명 뒤에 '−amine'을 붙여 표기한다. 비대칭인 경우에는 가장 큰 치환기를 모체의 제1급 아민으로 생각하고 그 이외의 치환기명 앞에 'N−'을 붙여 표기한다.

아민의 질소 원자는 산소 원자만큼 전기음성도가 크지 않고 아민 간 수소결합은 히드록시기보다 작기 때문에 끓는점은 탄화수소와 알코올의 중간 정도이다(표 10−9). 질소 원자에 결합하는 수소 원자가 없어 수소결합할 수 없는 제3급 아민은 제1급 아민이나 제2급 아민보다 끓는점이 낮다.

아민의 질소 원자는 비공유전자쌍을 가지고 있어 프로톤을 **배위결합**(coordinate linkage)할 수 있으며 **염기성**을 나타낸다. 아민의 염기성도는 카르복시산의 산성도와 마찬가지로 치환기의 영향을 크게 받는다. 알킬기를 치환기로 가지는 아민에서는 알킬기가 커질수록, 또 알킬기의 수가 많아질수록 염기성은 강해진다. 이것은 알킬기가 전자공여성을 가지기 때문에 전자를 질소 원자로 밀어내 프로톤의 양전하가 안정화되기 때문이다.

표 10-9 **주요 아민과 그 염기성도**

명칭	구조식	끓는점 (℃)	녹는점 (℃)	물에 대한 용해도 (g/100mL, 20℃)	pK_b*
암모니아	NH_3	−33	−78	54	4.75
메틸아민	CH_3NH_2	−6	−93	매우 잘 녹음	3.36
디메틸아민	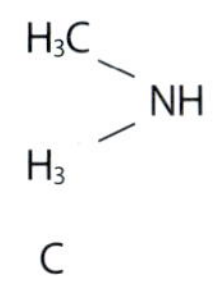	7	−92.2	354	3.28
트리메틸아민	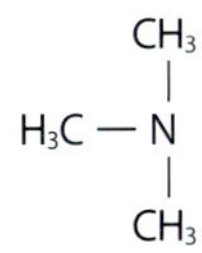	3	−117	매우 잘 녹음	4.30
에틸아민	$CH_3CH_2NH_2$	16.6	−81	섞임	3.25
디에틸아민	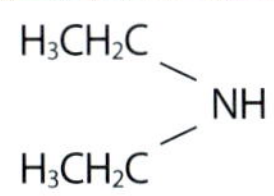	55.5	−50	섞임	3.02
트리에틸아민	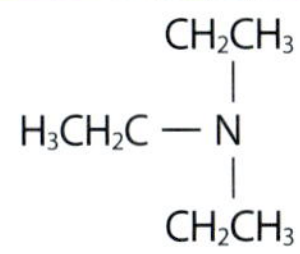	89	−115	17	3.24
n-프로필아민	$CH_3CH_2CH_2NH_2$	48	−83	섞임	3.33
n-부틸아민	$CH_3CH_2CH_2CH_2NH_2$	78	−50	섞임	3.38
시클로헥실아민	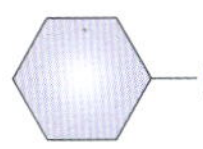 $-NH_2$	134.5	−17.7	섞임	3.35
아닐린	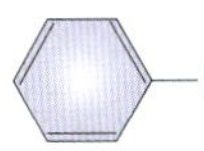 $-NH_2$	184	−6	3.4	9.42
N-메틸아닐린	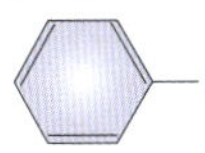 $-NH-CH_3$	194~196	−57	녹지 않음	9.15

* pK_b(염기해리지수)가 작을수록 염기성도가 크다.

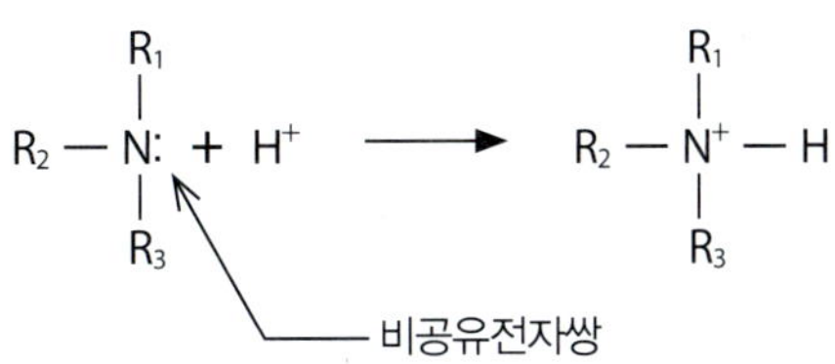

그림 10-23 **아민으로의 프로톤 배위**

또 아릴기에서는 염기성이 약해진다. 이것은 프로톤의 배위결합에 관여하는 질소 원자의 비공유전자쌍이 벤젠고리의 π전자구름 쪽으로 비국재화되기 때문이다. 또 방향고리의 일부가 된 아민에서는 피리딘은 약하면서도 염기성을 보이지만, 피롤은 염기성을 보이지 않는다. 피롤의 질소 원자 비공유전자쌍은 탄소 원자의 π전자와 함께 방향고리의 π전자구름 형성에 이용되어 프로톤을 결합할 수 없기 때문이다(그림 10-24).

아민은 결정이 되기 힘들고 액체 상태에서는 쉽게 산화된다. 하지만 산과 반응해서 생성되는 염은 수용성의 결정으로 안정적이다. 따라서 특히 의약품 등에서는 염산염, 황산염 등의 형태로 취급되는 경우가 많다. 아민과 아초산(HNO_2)을 산성 조건 하에 반응시키면 지방족 제1급 아민에서는 알코올이, 제2급 아민에서는 **니트로소아민**(nitrosoamine)이 생성된다. 방향족 제1급 아민에서는 **디아조늄이온**(diazonium ion)이 생성되고 이것은 염기성 조건 하에서 페놀류나 방향족 아민과 반응[**디아조 커플링**(diazo coupling)]해 **아조색소**(azo dye)를 생성한다(그림 10-25).

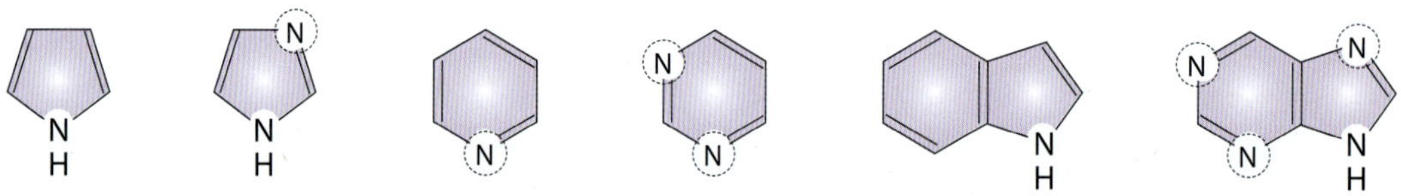

염기성을 나타내는 질소 원자를 (N)으로 나타냈다.

그림 10-24 방향고리의 일부가 된 아민과 염기성

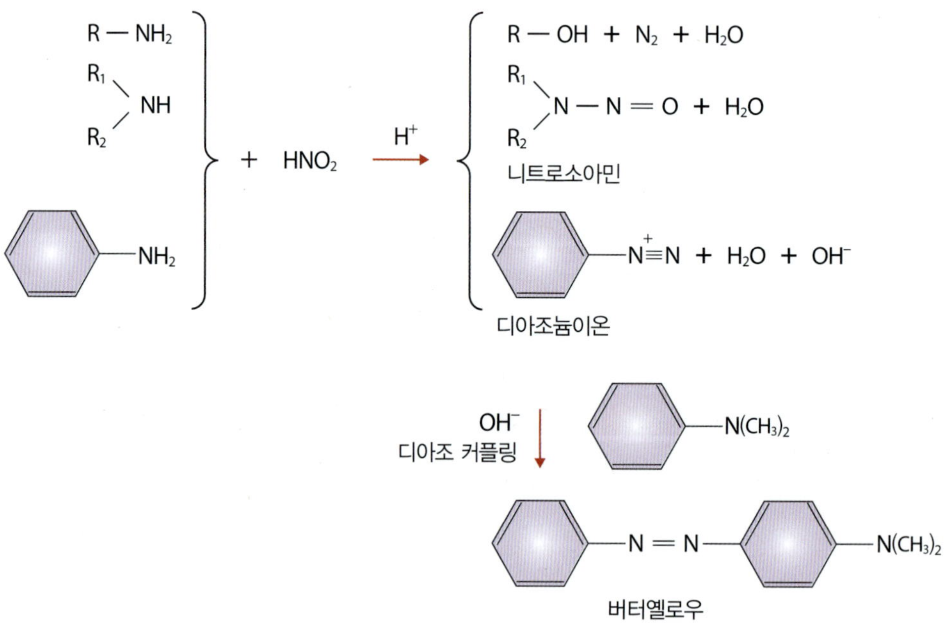

그림 10-25 아민과 아초산의 반응

아민과 카르보닐기가 탈수축합하면 **이민**(**시프염기**, imine)을 생성하고, 아민과 카르복시산이 탈수축합하면 **아미드**(amide)를 생성한다(그림 10-26).

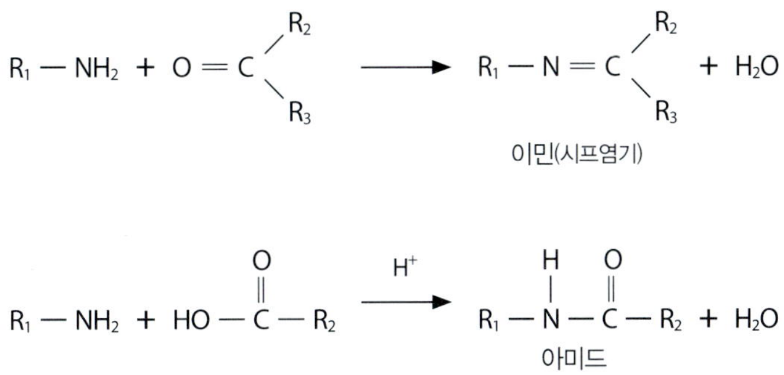

그림 10-26 **아민에서의 이민과 아미드 생성**

2. 아미드

카르복시기와 아미노기가 탈수축합한 구조(−CO−NH−)를 **아미드**(amide)라고 한다. 카르복시산과 아민의 탈수축합은 쉽게 일어나지 않으며 실제로는 카르복시산 무수물 등 활성이 높은 유도체를 이용해 생성한다. 아미드에서는 질소 원자의 비공유전자쌍이 이웃한 카르보닐기의 π전자와 비국재화하기 때문에 염기성을 나타내지 않는다. 하지만 아미드는 극성이 높기 때문에 분자 간 수소결합에 의해 결정성이 좋고 물 분자를 수소결합하기 때문에 물에 쉽게 녹는다.

특히 아미노산 간의 아미드결합을 **펩티드결합**(peptide bond)이라고 한다.

6 유황을 함유하는 유기화합물 - 티올과 디술피드

알코올의 O가 S로 치환된 화합물 R−SH를 **티올**(thiol), 에테르의 O가 S로 치환된 화합물 R−S−R′를 **술피드**(sulfide)라고 한다. 티올의 IUPAC명은 알코올 명명법과 마찬가지로 탄화수소 끝에 '−thiol'을 붙여 표기한다. 예를 들면 에탄(ethane)에서 파생된 티올은 'ethanethiol'이 된다. 술피드의 IUPAC명은 에테르의 작용기명명법과 같이 S에 결합하는 알킬기 명칭 뒤에 'sulfide'를 붙여 표기하는데, 예를 들어 메탄과 벤젠에서 파생된 술피드는 'methyl phenyl sulfide'가 된다.

S는 O에 비해 전기음성도가 낮기 때문에 티올기의 분극은 히드록시기보다 작고, 티올의 수소 결합능력은 알코올보다 작다. 따라서 티올은 알코올보다 끓는점이 낮고 물에도 쉽게 녹지 않는다(표 10−10). 일반적으로 저분자의 티올 화합물은 악취가 난다.

표 10−10 주요 티올

명칭	구조식	끓는점 (℃)	녹는점 (℃)	물에 대한 용해도 (g/100mL, 20℃)
메탄티올 (메틸메르캅탄)	CH_3SH	6	−123	2.3
에탄티올 (에틸메르캅탄)	CH_3CH_2SH	35	−144.4	0.68
티오페놀 (페닐메르캅탄)	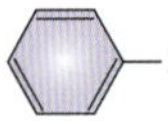−SH	168	−15	녹지 않음
디메틸술피드	CH_3-S-CH_3	37.3	−98	녹지 않음

티올은 산화되기 매우 쉽다. 티올끼리 산화되어 축합한 R−S−S−R′ 형태의 화합물을 **디술피드**(disulfide)라 하고, −S−S−결합을 **디술피드결합**(disulfide bond)이라고 한다. 반대로 디술피드는 쉽게 환원되어 티올 화합물을 생성한다(그림 10−27).

티올은 알코올과 마찬가지로 카르복시산과 탈수축합해 **티올에스테르**(티오에스테스, thiol ester) R−CO−S−R′를 형성한다. 티올이 심하게 산화되면 **술폰산**(R−SO_3H)을 생성한다.

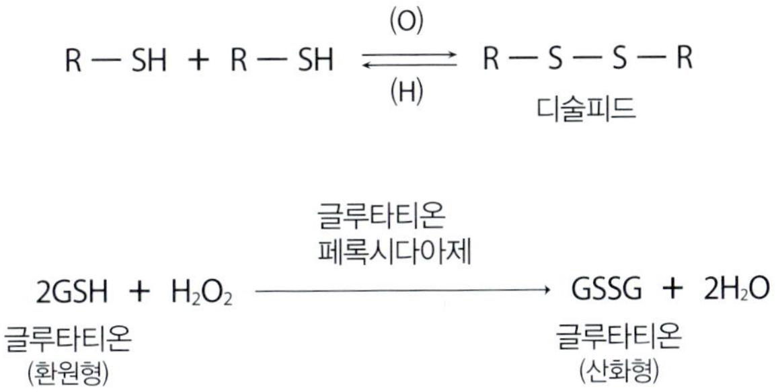

티올을 산화시키면 디술피드로, 디술피드를 환원시키면 티올이 된다(위). 생체 내에서 과산화수소는 글루타티온 페록시다아제라는 효소의 활동으로, 환원형 글루타티온(티올형)이 산화형 글루타티온(디술피드형)이 되는 반응에 공역하여 환원반응으로 물에 분해된다.

그림 10−27 **티올의 산화환원**

7 할로겐을 함유하는 유기화합물 - 의학 관련 화합물

유기할로겐화합물은 물에 잘 녹지 않고 독성이 강한 것이 많다. 대표적인 유기할로겐화합물은 그림 10-28과 같다.

생체 내에서는 갑상샘호르몬인 티록신(thyroxine), 트리요오드티로닌(triiodothyronine)이 요오드를 함유하고 있다. 체내에 흡수된 요오드는 이들 갑상샘호르몬의 합성을 위해 갑상샘에 축적된다.

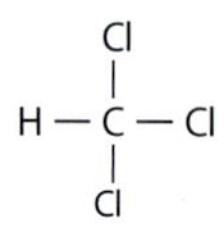

클로로포름
[일찍이 마취제로 사용 : 간독성]

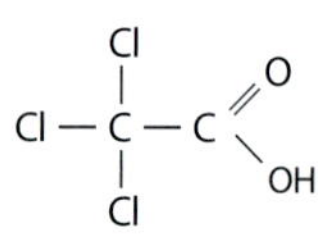

트리클로로아세트산
[단백질 변성제, 피부과 영역에서 케미컬필링에 사용]

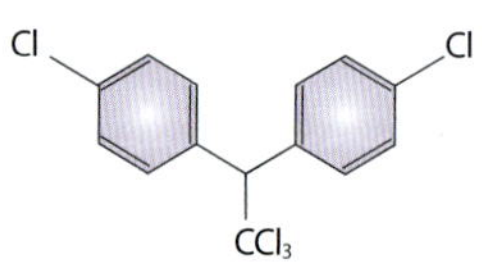

DDT(디클로로디페닐트리클로로에탄)
[일찍이 농약으로 사용 : 발암성]

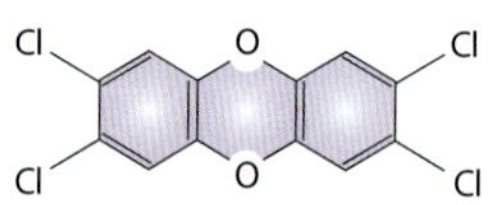

2,3,7,8-테트라클로로디벤조-1,4-다이옥신
[대표적인 다이옥신 : 급성독성, 최기형성, 발암성 등]

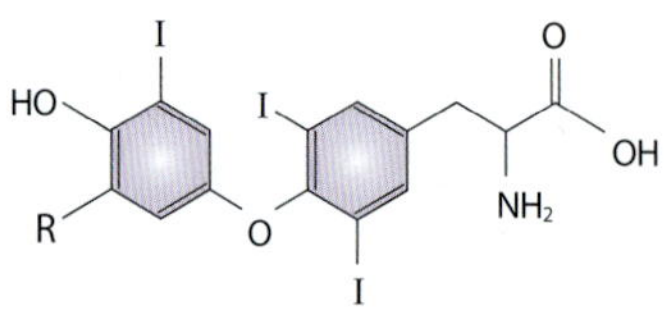

R = H, 트리요오드티로닌(T_3)
R = I, 티록신(T_4)
[갑상샘호르몬 : 기초대사의 항진 등]

그림 10-28 유기 할로겐화합물

8 생리활성을 가지는 유기화합물

1. 비타민의 분류

비타민은 몸속에서 미량이긴 하지만 없어서는 안 되는 유기화합물로, 체내에서는 합성하지 못하거나 합성에 제한이 있기 때문에 몸 밖에서 흡수해야 한다. **수용성 비타민**(B군과 C)과 **지용성 비타민**(A, D, E, K)의 두 그룹으로 구별할 수 있다.

수용성 비타민 간에 구조적 유사성은 없지만 대부분의 비타민 B군은 체내에서 화학변화(인산화, 뉴클레오티드화 등)를 통해 **보조효소**(coenzyme)로 변환되어 기능한다(그림 10-29). 비타민 C는 어떤 종류의 히드록실아제의 작용에 필요한 인자가 될 뿐만 아니라 생체 내 수용성 항산화물질로 기능한다. 지용성 비타민은 모두 이소프렌(그림 10-1 참조)의 반복구조를 가지는 **이소프레노이드**(isoprenoid)이며, 각각 특유의 기능을 가진다.

2. 호르몬의 분류

호르몬은 체내의 특정 기관에서 합성되고 혈중으로 분비되어(**내분비**, internal secretion) 운반되며, 특정 기관에서 작용하는 유기화합물이다. 극히 소량으로 작용하여 세포 간의 정보전달을 담당한다. 호르몬을 화학 구조적으로 분류하면 **아미노호르몬**(**저분자호르몬**), **펩티드호르몬**, **스테로이드호르몬**으로 나눌 수 있다. 아미노 호르몬은 아미노산 유도체로 아드레날린 등의

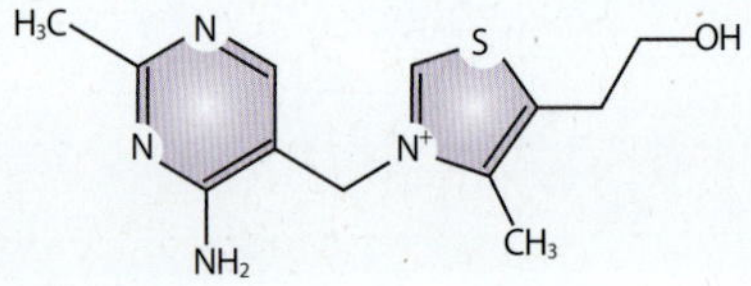

비타민 B_1(티아민)
[α–케토산의 산화적 탈탄산반응을 하는 효소나 트랜스케톨라아제의 보조효소]

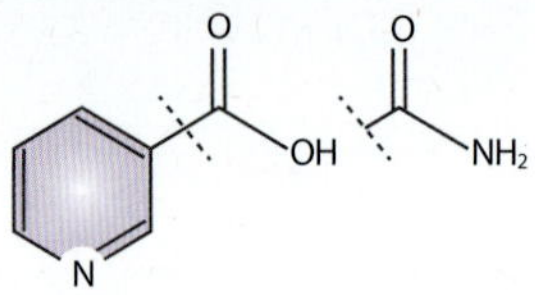

나이아신(니코틴산, 니코틴아미드)
[산화환원효소의 보조효소]

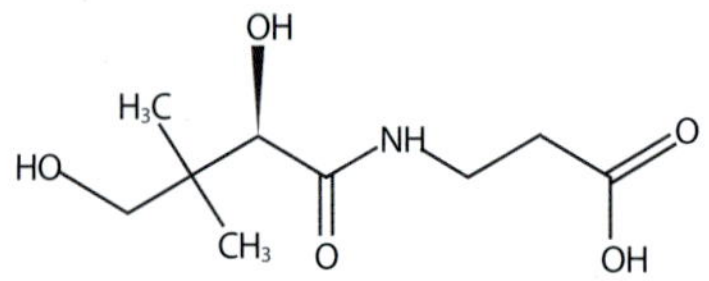

판토텐산
[보조효소 A(CoA)의 구성성분으로 주로 지질대사효소의 보조효소]

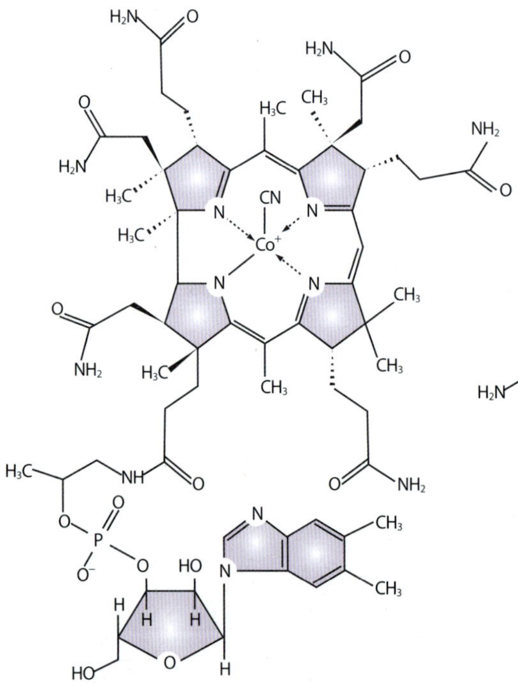

비타민 B_{12}(시아노코발라민)
[$-CH_3$의 전이효소, 분자 내 전이효소의 보조효소 : 분자 내에 코발트를 포함한다.]

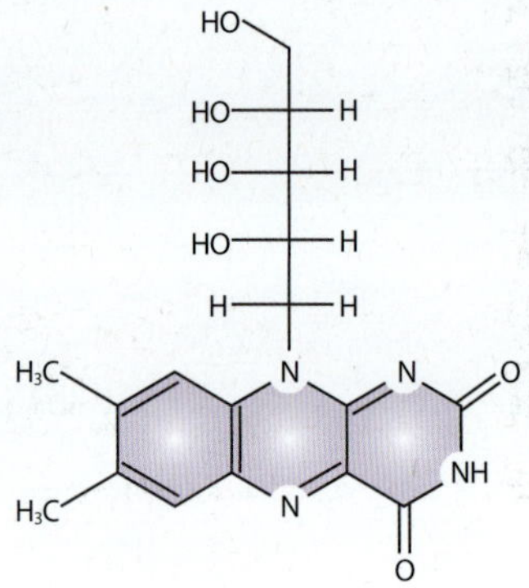

비타민 B_2(리보플라빈)
[산화환원효소의 보조효소]

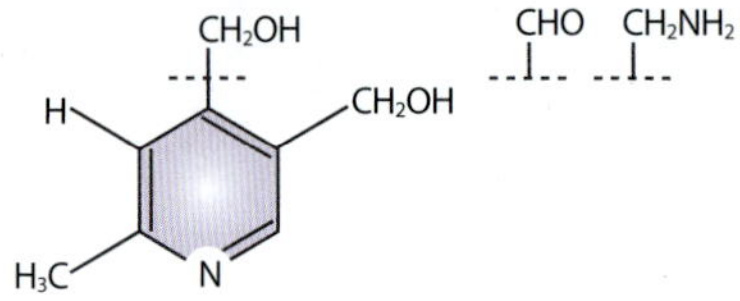

비타민 B_6(피리독신, 피리독살, 피리독사민)
[트랜스아미나아제의 보조효소]

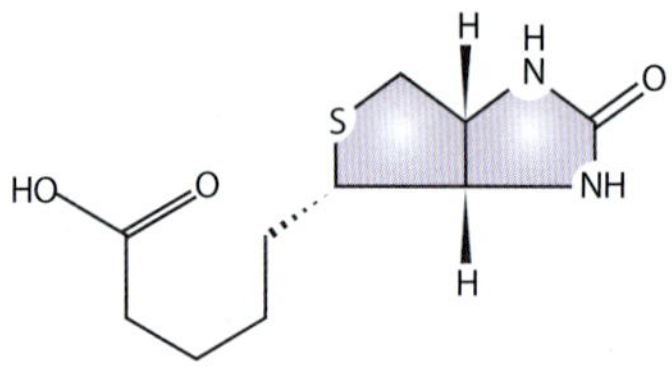

비오틴
[카르복실라아제의 보조효소]

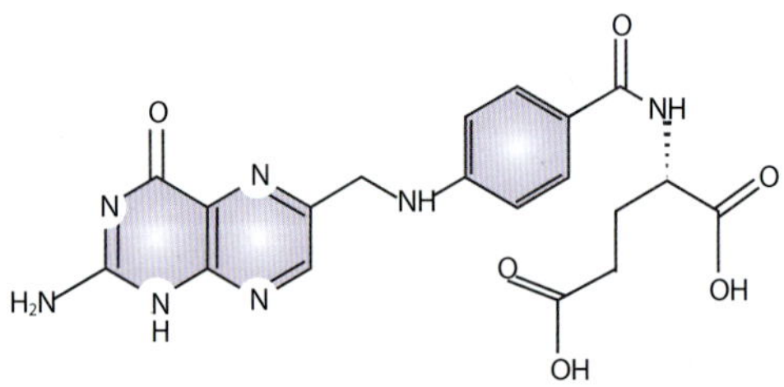

엽산
[$-CH_3$, $-CH_2-$, $-CHO$ 전이효소의 보조효소]

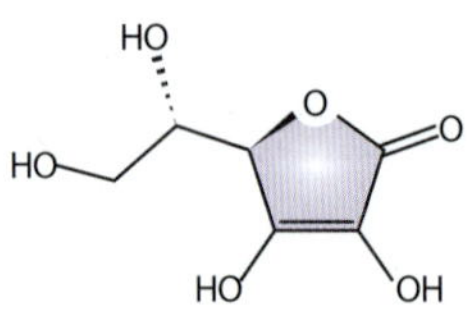

비타민 C(아스코르빈산)
[어떤 종류의 히드록실라아제의 보조효소, 수용성 항산화작용]

그림 10–29 수용성 비타민의 구조와 기능

카테콜아민과 티록신이나 트리요오드티로닌 등의 유기할로겐화합물이 있다. 스테로이드호르몬은 콜레스테롤에서 합성되는 콜레스테롤유도체이다. 펩티드호르몬은 아미노산이 펩티드결합(아미드결합)한 것이다.

향기

카르보닐화합물이나 에스테르에는 좋은 향기가 나는 것이 몇 가지 있는데, 조미료(식품에 사용되는 향료)나 향수(화장품이나 생활용품에 사용되는 향료)로 이용되는 것이 많다. 다음 그림은 특징적인 향을 가지는 알데히드, 케톤, 에스테르의 대표적인 예이다.

하지만 모든 카르보닐화합물이 좋은 향기를 가지고 있는 것은 아니다. 예를 들어 산화스트레스에 의해 생체 내에서도 생성되는 아크롤레인(acrolein)은 불쾌한 냄새를 가지며 2–노네날은 노화체취(aging picking)의 원인물질이다. 또 무스콘이나 시베톤도 향수 속에 극미량으로 들어있을 때는 관능적인 '향기'를 발산하지만 고농도로 있을 때에는 불쾌한 '악취'를 풍긴다.

알데히드

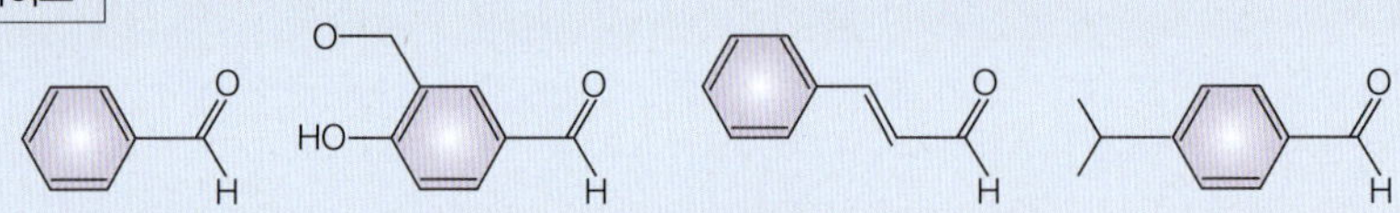

벤즈알데히드(아몬드향) 바닐린(바닐라향) 신남알데히드(시나몬향) 쿠미날(카레향)

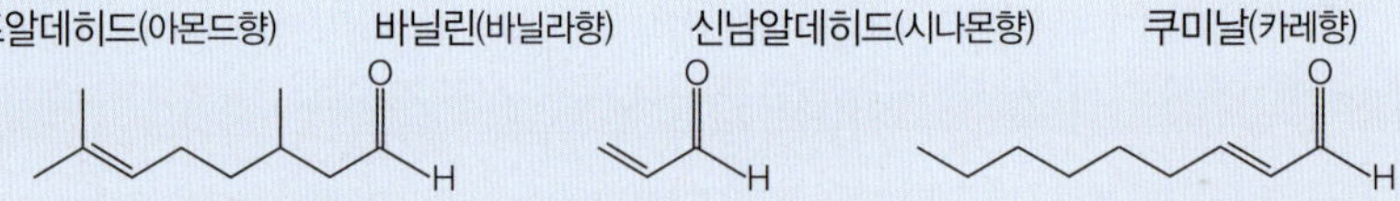

시트로넬라(생강냄새) 아크롤레인(불쾌한 자극냄새) 2–노네날(노화체취)

케톤

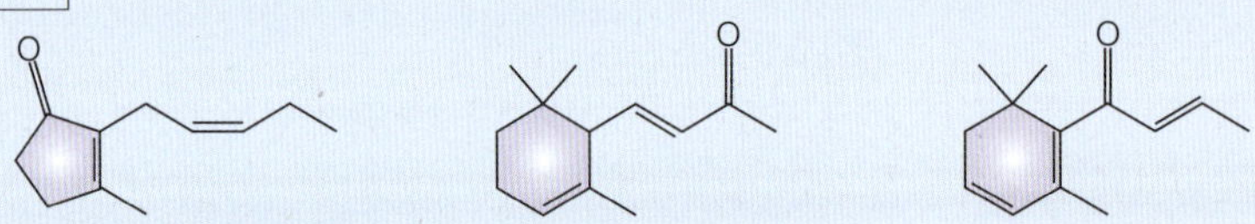

cis–자스몬(자스민향) α–요논(아이리스향) 다마세논(장미향)

무스콘(사향노루의 사향) 시베톤(사향고양이의 사향)

에스테르

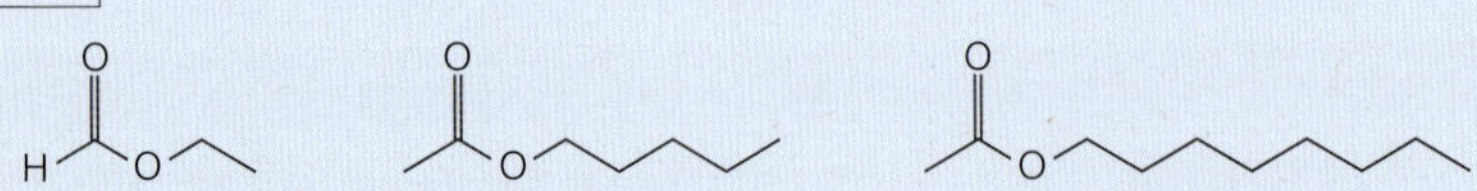

포름산에틸(라즈베리향) 아세트산펜틸(바나나향) 아세트산옥틸(오렌지향)

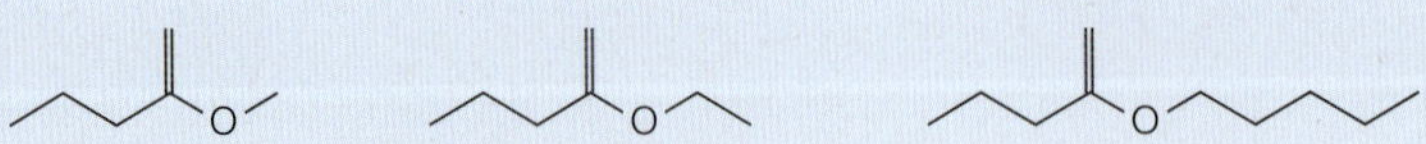

부티르산메틸(사과향) 부티르산에틸(파인애플향) 부티르산펜틸(서양배, 살구향)

화합물은 일반적으로 자주 사용되는 관용명으로 표기했다.

그림 특징적인 향기를 가지는 알데히드, 케톤, 에스테르

연습문제

1. 다음 화합물의 IUPAC명을 쓰시오.

① 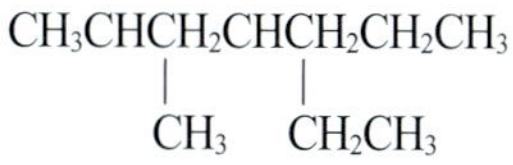

② 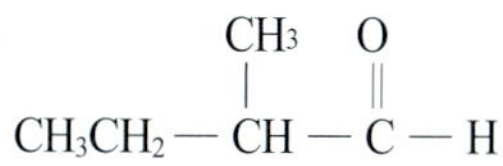

③ 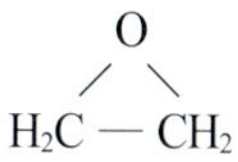

④ 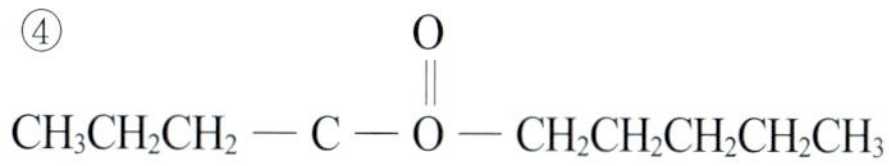

⑤ 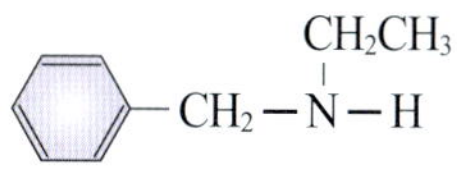

⑥ $HS - CH_2CH_2CH_2CH_2 - SH$

2. 프로판의 끓는점은 −42℃, 디메틸에테르의 끓는점은 −24℃인데 비해 에탄올의 끓는점은 79℃로 매우 높은 이유를 설명하시오.

3. 방향족성에 관한 법칙을 설명하고, 벤젠, 피리딘, 피롤이 방향족성을 가지는 이유에 대해 구조식을 들어 설명하시오.

4. 포름산, 아세트산, 트리클로로아세트산, 프로피온산의 구조를 그리고, 산성도가 높은 순서로 나열하시오. 또 산성도가 그와 같은 순서가 되는 이유를 설명하시오.

5. 알데히드 R−CHO와 알코올 R′−OH에서 헤미아세탈이 생기는 반응식을 기술하시오. 또 이때 알코올의 산소가 카르보닐기의 탄소와 결합할 수 있는 이유를 설명하시오.

6. 암모니아, 메틸아민, 디에틸아민, 아닐린, 피롤의 구조를 그리고, 염기성도가 높은 순서로 나열하시오. 또 염기성도가 그와 같은 순서가 되는 이유를 설명하시오.

7. 티올에서 생성되는 디술피드나 티올에스테르가 생체 내에서 어떤 기능을 하는지 설명하시오.

참고문헌

- 김경숙, 김기수, 이경희, 강병언, 최수명 공저, 〈일반화학〉, 문운당, 2013
- 유환철, 전상일, 이성현, 최주영 공저, 〈핵심 일반화학〉, 의학교육, 2016
- 일반화학교재연구회 저, 〈Brown 일반화학 제14판〉, 자유아카데미, 2019
- 일반화학교재편찬위원회 저, 〈일반화학 9판〉, 북스힐, 2017
- 줄리아 버지, 미셸 드리센 저, 박경호 역, 〈일반화학의 기초〉, 교문사(청문각), 2018
- David W. Oxtoby 저, 화학교재연구회 역, 〈옥스토비의 일반화학 개정7판〉, 사이플러스, 2014
- David R. Klein, 〈Klein's Organic Chemistry, 3/E〉, Wiley, 2018
- Leo J. Malone, Theodore Dolter, 〈Basic Chemistry, 9/E〉, John Wiley & Sons, 2012
- Timberlake, Karen C., 〈Basic Chemistry〉, Pearson College Div, 2007

연습문제 해설

제1장 과학과 화학

1. 혼합물 : 석유, 우유, 계란, 식염수 / 순물질 : 철, 드라이아이스

2. 혼합물 : 공기, 식염수, 화강암 / 홑원소물질 : 구리, 헬륨, 수소 / 화합물 : 이산화탄소, 염화마그네슘

3. 질량(g), 온도(℃)

4. $F = mg = 5\ kg \times 9.81\ m{\cdot}s^{-2} = 49.05\ m{\cdot}kg{\cdot}s^{-2} = 49.05$ N

제2장 원자

연습문제 ①

1. 원자번호 : Z, 질량수 : A, 전자수 : Z, 양성자수 : Z, 중성자수 : A−Z

2. A : 원자번호 = Z−2, 질량수 = A−4, B : 원자번호 = Z+1, 질량수 = A, C : 원자번호 = Z, 질량수 = A

3. "원자"는 물질을 구성하는 미세입자를 말하며 1개, 2개로 셀 수 있는 물질이다. 반면, 원소는 추상명사로 원자의 종류를 가리키는 용어이다. 수소를 예로 들면 "수소원자"는 ^{1}H, ^{2}H 등 동위체의 1개 1개를 가리킨다. 반면 원소로서의 수소는 동위체 모든 집합을 가리킨다.

4.
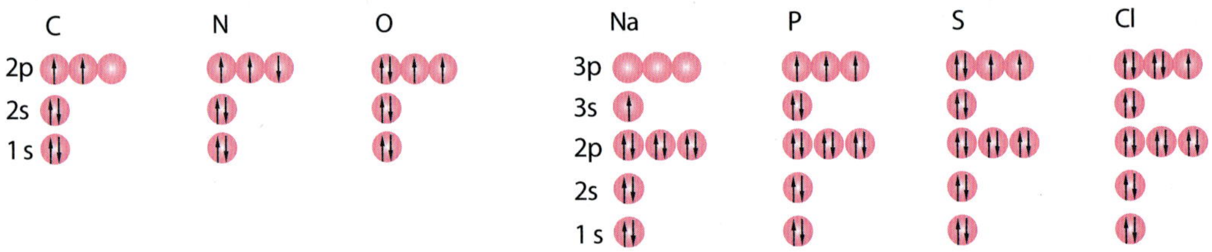

5. 2족 원소는 전자 2개를 방출하면 폐각구조가 되어 안정화된다. 반면 16족 원소는 전자 2개를 받아들이면 폐각구조가 된다. 따라서 전자는 +2가, 후자는 −2가의 이온이 되기 쉽다.

6. 양이온은 중성의 원자에 비해 전자수가 적기 때문에 전자구름이 작아진다. 반대로 음이온은 전자수가 많기 때문에 전자구름이 커진다. 따라서 전자는 원자반경(이온반경)이 작고, 후자는 커진다.

7. H = P < C = S < N = Cl < O < F

8. N, P 등 15족 원소에서는 3개의 최외각 p오비탈에 전자가 1개씩 스핀(spin)평행으로 들어가 안정화되어 있다. 따라서 16족 원소는 전자를 1개 방출해서 15족의 전자배치가 되려는 경향이 있다. 그 결과 16족의 해리 에너지는 15족에 비해 작아진다.

연습문제 ②

1. (1) $32 + 16 \times 4 = 96$ (2) $23 + 14 + 16 \times 3 = 85$ (3) $12 \times 6 + 1 \times 12 + 16 \times 6 = 180$

2. 물 1 mol 중에는 아보가드로수의 물 분자가 포함되어 있으므로

   $2.9915 \times 10^{-23}\ g \times 6.0221 \times 10^{23} = 18.015\ g$

   이는 물 분자량에 g을 붙인 값과 같다. 반대로 18.015 g 중에는 아보가드로개수의 물 분자가 포함된다.

3. (1) 메탄의 분자량 = $12 + 1 \times 4 = 16$이므로 그 몰질량은 $M = 16\ g \cdot mol^{-1}$이다. 식 (3.2.2)에서 메탄의 물질량 $N = wM = 240\ g/(16\ g \cdot mol^{-1}) = 15\ mol$

   (2) 식 (3.2.1)에서 메탄의 분자수 $N = nN_A = 15\ mol \times 6 \times 10^{23}\ mol^{-1} = 9 \times 10^{24}$, 원자의 총수는 이 5배이므로 4.5×10^{25}

   (3) 메탄 1 mol(16g) 중에 6×10^{23}개의 분자가 포함되어 있으므로 분자 1개의 질량 = $16\ g/(6 \times 10^{23}) = 2.7 \times 10^{-23}\ g$

4. 이 기체의 몰질량은 $M = 1.25\ g \cdot L^{-1} \times 22.4\ L \cdot mol^{-1} = 28\ g \cdot mol^{-1}$이므로 분자량은 28이다. 따라서 기체의 분자식은 CO이다.

5. (1) $N_2 + H_2 \rightarrow NH_3$으로 N_2의 계수를 1로 하고 우변의 계수를 구하면 $N_2 + (\ )H_2 \rightarrow 2NH_3$가 된다. 좌변의 H_2 계수는 3이 되므로 $N_2 + 3H_2 \rightarrow 2NH_3$

   (2) (1)과 마찬가지로 $C_2H_6 + O_2 \rightarrow CO_2 + H_2O$에서 C_2H_6의 계수를 1로 하면 $C_2H_6 + (\ )O_2 \rightarrow 2CO_2 + O_2 \rightarrow 3H_2O$. O_2의 계수는 7/2가 되므로 $C_2H_6 + (7/2)O_2 \rightarrow 2CO_2 + 3H_2O$를 얻을 수 있다. 여기에서 양변을 2배 하여 $2C_2H6 + 7O_2 \rightarrow 4CO_2 + 6H_2O$가 되어 계수가 모두 정수가 되도록 한다.

   (3) $NH_3 + O_2 \rightarrow NO + H_2O$에서 NH_3의 계수를 1로 하면 $NH_3 + (\ )O_2 \rightarrow NO + (3/2)H_2O$. O_2의 계수를 구하면 $NH_3 + (5/4)O_2 \rightarrow NO + (3/2)H_2O$. 이 식의 양변을 4배 하면 $4NH_3 + 5O_2 \rightarrow 4NO + 6H_2O$

6. 이온으로 나뉜 식을 쓰면 $2H^+ + 2Cl^- + Zn \rightarrow Zn^{2+} + 2Cl^- + H_2 \uparrow$

   양변에서 $2Cl^-$를 제거하면 다음 식을 얻을 수 있다. $2H^+ + Zn \rightarrow Zn^{2+} + H2 \uparrow$

7. 메탄의 분자량은 $CH_4 = 12 + 1 \times 4 = 16$이므로 4.0 g은 0.25 mol에 상당한다.

   완전연소 식에서

CH_4	+ $2O_2$	$\rightarrow$ CO_2	+ $2H_2O$
1 mol	2 mol	1 mol	2 mol
0.25 mol	0.5 mol	0.25 mol	0.5 mol

   의 관계를 얻을 수 있다. 따라서 필요한 산소는 0.5 mol이다. 발생하는 이산화탄소는 0.25 mol이므로 그 부피는 $22.4\ L \cdot mol^{-1} \times 0.25\ mol = 5.6\ L$, 물(0.5 mol)의 질량은 $18\ g\ mol^{-1} \times 0.5\ mol = 9.0\ g$이다.

제4장 공유결합과 배위결합

1. 안식향산 이량체 : 분자식 ($C_7H_6O_2$) × 2 = $C_{14}H_{12}O_4$ 분자량 : 244

   메타프탈산 육량체 : 분자식 ($C_8H_6O_4$) × 6 = $C_{48}H_{36}O_{24}$ 분자량 : 996

2. 삼중결합은 직교하는 2개의 π결합을 포함한다. 염소는 2개의 3p오비탈, $3p_y$, $3p_z$에 비공유전자쌍이 들어 있다. 따라서 2개의 π결합 각각에 비공유전자쌍 전자가 흘러들어가기 때문에 그 효과는 π결합이 1개 밖에 없는 이중결합의 2배가 된다고 할 수 있다.

3. $\overset{\delta+}{P}-\overset{\delta-}{O}$ $\overset{\delta-}{O}-\overset{\delta+}{S}$ $\overset{\delta-}{C}-\overset{\delta+}{P}$ $\overset{\delta-}{S}-\overset{\delta+}{H}$ $\overset{\delta+}{Na}-\overset{\delta-}{H}$

4. 아민이 염기성인 이유는 질소원자상의 비공유전자쌍에 수소이온(양성자)이 결합하기 때문이다. 따라서 질소원자의 전자밀도가 높아질수록 아민의 염기성은 강해진다. 아민에 EDG인 메틸기가 결합하면 질소상의 전자밀도는 높아진다. 따라서 메틸아민은 암모니아보다 염기성이 강하다.

5. 헬륨원자, 수소분자, 이산화탄소 : 반데르발스의 힘 나프탈렌 : π−π상호작용

6.

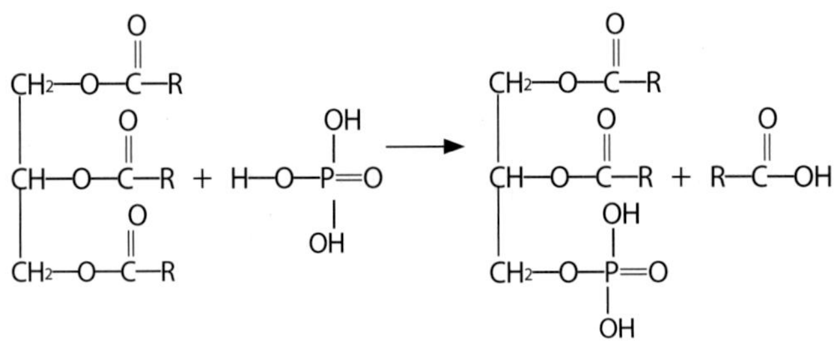

제5장 결합구조

1. ● 이온결합

   ① 전기음성도가 작은 금속원소와 전기음성도가 큰 비금속원소가 만났을 때 생기는 결합으로, 전자는 전기음성도가 작은 원소에서 큰 원소로 완전히 이동하여, 각각 희가스와 같은 전자배치를 가지는 양이온, 음이온이 되어 각 이온의 정전기적 인력으로 생기는 결합이다.

   ② 이 결합이 주체인 물질은 일반적으로 단단하지만 깨지기 쉬운 것이 많다. 물에 녹거가 융해되면 전기전도성을 보인다.

   ● 공유결합

   ① 전기음성도가 비슷한 원소 간에 전자를 공급함으로써 상호 희가스의 전자배치(폐각구조)와 같아지면서 생성되는 결합이다.

   ② 이 결합이 주체인 물질은 일반적으로 단단하고 녹는점도 높다.

2. 양이온이 되기 쉬운 금속원자가 모이면 각각의 원자가 갖고 있는 전자 일부가 결정 전체로 비국재화된다. 금속원자는 양이온이 되고 규칙적으로 배열된 양이온 사이를 이 전자가 자유롭게 돌아다닌다(자유전자). 이 둘의 양(+)과 음(−)의 정전기적 인력이 결합력이 된다.

- 금속의 특징

① 광택이 있다 : 광택은 금속에서 관찰되는 일반적인 성질이지만, 이것은 자유전자와 입사한 빛과의 상호작용에 의한 것이다. 빛에너지로 여기된 자유전자는 각각의 에너지 준위에 따른 파장의 빛을 방사한다. 이것이 금속의 광택이 된다.

② 연성 · 전성 : 자유전자가 양이온을 연결시키기 때문에 다소 양이온의 중첩구조가 변화해도 그 결합력에 대한 영향은 적다. 따라서 금속의 경우는 늘어나거나 구부러질 수 있는 것이다.

3. 원자가결합법에 기초한 개념으로, 결합에 사용되는 오비탈끼리의 배향방식에 따른 분류이다. 결합축 방향을 향한 원자오비탈끼리의 결합을 σ결합이라고 하며, s오비탈 간, s오비탈과 p오비탈, p오비탈 간, sp^n 혼성오비탈 간(n = 1,2,3), sp^n 혼성오비탈과 s오비탈의 결합이 σ결합에 해당한다. p오비탈 간이 결합에 사용될 때 오비탈이 늘어나는 방향이 아니라 그 측면에서 결합이 이루어질 때를 π결합이라고 한다.

- 특징

σ결합 : ① 오비탈끼리 겹쳐지는 것이 크고 안정적인 결합이다. ② 생성된 결합은 결합축을 따라서 보면 원형이고, 결합축을 중심으로 한 회전에 의해 오비탈이 겹치는 데 영향을 주지 않아 자유로운 회전을 할 수 있다.

π결합 : ① p오비탈의 측면에서만 겹쳐지기 때문에 중첩되는 것이 적어 불안정한 결합이며 반응성이 높다. ② 결합축을 중심으로 한 회전에 따라 오비탈의 겹침이 감소하기 때문에 결합이 끊어지면 자유로운 회전을 할 수 없다.

4. 탄소원자가 메탄과 같은 4가의 결합을 형성할 때는 오비탈을 혼성해서 새로운 오비탈이 형성된다고 생각하면 반응성, 결합 등을 잘 설명할 수 있다. 탄소원자는 1s에 2개, 2s에 2개, 2p에 2개의 전자를 가진다. 결합이 형성될 때 이들 중 2s의 전자 하나가 에너지를 얻어 여기되고, 2p오비탈로 이동한다. 1개의 2s오비탈과 3개의 2p오비탈이 섞여 각각의 중간에너지를 가지는 새로운 sp^3 혼성오비탈이 생성된다. 이 sp^3 혼성오비탈과 수소원자의 s오비탈 간에 공유결합이 발생한다.

메탄에서 탄소와 수소의 4개 결합은 각각 같은 원자간 거리이며 각각의 반응성도 같다. 또 이들의 결합각은 109.5°이며 정사면체의 각 정점방향을 향한다. 이 3개 결합의 등가성은 상기의 sp^3 혼성오비탈이 사용된다. 또 각 공유결합에는 전자쌍이 포함되고, 그 반발력을 최소한으로 하려면 서로 떨어져 있어야 한다. 정사면체의 각 정점의 방향은 이 조건을 충족하고 있다.

5. 여기에서는 하나의 2s오비탈과 3개의 2p오비탈 중 하나의 2s오비탈과 하나의 2p오비탈이 이용되고, 새롭게 2개의 sp 혼성오비탈이 생성된다. 이 오비탈을 사용해 2개 수소의 1s오비탈 간에 σ결합이 발생한다. 이 2개 결합의 전하 반발을 최소로 하기 위해 2개의 오비탈은 서로 떨어진 직선상에 배치되기 때문에 아세틸렌분자는 직선구조가 된다.

각 탄소원자는 2개의 sp오비탈이 남아 있고, 그들은 서로의 측면에서 겹쳐지는 π결합을 형성한다($2p_y$ 간, $2p_z$ 간). 하지만 각 $2p_y$오비탈과 $2p_z$오비탈 간에도 측면의 겹침이 발생하기 때문에 결과적으로 중심의 σ결합을 원통형의 π결합이 둘러싸는 오비탈 상태가 된다.

6. 암모니아 분자(NH_3)의 N 전자배치는 $1s^2 2s^2 2p^3$이다. 수소와 결합할 때 sp^3 혼성오비탈에서 결합한다. 즉 4개의 sp^3 혼성오비탈 중 3개는 수소원자와의 결합에 사용되지만, 나머지 하나에는 비공유전자쌍이 존재하게 된다. sp^3 혼성오비탈 간에는 109.5°의 각도에서 배향하면 서로 가장 멀리 있는 상태가 되지만, NH_3분자의 경우 sp^3 혼성오비탈의 하나에 결합에 사용되지 않는 전자쌍이 존재하기 때문에 그 전하의 영향은 다른 결합전자쌍보다 커진다. 그 결과 H−N−H 간의 각도는 109.5°보다 조금 좁아진 106.7°가 된다.

7. O−C−O라는 결합 중 좌측의 O−C결합에 대해 살펴보면, 이 결합은 탄소의 sp 혼성오비탈 및 산소의 sp^2 혼성오비탈로 이루어진 σ결합과 탄소의 $2p_x$오비탈과 산소의 $2p_x$오비탈로 이루어진 π결합으로 생성된다. 따라서 이중결합이 형성되는 것이다. 산소의 나머지 2개의 sp^2 혼성오비탈에는 비공유전자쌍이 한 쌍씩 들어간다. 우측의 C−O결합도 마찬가지로 탄소 sp 및 산소의 sp^2 혼성오비탈에서 σ결합이, 탄소 및 산소의 $2p_y$ 오비탈에서 π결합이 형성되기 때문에 역시 이중결합이 형성된다. 남은 산소의 4개 전자는 나머지 sp^2 혼성오비탈에 비공유전자쌍으로 수용된다. 2개의 π결합끼리는 서로 90°다른 방향에 형성된다. 이것을 상호 직교하고 있다고 한다. 여기에서는 산소의 원자오비탈이 sp^2 혼성오비탈을 형성하는 것으로 설명했지만, sp 혼성오비탈을 형성한다고도 또한 혼성하지 않는다고도 설명이 가능하다.

제6장 물질의 상태

연습문제 ①

1. 그림 6−3의 물의 증기압곡선에서 증기압이 0.64 atm이 되는 온도를 읽으면 약 88℃가 된다.
2. (1) O_2, 분자량이 크다. (2) NH_3, 수소결합을 한다. (3) NO, 극성분자이다. (4) C_2H_5OH, 수소결합을 한다.

연습문제 ②

1. $n = \dfrac{RV}{RT} = \dfrac{5.0\times10^5\,Pa\times1.7L}{8.31\times10^3\,Pa{\cdot}L{\cdot}K^{-1}\times(273+27)K} = 0.34\text{ mol}$

2. 이 기체는 1atm, 27℃에서 1L의 부피 질량이 3.50g이다. 제6장의 식 (10)을 사용하면

$$M = \frac{wRT}{PV} = \frac{3.50\,g\times8.21\times10^{-2}\,L{\cdot}atm{\cdot}K^{-1}{\cdot}mol^{-1}\times(273+27)K}{1\,atm\times L} = 86\text{ g}{\cdot}\text{mol}^{-1}$$

그러므로 분자량은 86이다.

3. $\sqrt{\overline{u^2}} = \sqrt{\dfrac{3\times8.31\times JK^{-1}{\cdot}mol^{-1}\times300\,K}{14\times2\times10\,Kg{\cdot}mol^{-1}}} = \sqrt{2.67\times10^5 J{\cdot}kg^{-1}} = 517ms^{-1}$

단, $J{\cdot}kg^{-1} = N{\cdot}m{\cdot}Kg^{-1} = (kg{\cdot}ms^{-2})m{\cdot}kg^{-1} = m^2{\cdot}s^{-2}$를 이용하였다.

4. 온도가 일정하기 때문에 압력은 부피에 반비례한다. 따라서 기체 A, B의 분압과 전압력은

$P_A = 1.0\,atm\times(600\,cm^3/800\,cm^3) = 0.75\text{ atm}$ $P_B = 3.0\,atm\times(400\,cm^3/800\,cm^3) = 1.5\text{ atm}$

몰분율은 $x_A = P_A/P = 0.75\text{ atm}/2.25\text{ atm} = 0.33$ $x_B = P_B/P = 1.5\text{ atm}/2.25\text{ atm} = 0.67$

5. 공기를 이상혼합기체로 하면 부피의 비율은 물질량의 비율과 같기 때문에 공기는 질소와 산소가 4:1의 물질량비로 혼합된 기체이다. 따라서 5 mol의 공기 중에는 4 mol의 질소와 1 mol의 산소가 포함된다. 5 mol의 공기 질량은 W = 14.0×2×2 + 16.0×2 = 144 [g]

평균몰질량은 M = 144 g/5mol = 28.8 $g{\cdot}mol^{-1}$, 따라서 평균분자량은 <u>28.8</u>이 된다.

제7장 용액의 화학

1. 전해질의 Na^+와 Cl^-는 각각 물 분자(H_2O)와 정전기적 인력으로 수화한 결과, 물에 용해되어 용액이 된다. 비전해질인 포도당은 포도당의 히드록시기(−OH)가 물 분자와 수소결합을 형성해 수화를 생성시킨 결과, 물에 용해되어 용액이 된다.

2. 그림 7−1과 그림 7−2를 참조. 물의 구조에서 물의 성질은 p.135에 나타낸 끓는점, 비중, 표면장력, 증발열, 융해열, 비열, 용매 등에 대해 설명한다.

3. 콜로이드용액의 예로는 수중의 젤라틴, 단백질, 전분 등이 있다. 이들 콜로이드용액에서는 브라운운동, 틴달현상 등이 보인다. 또 콜로이드용액에서는 전기영동에 의해 콜로이드입자가 하전과 반대 방향으로 이동하고, 응석에 의해 소수 콜로이드입자 간의 반발이 상실되어 침전하며, 염석에 의해 친수 콜로이드입자가 침전한다.

4. 2개의 다른 용액이 용질분자를 통과하지 않는 반투막으로 구분되었을 때 이 둘의 농도가 평균화되고 용매는 저농도 측에서 고농도 측으로 이동하며 고농도용액의 액면이 상승하는 삼투가 발생하여 삼투에 의해 액면을 밀어 올린다. 이 압력이 삼투압이다. 혈액에서의 교질삼투압이란 알부민, 글로불린 등의 단백질에 의해 생기는 삼투압을 말한다. 교질삼투압에 의해 조직 내의 수분이 회수되고 조직 내에 수분이 저류하는 부종을 막을 수 있다.

5. (1) 0.15 M의 NaCl용액을 1L 만드는 데 필요한 NaCl양은 8.8 g이며, 이 용액은 0.88%이다.

   (2) ① 52.5 g ② 61.0 g ③ 48.1 g ④ 20.1 g

   (3) 7.35 g

   (4) ③

   (5) ① : 포도당은 2.0%, $NaHCO_3$은 0.25%, NaCl은 0.35%, KCl은 0.15%

   ② : 포도당은 0.11 mol/L, $NaHCO_3$은 0.03 mol/L, NaCl은 0.06 mol/L, KCl은 0.02 mol/L

   ③ : 0.33 mOsm

제8장 반응속도와 자유에너지

1. 체내에 들어온 이물질은 이윽고 배출된다. 생리적 반감기란 방사성 동위체의 반응에 의한 농도감소와 배출에 의한 농도감소를 가미한 경우의 반감기를 말한다.

2. ES복합체는 중간체이지만, 출발계, 생성계보다 에너지가 낮다. 따라서 전이상태의 에너지도 저하되고 결과적으로 활성화에너지도 저하된다.

3. 아레니우스의 식을 이용해 계산하면 온도가 올라가면 반응속도는 빨라지지만, 그 정도는 ①활성화에너지가 클수록, ②반응온도가 낮을수록 큰 것을 알 수 있다. 반응온도가 실온(25℃)에서 10℃ 올라가면 반응속도가 2배가 되는 것은 활성화에너지가 50 kJ/mol 정도일 때이다.

4. 그림 8−19에서 다이아몬드와 흑연의 에너지 차이는 1.90 kJ/mol이다. 탄소의 1 mol은 12 g이기 때문에 100 g에서는 에너지 차이가 15.8 kJ ≒ 3.8 kcal이다. 1 g의 물 온도를 1℃높이는 데 필요한 칼로리가 1 cal이기 때문에 이 에너지는 100 g의 물을 38℃ 올릴 수 있다.

5. 엔트로피차 ΔS의 정의는「8. 반응의 방향」의 (26)의 식에 따르면 $\Delta H/T$이다(식에서는 H'로 했지만 의미는 같다). 얼음과 손가락 사이를 이동하는 열량을 ΔH라고 하면 손가락의 ΔS는 ΔH/체온이다. 한편, 얼음의 ΔS는 $\Delta H/273$이고, 후자가 훨씬 크다. 따라서 엔트로피 증대의 법칙에 다라 열은 손가락에서 얼음으로 이동하게 된다.

제9장 산 · 염기와 산화 · 환원

1. A : H^+의 농도는 HCl의 농도와 같기 때문에, $[H^+] = 10^{-3}$ mol/L $\therefore$ pH = log$[H^+]$ = 3

   B : $[OH^-] = 10^{-3}$ mol/L, $[H^+] \cdot [OH^-] = 10^{-14}\ (\text{mol/L})^2$ $\therefore$ $[H^+] = 10^{-11}$ mol/L $\therefore$ pH = 11

2. $Ca_3(PO_4)_2$

3. 탄소의 산화수를 X로 계산하면,

   CH_4 : X + 4 = 0 $\therefore$ X = −4

   CH_3OH : X + 4 − 2 = 0 $\therefore$ X = −2

   CH_2O : X + 2 − 2 = 0 $\therefore$ X = 0

   HCOOH : X + 2 − 4 = 0 $\therefore$ X = 2

   CO : X − 2 = 0 $\therefore$ X = 2

   CO_2 : X − 4 = 0 $\therefore$ X = 4

   따라서 CO_2 > HCOOH = CO > CH_2O > CH_3OH > CH_4

4. Na의 산화수는 0에서 +1로 변화하고, Cl의 산화수는 0에서 –1로 변화한다. 따라서 산화된 것은 Na이고, 환원된 것은 Cl이다. 또 산화제는 Cl, 환원제는 Na이다.

5. Zn과 H를 비교하면 해리 경향이 큰 것은 Zn이다. 따라서 해리 경향이 작은 H^+이(이온 상태를 멈추고) 전자를 받아 수소원자(가 2개 결합해 수소분자)가 된다.

제10장 유기화합물의 구조와 종류

1. ① 4–메틸–2–메틸헵탄, ② 2–메틸부타날, ③ 1, 2–에폭시에탄, ④ 부탄산펜틸, ⑤ N–에틸벤질아민, ⑥ 부탄–1, 4–디티올(1, 4–부탄디티올)

2. 알코올은 히드록시기의 분극으로 인해 분자끼리 수소결합을 형성하기 때문에 알칸에 비해 끓는점은 높다. 에테르는 산소원자 부분에서 분자 간의 수소결합을 할 수 없어 끓는점은 알코올보다 낮아 알칸에 가깝다. 따라서 에탄올의 끓는점은 프로판이나 디메틸에테르에 비해 매우 높아진다.

3. 방향족성에 관한 법칙에 대해서는 p.217의 휘켈 규칙으로 설명한다. 벤젠의 6개 탄소는 각각 3개의 sp^2 혼성오비탈과 1개의 2p오비탈에 전자를 가진다. 이중 sp^2 혼성오비탈의 전자는 이웃해 있는 탄소와 수소와의 공유결합에 사용되고, 고리는 평면구조를 취한다. 나머지 2p오비탈의 총 6개의 전자는 π전자구름을 형성함으로써 방향족성을 나타낸다(그림 10–7 참조). 마찬가지로 피리딘은 5개 탄소와 1개 질소(sp^2 혼성오비

탈)의 2p오비탈의 전자 6개로 π전자구름을 형성하는 데 비해, 피롤은 4개 탄소의 2p오비탈의 4개 전자와 1개 질소의 sp^2 오비탈의 전자(비공유전자쌍) 2개, 총 6개의 전자로 π전자구름을 형성한다(그림 10-8 참조).

4. 산성도의 강도는 표 10-8과 같다. Cl는 전기음성도가 높고, 전자구인성이 강해서 양성자를 방출한 카르복시기의 전자가 보다 많이 분산되기 때문에 산성도가 높다. 알킬기는 전자공여성을 보이고, 카르복시기로 전자가 밀려지기 때문에 알킬기가 클수록 산성도는 낮아진다(그림 10-20 참조).

5. 반응식은 그림 10-17와 같다. 카르보닐기의 탄소는 산성의 조건 하에 양전하를 띤 카르보 카티온이 된다. 여기에서 분극에 의해 음전하를 띤 알코올의 산소가 공격함으로써 헤미아세탈을 생성한다.

6. 염기성의 강도는 표 10-9와 같다. 알킬기는 전자공여성을 보이고 질소 원자에 배치한 양성자의 양전하가 안정되어 있어 알킬기가 커질수록 염기성이 높아진다. 아닐린에서는 질소원자의 비공유전자쌍이 페닐기의 π전자 측으로 비편재화되어 있어 염기성은 낮아진다. 피롤의 질소원자는 비공유전자쌍이 방향고리인 π전자구름의 형성에 이용되고 있어 염기성을 보이지 않는다.

7. 예 1 : 단백질 시스테인 잔기의 티올기 간에 생성되는 디설피드는 단백질의 고차구조를 유지하는 결합의 하나로 기능한다.

   예 2 : 코엔자임 A(CoA)의 티올기와 아세트산과의 티올에스테르인 아세틸-CoA는 탄수화물, 지질, 아미노산 대사의 중간체이다.

   예 3 : 지방산의 분해과정은 CoA의 티올기와 지방산과의 티올에스테르인 아실-CoA의 형태로, 또 지방산의 합성과정은 아실수송단백질(acyl carrier protein, ACP)의 티올기와 지방산과의 티올에스테르의 형태로 진행된다.

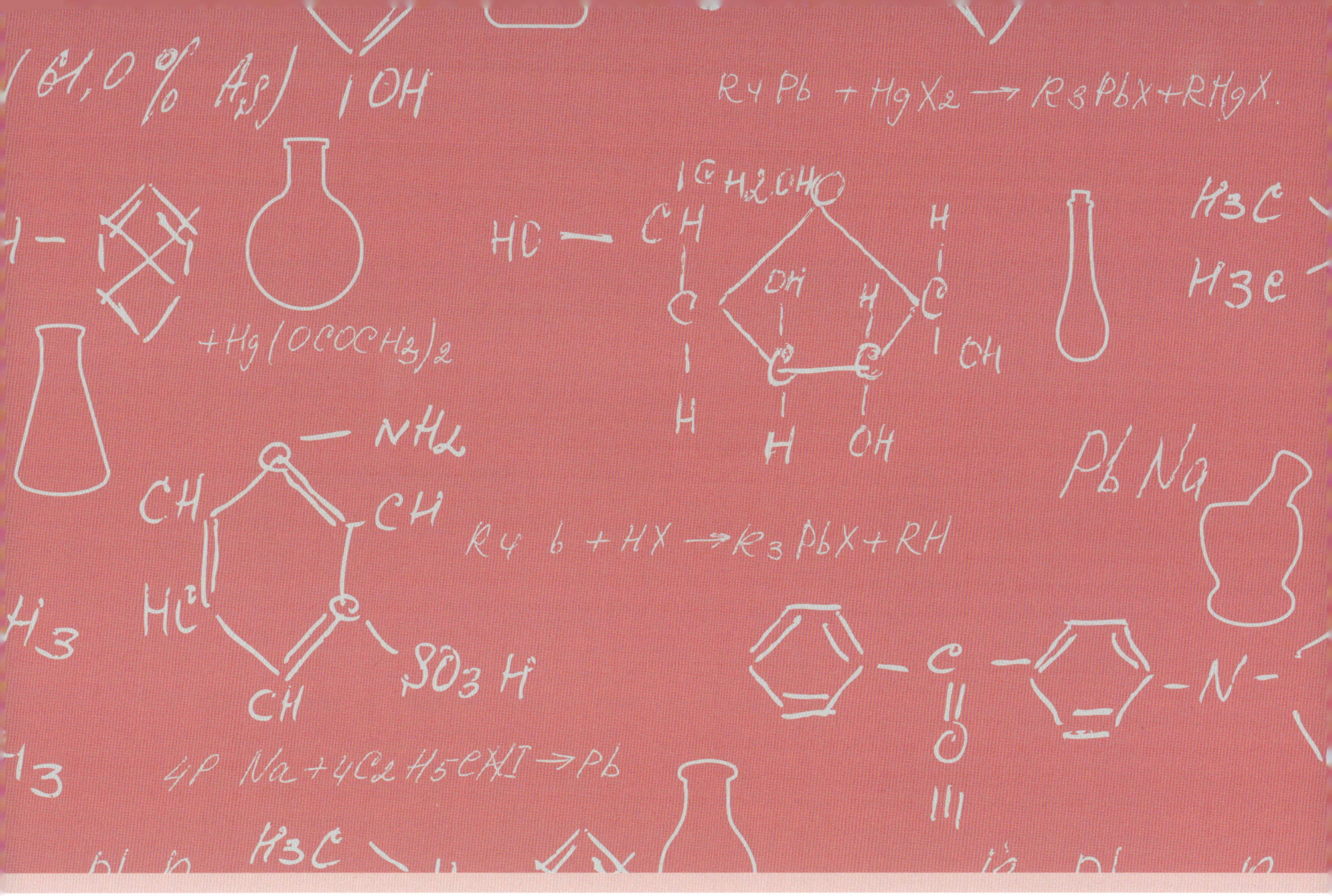

부록

1. 원소주기율표

원자번호 — $_{1}$H — 원소기호
원소명 — 수소
1.008 — 원자량(유효숫자 네 자리로 표시)

전이원소를 노란색으로, 준금속은 파란색으로 표시한다.

주기＼족	1	2	3	4	5	6	7	8	9
1	$_{1}$H 수소 1.008								
2	$_{3}$Li 리튬 6.941	$_{4}$Be 베릴륨 9.012							
3	$_{11}$Na 소듐 22.99	$_{12}$Mg 마그네슘 24.31							
4	$_{19}$K 포타슘 39.10	$_{20}$Ca 칼슘 40.08	$_{21}$Sc 스칸듐 44.96	$_{22}$Ti 티탄 47.87	$_{23}$V 바나듐 50.94	$_{24}$Cr 크롬 52.00	$_{25}$Mn 망간 54.94	$_{26}$Fe 철 55.85	$_{27}$Co 코발트 58.93
5	$_{37}$Rb 루비듐 85.47	$_{38}$Sr 스트론튬 87.62	$_{39}$Y 이트륨 88.91	$_{40}$Zr 지르코늄 91.22	$_{41}$Nb 니오브 92.91	$_{42}$Mo 몰리브덴 95.96	$_{43}$Tc 테크네튬 (99)	$_{44}$Ru 루테늄 101.1	$_{45}$Rh 로듐 102.9
6	$_{55}$Cs 세슘 132.9	$_{56}$Ba 바륨 137.3	* 란타넘 57~71	$_{72}$Hf 하프늄 178.5	$_{73}$Ta 탄탈 180.9	$_{74}$W 텅스텐 183.8	$_{75}$Re 레늄 186.2	$_{76}$Os 오스뮴 190.2	$_{77}$Ir 이리듐 192.2
7	$_{87}$Fr 프랑슘 (223)	$_{88}$Ra 라듐 (226)	** 악티늄 89~103	$_{104}$Rf 러더포듐 (267)	$_{105}$Db 더브늄 (268)	$_{106}$Sg 시보귬 (271)	$_{107}$Bh 보륨 (272)	$_{108}$Hs 하슘 (277)	$_{109}$Mt 마이트너륨 (276)
전하	+1	+2	복잡						
명칭	알칼리 금속[1]	알칼리 토류 금속[2]							
	전형원소		전이원소						

*란타넘족	$_{57}$La 란타넘 138.9	$_{58}$Ce 세륨 140.1	$_{59}$Pr 프라세오디뮴 140.9	$_{60}$Nd 네오디뮴 144.2	$_{61}$Pm 프로메튬 (145)	$_{62}$Sm 사마륨 150.4	$_{63}$Eu 유로퓸 152.0
**악티늄족	$_{89}$Ac 악티늄 (227)	$_{90}$Th 토륨 232.0	$_{91}$Pa 프로토악티늄 231.0	$_{92}$U 우라늄 238.0	$_{93}$Np 넵투늄 (237)	$_{94}$Pu 플루토늄 (239)	$_{95}$Am 아메리슘 (243)

안정동위체가 없고 자연에서 특정 동위체 조성을 보이지 않는 원소에 대해서는 그 원소의 방사성 동위체 질량의 일례를 ( ) 안에 표시한다.

1) H를 제외한다.　2) Be, Mg를 제외한다.

10	11	12	13	14	15	16	17	18
								$_{2}$He 헬륨 4.003
			$_{5}$B 붕소 10.81	$_{6}$C 탄소 12.01	$_{7}$N 질소 14.01	$_{8}$O 산소 16.00	$_{9}$F 플루오르 19.00	$_{10}$Ne 네온 20.18
			$_{13}$Al 알루미늄 26.98	$_{14}$Si 규소 28.09	$_{15}$P 인 30.97	$_{16}$S 황 32.07	$_{17}$Cl 염소 35.45	$_{18}$Ar 아르곤 39.95
$_{28}$Ni 니켈 58.69	$_{29}$Cu 구리 63.55	$_{30}$Zn 아연 65.38	$_{31}$Ga 갈륨 69.72	$_{32}$Ge 게르마늄 72.64	$_{33}$As 비소 74.92	$_{34}$Se 셀렌 78.96	$_{35}$Br 브롬 79.90	$_{36}$Kr 크립톤 83.80
$_{46}$Pd 팔라듐 106.4	$_{47}$Ag 은 107.9	$_{48}$Cd 카드뮴 112.4	$_{49}$In 인듐 114.8	$_{50}$Sn 주석 118.7	$_{51}$Sb 안티몬 121.8	$_{52}$Te 텔루르 127.6	$_{53}$I 요오드 126.9	$_{54}$Xe 크세논 131.3
$_{78}$Pt 백금 195.1	$_{79}$Au 금 197.0	$_{80}$Hg 수은 200.6	$_{81}$Tl 탈륨 204.4	$_{82}$Pb 납 207.2	$_{83}$Bi 비스무트 209.0	$_{84}$Po 폴로늄 (210)	$_{85}$At 아스타틴 (210)	$_{86}$Rn 라돈 (222)
$_{110}$Ds 다름슈타튬 (281)	$_{111}$Rg 뢴트게늄 (280)	$_{112}$Cn 코페르니슘 (285)		$_{114}$Fl 플레로븀 (289)		$_{116}$Lv 리바몰륨 (293)		
		+2	+3		−3	−2	−1	
			붕소족	탄소족	질소족	산소족	할로겐	희가스 원소
			전형원소					

$_{64}$Gd 가돌리늄 157.3	$_{65}$Tb 테르븀 158.9	$_{66}$Dy 디스프로슘 162.5	$_{67}$Ho 홀뮴 164.9	$_{68}$Er 에르븀 167.3	$_{69}$Tm 툴륨 168.9	$_{70}$Yb 이테르븀 173.1	$_{71}$Lu 루테튬 175.0
$_{96}$Cm 퀴륨 (247)	$_{97}$Bk 버클륨 (247)	$_{98}$Cf 칼리포르늄 (252)	$_{99}$Es 아인시타이늄 (252)	$_{100}$Fm 페르뮴 (257)	$_{101}$Md 멘델레븀 (258)	$_{102}$No 노벨륨 (259)	$_{103}$Lr 로렌슘 (262)

2. 화학에서 자주 사용되는 기본물리상수

양	기호	수치
진공 속의 광속도	c	$2.997\ 924\ 58 \times 10^{8}$ M/S (상수)
전기소량	e	$1.602\ 176\ 565 \times 10^{-19}$ C
플랑크상수	h	$6.626\ 069\ 57 \times 10^{-34}$ J s
	$\hbar = h/(2\pi)$	$1.054\ 571\ 726 \times 10^{-34}$ J s
원자질량상수	$m_u = 1u$	$1.660\ 538\ 921 \times 10^{-27}$ kg
아보가드로상수	N_A	$6.022\ 141\ 29 \times 10^{23}$ mol^{-1}
전자의 정지질량	m_e	$9.109\ 382\ 91 \times 10^{-31}$ kg
양성자의 정지질량	m_p	$1.672\ 621\ 777 \times 10^{-27}$ kg
중성자의 정지질량	m_n	$1.674\ 927\ 351 \times 10^{-27}$ kg
보어 반경	$a_0 = \varepsilon_0 h^2/(8m_e e^2)$	$5.291\ 772\ 109\ 2 \times 10^{-11}$ m
패러데이 상수	$F = N_A e$	$9.648\ 533\ 65 \times 10^{4}$ C/mol
기체상수	R	8.314 462 1 J/K/mol $= 8.205\ 736\ 1 \times 10^{-2}$ L atm/K/mol $= 8.314\ 462\ 1 \times 10^{-2}$ L bar/K/mol
셀시우스온도(섭씨온도)계에서의 제로점	T_0	273.15 K (상수)
표준대기압	P_0, atm	$1.013\ 25 \times 10^{5}$ Pa (상수)
이상기체의 표준 몰부피	$V_m = RT_0/P_0$	$2.241\ 396\ 8 \times 10^{-2}$ m^3/mol
볼츠만상수	$k_B = R/N_A$	$1.380\ 648\ 8 \times 10^{-23}$ J/K

3. 압력의 환산

단위	Pa	atm	Torr
1 Pa (= 1N/m^2)	1	$9.869\ 23 \times 10^{-6}$	$7.500\ 62 \times 10^{-3}$
1 atm	$1.013\ 25 \times 10^{5}$	1	760
1 Torr	$1.333\ 22 \times 10^{2}$	$1.315\ 79 \times 10^{-3}$	1

1 Pa = 1 N/m^2 = 10^{-5} bar 1 atm = 1.013 25 bar

4. 에너지의 환산

단위	J	cal	L atm
1 J	1	$2.390\ 06 \times 10^{-1}$	$9.869\ 23 \times 10^{-3}$
1 cal	4.184	1	$4.129\ 29 \times 10^{-2}$
1 L atm	$1.013\ 25 \times 10^{2}$	$2.421\ 73 \times 10^{1}$	1

단위	J	eV	kJ/mol	cm^{-1}
1 J	1	$6.241\ 51 \times 10^{18}$	$6.022\ 14 \times 10^{20}$	$5.034\ 12 \times 10^{22}$
1 eV	$1.602\ 18 \times 10^{-19}$	1	$9.648\ 53 \times 10^{1}$	$8.065\ 54 \times 10^{3}$
1 kJ/mol	$1.660\ 54 \times 10^{-21}$	$1.036\ 43 \times 10^{-2}$	1	$8.359\ 35 \times 10^{1}$
1 cm^{-1}	$1.986\ 45 \times 10^{-23}$	$1.239\ 84 \times 10^{-4}$	$1.196\ 27 \times 10^{-2}$	1

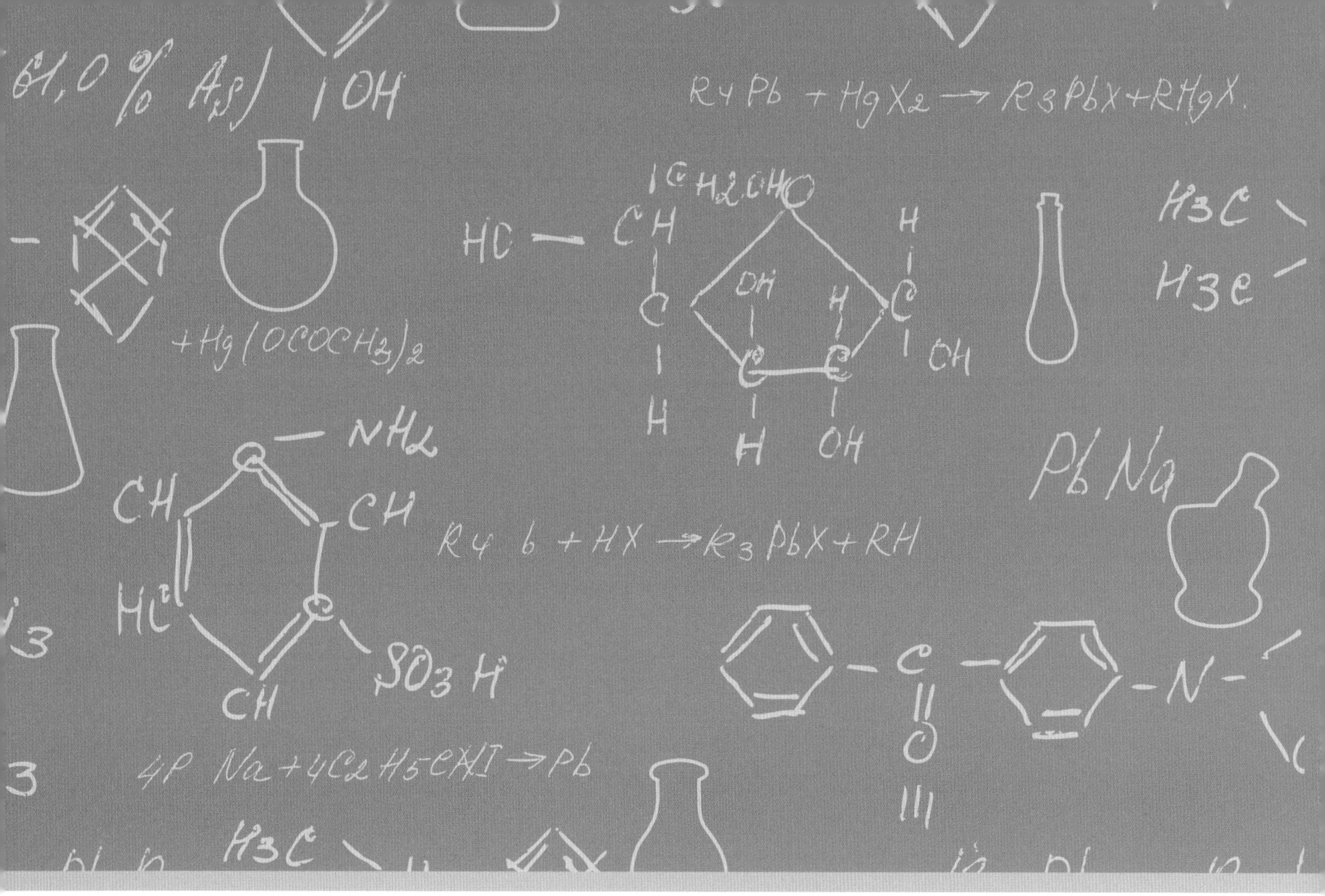

찾아보기

| 한글 |

ㄱ

ㄴ

ㄷ

ㄹ

ㅁ

ㅂ

ㅅ

ㅇ

ㅈ

ㅊ

ㅋ

ㅌ

ㅍ

ㅎ

기타

| 영어 |

A

B

C

D

E

F

G

H

I

K

L

M

N

O

P

Q

R

S

T

U

V

W

저자

- **박상남** 경동대학교
- **김주성** 강원대학교
- **서수정** 경동대학교
- **이미숙** 경동대학교
- **김애련** 강동대학교
- **선상욱** 동신대학교

보건인을 위한

핵심 일반화학

2022년 2월 5일 초판 인쇄
2022년 2월 10일 초판 발행

저 자 박상남 · 김주성 · 서수정 · 이미숙 · 김애련 · 선상욱
발 행 인 최경희 · 배영환
발 행 처 도서출판 의학교육
등록번호 제2013-114호
주 소 서울시 영등포구 영중로 138-1(영등포동 8가 80-2) 드림프라자 B 901호
Tel 02) 2637-4806, 4863 Fax 02) 2637-4807
홈페이지 www.medipub.co.kr
E - mail okpress1208@naver.com
정 가 28,000 원
I S B N 979-11-6127-091-3 93510